U0789871

第六届全国高等学校优秀测绘教材

教育部高等学校高职高专测绘类专业教学指导委员会“十五”规划教材

GPS 测量技术

（第2版）

主编 周 立 周建郑

黄河水利出版社

·郑 州·

内容提要

本书是高等学校测绘学科教学指导委员会高职高专规划教材，由高等学校测绘学科教学指导委员会指导和组织编写，是高职高专测绘工程等专业主干技术课程教材。全书共分9章，第一章至第三章主要介绍了GPS卫星测量的基本原理；第四章至第五章主要介绍了GPS卫星测量的误差来源及其对策、GPS定位的坐标系统及时间系统；第六章至第八章主要介绍了GPS测量技术设计、外业实施和数据处理技术；第九章主要介绍了GPS导航的相关知识。本书重点介绍了GPS卫星测量技术设计、外业实施和数据处理技术，特别是对GPS卫星测量技术设计和外业实施做了详细论述。本书特点是概念清晰、通俗易懂、内容丰富、应用性强、适应面宽。

本书可作为高职高专院校测绘工程专业及相关专业的教材，并可供从事测绘工作的技术人员学习参考。

图书在版编目(CIP)数据

GPS测量技术/周立，周建郑主编.—2版.—郑州：黄河水利出版社，2018.1(重印)

教育部高等学校高职高专测绘类专业教学指导委员会“十五”规划教材

ISBN 978-7-5509-1196-3

Ⅰ.G…　Ⅱ.①周…②周…　Ⅲ.①全球定位系统-测量-高等职业教育-教材　Ⅳ.①P228.4

中国版本图书馆CIP数据核字(2015)第197449号

出 版 社：黄河水利出版社

地址：河南省郑州市顺河路黄委会综合楼14层　　邮政编码：450003

发行单位：黄河水利出版社

发行部电话：0371-66026940　　传真：0371-66022620

E-mail：hhslcbs@126.com

承印单位：河南承创印务有限公司

开本：787 mm×1 092 mm　1/16

印张：14.75

字数：340千字　　印数：16 101—20 101

版次：2006年8月第1版

2018年1月第2版　　印次：2018年1月第6次印刷

定价：30.00元

教育部高等学校高职高专测绘类专业教学指导委员会
规划教材审定委员会

名誉主任 宁津生

顾　　问 陶本藻　王　依

主　　任 赵文亮

副 主 任 李生平　李骏元　韩力援

委　　员 邹自力　陈传胜　黄华明　邹晓军　张晓东
李天和　靳祥升　薄志义　全志强　张保民
王根虎　周　园　李青海　赵　敏　张彦东
张东明

序

我国的高职高专教育经历了十余年的蓬勃发展，获得了长足的进步，如今已成为我国高等教育的重要组成部分，在国家的经济、社会和科技发展中发挥着积极的服务作用，测绘类专业的高职高专教育也是如此。为了加深高职高专教育自身的改革，并使其高质量地向前发展，教育部决定组建高职高专教育的各学科专业指导委员会。国家测绘局受教育部委托，负责组建和管理高职高专教育测绘类专业指导委员会，并将其设置为全国高等学校测绘学科教学指导委员会下的一个分委员会。第一届分委员会成立后的第一件事就是根据教育部的要求，研讨和制定了我国高职高专教育的测绘类专业设置，新设置的专业目录已上报教育部和国家测绘局。随后组织委员和有关专家按照新的专业设置制定了“十五”期间相应的教材规划。在广泛征集有关高职高专院校意见的基础上，确定了规划中各本教材的主编和参编院校及其编写者，并规定了完成日期。为了保证教材的学术水平和编写质量，教学指导分委员会还针对高职高专教材的特点制定了严格的教材编写、审查及出版的流程和规定，并将其纳入高等学校测绘学科教学指导委员会统一管理。

经过各相关院校编写教师们的努力，现在第一批规划教材正式出版发行，其他教材也将会陆续出版。这些规划教材鲜明地突出了高职高专教育中专业设置的职业性和教学内容的应用性，适应高职高专人才的职业需求，必定有别于高等教育的本科教材，希望在高职高专教育的测绘类专业教学中发挥很好的作用。

这里要特别指出，黄河水利出版社在获悉我们将出版一批规划教材后，为了支持和促进测绘类专业高职高专教育的发展，经与教学指导委员会协商，今后高职高专测绘类专业的全部规划教材都将由该社统一出版发行。这里谨向黄河水利出版社表示感谢。

由教学指导委员会按照新的专业目录，组织、规划和编写高职高专测绘类专业教材还是初次尝试，希望有测绘类专业的各高职高专院校能在教学中使用这些规划教材，并从中发现问题，提出建议，以便修改和完善。

高等学校测绘学科教学指导委员会主任

中国工程院院士

2005 年 7 月 10 日于武汉

再版前言

自2006年本书第一版发行后，全球导航卫星系统发生了巨大的变化，由美国全球卫星导航定位系统GPS一家独大发展到目前的俄罗斯的GLONASS、中国的Compass（北斗）系统、欧盟的Galileo系统，以及相关的增强系统，全部建成后其可用的卫星数目达到100颗以上，为了统一名称，以GNSS全球导航卫星系统（Global Navigation Satellite System）作为所有在轨工作的卫星导航定位系统的总称。我国明确提出“积极推进空间基础设施建设，促进卫星及其应用产业发展”。在国家“十二五”规划中，卫星及其应用被列入重点发展的战略性新兴产业之一，相关部门针对行业应用发展也制定了卫星导航产业的具体推进措施和目标。

为了及时反映GNSS全球导航卫星系统技术发展的最新成果，适应社会发展及测绘行业的发展，进一步提高专业理论知识与操作技能，提高学生的服务意识和素质，拓宽学生的知识面，以期满足学生就业及个人发展需要，增强学生的个性发展和就业竞争能力，同时便于广大读者阅读和理解，由黄河水利职业技术学院周建郑教授对本书的原版第一章至第九章作了修订，主要有以下几方面的修改：

（1）简介了GNSS全球导航卫星系统，补充介绍了美国的GPS系统、俄罗斯的GLONASS系统、中国的Compass（北斗）系统和欧盟的Galileo系统，删除了NAVSAT卫星导航系统。

（2）使用最新颁布实施的《全球定位系统（GPS）测量规范》和《卫星定位城市测量技术规范》。

（3）将多基准站RTK改写为连续运行参考站技术，并增加了区域改正数法（FKP）技术、主辅站技术（MAX）和如何申请使用CORS系统。

（4）增加了北斗时间系统（BDT）和提高GPS水准精度的措施，增加了智能穿戴设备、智能手机的GPS功能。

本书由周立教授、周建郑教授担任主编，负责教材内容策划、审校和有关章节的改写和统稿工作。

高等学校测绘学科教学指导委员会高职高专分委员会规划教材审定委员会为本书组织审稿，武汉大学博士生导师陶本藻教授主审本教材，并提出了宝贵的修改意见，在此表示诚挚的感谢。

由于GNSS全球导航卫星系统发展日新月异，同时也由于作者水平有限，书中难免有不足与疏漏之处，恳请广大读者批评指正。

编　者

2015年6月

前　言

GPS(Global Positioning System)是20世纪70年代由美国国防部研制的全球卫星导航定位系统,该系统可向人类提供高精度的导航、定位和授时服务。广泛应用于大地测量、地形测量、地籍测量、工程测量、航空摄影测量、地质调查、交通管理、地理信息系统、海洋测绘、气象预报、变形监测和地球科学等领域。尤其是差分GPS(DGPS)技术的应用,实现了高精度实时动态导航与定位,在瞬间可获得米级或厘米级精度的测站坐标。由于GPS导航与定位技术应用领域的不断拓展,它已成为测绘工程和地理信息系统等地学专业本专科生和研究生的一门必修课程。

为了满足测绘类高职高专开设GPS课程的教学需求,全国高等学校测绘学科教学指导委员会规划了本教材,组织淮海工学院、郑州测绘学校、昆明冶金高等专科学校、重庆工程职业技术学院等院校长期从事GPS教学和研究的老师,共同编写了《GPS测量技术》教材。本书主要内容包括:GPS卫星定位技术发展过程及GPS卫星定位系统的组成;GPS卫星测量定位原理与误差来源;GPS卫星测量的坐标系统和时间系统;GPS测量技术设计;GPS测量的外业实施;GPS测量数据处理;GPS卫星导航。本书重在论述GPS的基本原理、基本方法,着重介绍GPS测量的施测技术,省略了许多数学模型,图文并茂,力求做到概念清晰、通俗易懂,适应面广、应用性强,每章节设计了学习指南,帮助学生学习和总结本章内容,以满足30~40学时的教学要求。

本书由周立教授担任主编,负责教材内容策划、审校和有关章节的编写、改写和统稿。全书共分9章。其中第一章由张东明执笔,第二章由周立执笔,第三章由贺英魁执笔,第四章由赵龙平执笔,第五章由贺英魁执笔,第六章由常秋敏执笔,第七章由周立执笔,第八章由张东明、周立执笔,第九章由周立执笔。

高等学校测绘学科教学指导委员会高职高专分委员会规划教材审定委员会为本书组织审稿,武汉大学博士生导师陶本藻教授主审本教材,提出了宝贵的修改意见,在此表示诚挚的感谢。

本书注重理论与工程实际相结合,反映了当前GPS卫星测量发展的最新技术。但由于GPS系统发展的日新月异,同时也由于作者水平有限,书中难免有不足与疏漏之处,恳请广大读者批评指正。

编　者

2006年6月22日

目　录

第一章　绪　论

全球导航卫星系统 GNSS 是 Global Navigation Satellite System 的缩写。它是一个全球性的位置和时间测定系统，GNSS 主要有三大组成部分，即空间星座、地面监控和用户设备。目前，GNSS 包含了美国的 GPS、俄罗斯的 GLONASS、中国的 Compass（北斗）、欧盟的 Galileo（伽利略）系统，以及相关的增强系统，可用的卫星数目达到 100 颗以上。它可提供实时的三维位置、三维速度和高精度的时间信息，给测绘领域带来一场深刻的技术革命，它标志着测量工程技术的重大突破和深刻变革，对测量科学和技术的发展，具有划时代的意义。下面以 GPS 系统为例说明 GNSS 的构成。

GPS 全球定位系统（Global Positioning System，简称 GPS），是随着现代科学技术的迅速发展而建立起来的新一代精密卫星导航定位系统。在这一章中我们主要介绍 GPS 卫星导航定位系统的由来、GPS 系统的应用、GPS 系统的特点等方面的内容。

第一节　卫星定位技术发展概况

1957 年 10 月 4 日，苏联成功地发射了世界上第一颗人造地球卫星“斯普特尼克 1 号”后，人们就开始利用卫星进行定位和导航的研究，人类的空间科学技术研究和应用跨入了一个崭新的时代，世界各国争相利用人造地球卫星为军事、经济和科学文化服务。同时，卫星定位技术在大地测量中的应用也取得了惊人的发展，迅速跨入了一个崭新的时代。

1　早期的卫星定位技术

卫星定位技术是指人类利用人造地球卫星确定测站点位置的技术。卫星大地测量就是利用人造地球卫星为大地测量服务的一门学科。它的主要内容是在地面上观测人造地球卫星，通过测定卫星位置的方法来解决大地测量任务，例如测定地面点的相对位置，测定地球的形状和大小等。

早期，人造地球卫星仅仅作为一种空间观测目标，由地面上的观测站对卫星的瞬间位置进行摄影测量，测定测站点至卫星的方向，建立卫星三角网。同时也可利用激光技术测定观测站至卫星的距离，建立卫星测距三角网。通过这两种观测方法，均可以实现地面点的定位，也能进行大陆同海岛的联测定位，解决了常规大地测量难以实现的远距离联测定位问题，这是常规定位技术望尘莫及的。

1966 ~ 1972 年间，美国国家大地测量局在英国和联邦德国测绘部门的协作下，用卫星三角测量方法测设了一个具有 45 个测站点的全球三角网，获得了 ±5 m的点位精度。然而，由于卫星三角测量受天气和可见条件影响，观测和成果换算需耗费大量的时间，同时定位精度不太理想，并且不能得到点位的地心坐标。因此，卫星三角测量技术成为一种过时的观测技术，很快就被卫星多普勒定位技术所取代。

2 卫星多普勒定位系统

1958 年 12 月，美国海军武器实验室和詹斯·霍普金斯(Johns Hopkins)大学物理实验室为了给美国海军“北极星”核潜艇提供全球性导航，开始研制一种卫星导航系统，称之为美国海军导航卫星系统(Navy Navigation Satellite System)，简称 NNSS 系统。在这一系统中，由于卫星轨道面通过地极，所以又称为子午卫星导航系统。1959 年 9 月美国发射了第一颗试验性卫星，到 1961 年 11 月，先后发射了 9 颗试验性导航卫星。经过几年试验研究，解决了卫星导航的许多技术问题。从 1963 年 12 月起，陆续发射了由 6 颗卫星组成的子午卫星星座，1964 年该系统建成并投入使用。该系统充分显示了利用人造地球卫星进行导航定位的优越性。该系统由空间部分、地面监控部分和用户部分组成。其空间部分由 6 颗高约 1 070 km 的卫星组成，分布在 6 个轨道平面内，每个轨道平面相对于地球赤道的倾角约为 90°，轨道近于圆形，运行周期约 107 min，对于同一颗子午卫星，每天通过次数最多为 13 次。卫星播发 400 MHz 和 150 MHz 两种频率的载波供用户和监测站接收，其使用的卫星接收机称为多普勒接收机。

1967 年 7 月 29 日，美国政府宣布解密子午卫星的部分导航电文而提供民用，由于卫星多普勒定位具有经济、快速、精度较高、不受天气和时间限制等优点，只要能见到子午卫星，便可在地球表面的任何地方进行单点和联测定位，从而获得测站的三维地心坐标。因此，卫星多普勒定位迅速从美国传播到欧、亚洲及美洲的许多国家。20 世纪 70 年代中期，我国开始引进卫星多普勒接收机。西沙群岛的大地测量基准联测，是我国应用卫星多普勒定位技术的先例。自 80 年代初期以来，我国开展了几次较大规模的卫星多普勒定位实践：国家测绘局和总参测绘局联合测设的全国卫星多普勒大地网；由原武汉测绘科技大学与青海石油管理局、新疆石油管理局、原石油部地球物理勘探局合作测设的西北地区卫星多普勒定位网；即使在远离我国170 000余 km 的南极乔治岛上，也用卫星多普勒定位技术精确测得我国长城站的地理位置为南纬 62°12′59.811″±0.015″，西经 50°57′52.665″±0.119″，高程为 43.58 m±0.67 m，长城站至北京的距离为17 501 949.51 m。

在美国子午卫星系统建立的同时，苏联于 1965 年开始也建立了一个卫星导航定位系统，叫作 CICADA。它与 NNSS 系统相似，也是第一代卫星导航定位系统。该系统由 12 颗卫星组成 CICADA 星座，轨道高度为1 000 km，卫星的运行周期为105 min。

虽然子午卫星系统将导航和定位技术推向了一个崭新的发展阶段，但仍然存在着一些明显的缺陷。由于该系统卫星数目较少(6 颗工作卫星)，运行高度较低(平均约为1 000 km)，从地面站观测到卫星的时间间隔也较长(平均约1.5 h)，只能提供二维导航解，且是单星多普勒法，须卫星运行一个时间段后才能获得一次导航解，无法进行全球性的实时连续导航定位服务。从大地测量学来看，由于它的定位速度慢(测站平均观测 1 ~ 2 d)，精度较低(单点定位精度 3 ~ 5 m，相对定位精度约为1 m)，因此该系统在大地测量学和地球动力学研究方面受到了极大的限制。为了满足军事及民用部门对连续实时三维导航和定位的需求，第二代卫星导航系统——GPS 应运而生。子午卫星导航系统也于 1996 年 12 月 31 日停止发射导航及时间信息。

3　全球卫星定位系统

3.1　GPS 卫星定位系统

1973 年 12 月，美国国防部在总结了 NNSS 系统的优劣之后，批准美国海陆空三军联合研制新一代卫星导航系统——NAVSTAR GPS，即为目前的"授时与测距导航系统/全球定位系统"（Navigation Satellite Timing And Ranging/Global Positioning System），通常称之为全球定位系统，简称为 GPS 系统。GPS 系统的全部投资为 300 亿美元。自 1974 年以来，系统的建立经历了方案论证、系统研制和生产试验等三个阶段，是继阿波罗计划、航天飞机计划之后的又一个庞大的空间计划。1978 年 2 月 22 日，第一颗 GPS 试验卫星发射成功。1989 年 2 月 14 日，第一颗 GPS 工作卫星发射成功，宣告 GPS 系统进入了营运阶段。1994 年 3 月 28 日完成第 24 颗工作卫星的发射工作。GPS 共发射了 24 颗卫星（其中，21 颗为工作卫星，3 颗为备用卫星），均匀地分布在 6 个相对于赤道倾角为 55°的近似圆形轨道上，卫星距离地球表面的平均高度为 20 200 km，运行速度为 3 800 m/s，运行周期 11 h 58 min。每颗卫星可覆盖地球表面约 38% 的面积。卫星的分布可保证在地球上任何地点、任何时刻，同时能观测到 4 颗卫星。

2010 年 1 月，美国空军宣布执行 24 + 3 星座布局方案，这种新的星座布局方案的目的是增加可见卫星数量，从而提高定位精度以便能满足用户尤其是使用实时动态差分技术（RTK）用户的定位需求。GPS 卫星星座如图 1-1 所示。其基本参数是：卫星颗数为 24 + 3（24 颗工作卫星，3 颗备用卫星），6 个卫星轨道面，卫星高度为 20 200 km，轨道倾角为 55°，卫星运行周期为 11 h 58 min（12 恒星时），载波频率为 1.575 GHz 和 1.227 GHz，卫星通过天顶时，卫星的可见时间为 5 h，在地球表面上任何地点任何时刻，在卫星高度角 15°以上，平均可同时观测到 7 颗卫星，最多可达 12 颗卫星。截至 2012 年 3 月，正在运行的组网工作 GPS 卫星有 31 颗，包括 11 颗 BlockIIA 卫星、12 颗 BlockIIR 卫星、7 颗 BlockIIR – M 卫星和 1 颗 BlockIIF 卫星。2015 年 3 月 29 日 GPSIIF – 9 卫星送入了预定轨道，随着 GPSIIF – 9 的发射，BlockIIF 批次的 GPS 卫星会继续增多，计划 2015 年 6 月、9 月和 2016 年 1 月发射最后 3 颗 IIF 批次的 GPS 卫星。从 2017 年开始，将启用下一代 GPS 卫星——GPSBlockIIIA，此后，美国的 GPS 布网频率将会逐渐加快，而卫星的定位精度将会更高、抗干扰能力更强。GPS 卫星的发射情况如表 1-1 所示。

表 1-1　GPS 卫星的发射情况

顺序	卫星类型	卫星数量（颗）	发射时间	用途
第一代	Block Ⅰ	11	1978 ~ 1985 年	试验
第二代	BlockII、BlockIIA	9、15	1989 ~ 1996 年	正式工作
第三代	BlockIIR、BlockIIF	33	1997 ~ 2016 年	改进 GPS 系统
第四代	GPSⅢA GPSⅢB GPSⅢC	12 8 16	2017 ~	增强 GPS 系统

注：Block Ⅱ A（A = Advanced），Block Ⅱ R（R = Replacement），Block Ⅱ F（F = Follow on）。

图 1-1　GPS 卫星星座

在 GPS 设计之初,美国国防部的主要目的是使 GPS 系统能够为海、陆、空三军提供实时、全天候和全球性的导航服务,并用于情报收集、核暴监测和应急通信等一些军事目的。但随着 GPS 系统的开发应用,被广泛地应用于飞机和船舶及各种载运工具的导航、高精度的大地测量、精密工程测量、地壳形变测量、地球物理测量、航天发射和卫星回收等技术领域。

为了使 GPS 具有高精度的连续实时三维导航性能及良好的抗干扰性能,在卫星的设计上采取了若干重大改进措施。GPS 与 NNSS 的主要特征比较见表 1-2。

表 1-2　GPS 与 NNSS 主要特征

系统特征	GPS	NNSS
载波频率(GHz)	1.23,1.58	0.15,0.40
卫星平均高度(km)	约 20 200	约 1 000
卫星数目(颗)	24(3 颗备用)	5~6
卫星运行周期(min)	718	107
卫星钟稳定度	10^{-12}	10^{-11}

3.2　**GLONASS 卫星定位系统**

GPS 系统的广泛应用,引起了世界各国的关注。苏联在全面总结 CICADA 第一代卫星导航系统优劣的基础上,认真吸收了美国 GPS 系统的成功经验,自 1982 年 10 月,开始研制发射第二代导航卫星——GLONASS 卫星,该系统至 1996 年在轨卫星数量为 21+3 颗,经数据加载、调整和检验,于 1996 年 1 月 18 日系统正式运行,主要为军用。GLONASS 卫星均匀地分布在 3 个轨道平面内,轨道倾角为 64.8°,每个轨道上等间隔地分布 8 颗卫星。卫星距离地面高度为 19 100 km,卫星的运行周期为 11 h 15 min,GLONASS 卫星星座如图 1-2 所示。GLONASS 系统可进行卫星测距。民用无任何限制,不收

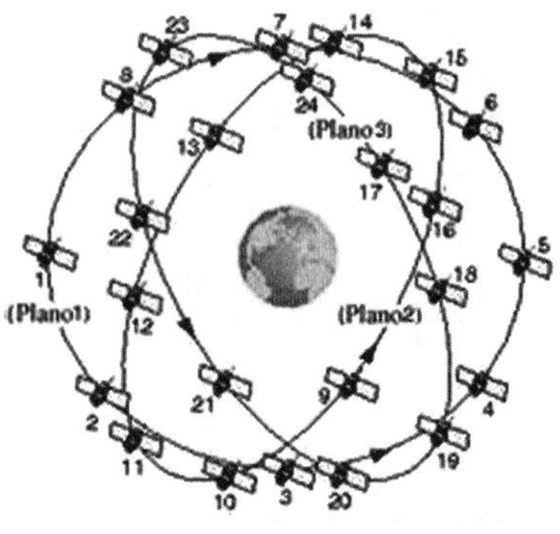

图 1-2　GLONASS 卫星星座

费。民用的标准精度为:水平精度为 50 ~ 70 m,垂直精度为75 m,测速精度为15 cm/s,授时精度为1 μs。GLONASS 卫星的平均工作寿命超过 4.5 年。1999 年底补网发射了 3 颗卫星,至 2000 年初,该系统只有 7 颗卫星保持连续工作。2000 年 10 月补网又发射了 3 颗卫星。到 2001 年 3 月,GLONASS 系统中有 13 颗健全的卫星。2003 年 10 月 12 日,第一颗 GLONASS - M 卫星入轨运行,并于 2004 年 12 月 9 日开始向广大用户发送导航定位信号,这标志着 GLONASS 现代化迈出了坚实的第一步。为维持系统在轨卫星的数目,2012 年至 2020 年期间,GLONASS 系统将发射 13 颗 GLONASS - M 卫星以及 22 颗新一代的 GLONASS - K 卫星,以替代过期服役的卫星。2012 年 6 月 20 日 GLONASS 在轨卫星达到 31 颗,其中 24 颗 GLONASS 卫星正常工作,4 颗卫星在轨备份,2 颗卫星在轨维护,1 颗卫星在轨测试。2014 年 12 月 1 日,俄罗斯第五颗"GLONASS - K"导航卫星已经成功进入预定轨道,这是俄罗斯 2014 年发射的第三颗格洛纳斯导航系统卫星。"GLONASS - K"是俄罗斯继"GLONASS"和"GLONASS - M"之后的第三代导航系统卫星,于 2011 年开始发射,将于 2020 年完成组网。与此前的"GLONASS - M"卫星相比,"GLONASS - K"的预期使用寿命由 7 年提升至 10 年,重量由 1 415 kg 减少至 935 kg。"GLONASS - K"卫星将逐步替代俄罗斯全球卫星导航系统中运行的"GLONASS - M"卫星,以提高导航精确度。2020 年后,GLONASS 的导航精度将达到 1 m,与 GPS 的水平相同。

4 伽利略全球卫星导航系统

GPS 定位系统和 GLONASS 定位系统分别受到美国和俄罗斯两国军方的严密控制,其信号的可靠性无法得到保证,长期以来欧洲只能在美、俄的授权下从事接收机制造、导航服务等从属性的工作。为了能在卫星导航领域占有一席之地,欧洲认识到建立拥有自主知识产权的卫星导航系统的重要性。同时在欧洲一体化进程中,建立欧洲自主的卫星导航系统将会全面加强欧盟诸成员国之间的联系和合作。在这种背景下,欧盟启动一个军民两用并与现有的卫星导航系统相兼容的全球卫星导航计划——"伽利略"(Galileo Positioning System)计划。

2002 年 3 月,当时的欧盟 15 国交通部长在西班牙巴塞罗纳会议上正式决定启动"伽利略"导航卫星计划。计划分成四个阶段:①论证阶段,时间为 2000 年;②系统研制阶段,包括研制卫星及地面设施、系统在轨确认,时间为 2001 ~ 2005 年;③星座布设阶段,包括制造和发射卫星,地面设施建设并投入使用,时间为2006 ~ 2007 年;④运营阶段,从 2008 年开始。"伽利略"计划投资预算约为 32.5 亿欧元,服务范围覆盖全球,可以提供导航、定位、时间、通信等项服务。其服务方式包括开放服务、商业服务和官方服务三个方面。

"伽利略"系统的基本结构包括星座与地面设施、服务中心、用户接收机等。卫星星座将由 30 颗卫星(27 颗工作卫星和 3 颗备用卫星)组成,卫星采用中等地球轨道,均匀分布在高度约为23 616 km的 3 个中高度圆轨道面上,倾角 56°。地面控制设施包括卫星控制中心和提供各项服务所必需的地面设施,用于管理卫星星座及测定和传播集成信号。GALILEO 卫星星座如图 1-3 所示。卫星的设计寿命为 15 年,卫星信号将采用 4 种位于 L 波段的多载频来发射,其频率分别为:

E5a:1 176.45 MHz

E5b:1 207.14 MHz

Eb:1 278.75 MHz;

E_2-L_1-E_1:1 575.42 MHz

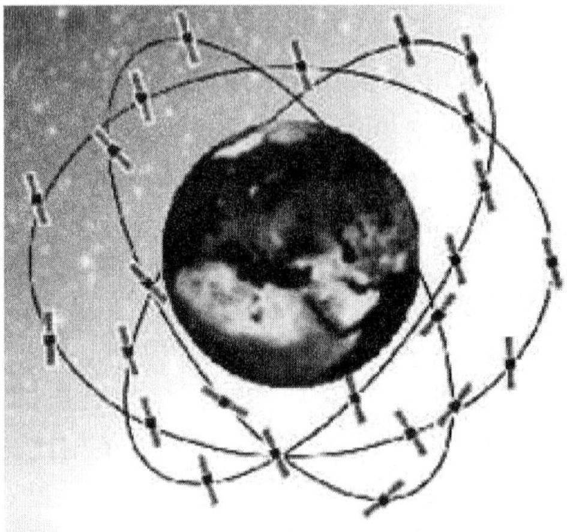

图 1-3 GALILEO 卫星星座

GALILEO 系统的主要特点是:向用户提供公开服务、安全服务、商业服务、政府服务等不同模式的多种服务。它除具有与 GPS 系统相同的全球导航定位功能以外,还具有全球搜寻援救(Search And Rescue,SAR)功能。为此,每颗 GALILEO 卫星还装备一种援救收发器,接收来自遇险用户的求救信号,并将它转发给地面援救协调中心,后者组织对遇险用户的援救。与此同时,GALILEO 系统还向遇险用户发给援救安排通报,以便遇险用户等待援救。GALILEO 接收机不仅可以接收本系统信号,而且可以接收 GPS 和 GLONASS 这两大系统的信号,并且实现导航功能和移动电话功能的结合。

我国政府与欧盟在"伽利略"导航定位系统方面进行了深层次的合作。2003 年 9 月 18 日,我国科技部与欧盟能源交通司草签了合作协议。双方在"伽利略"计划的实施过程中将开展广泛的合作,合作领域包括卫星的制造和发射、无线电传播环境试验、地面系统、接收机标准等。

"伽利略"卫星导航系统前两颗卫星是 2011 年 10 月从欧空局库鲁发射中心发射的。2012 年 10 月,欧洲再次发射了两颗伽利略卫星,轨道验证阶段在 2012 年夏末完成。根据快速发射计划,到 2014 年底"伽利略"系统将有 18 颗卫星在轨,2015 年底将有 26 颗卫星在轨,到 2020 年,伽利略导航系统全部完成时,将在 3 个绕地轨道上部署 30 余颗卫星,基本实现全球覆盖。

5 北斗卫星导航系统

北斗卫星导航系统(BeiDou Navigation Satellite System,英文缩写 BDS)是中国正在实施的自主发展、独立运行的全球卫星导航系统。系统建设目标是:建成独立自主、开放兼容、技术先进、稳定可靠的覆盖全球的北斗卫星导航系统,促进卫星导航产业链形成,形成完善的国家卫星导航应用产业支撑、推广和保障体系，推动卫星导航在国民经济社会各行业的广泛应用。

我国自行研制的第一颗导航定位卫星——“北斗导航试验卫星”，于2000年11月1日凌晨0时02分在西昌卫星发射中心发射升空，并准确进入预定轨道。2000年12月22日凌晨0时20分第二颗“北斗导航试验卫星”在西昌卫星发射中心发射成功，这两颗试验卫星构成了我国“北斗双星导航定位系统”。

2003年5月25日又发射了导航定位系统的备份卫星，它与前两颗卫星组成了完整的卫星导航定位系统，确保全天候、全天时提供卫星导航信息。“北斗双星导航定位系统”的服务区域为东经70°~145°、北纬5°~55°范围。定位精度：平面±20 m，高程±10 m。北斗导航定位系统具有快速定位、短报文通信、精密授时三大功能。基本形成了覆盖全中国的区域导航和定位系统，这一系统被称为“北斗”一号。

2007年发射的第四颗“北斗”一号导航卫星，替换了退役的卫星，“北斗”系统开始激活。到2007年底，中国成功发射了第一颗“中轨道”导航系统，标志着“北斗”系统在技术和规划上的重大突破。有关覆盖全球的“北斗”二号系统计划已经浮出水面。从有源双星定位的北斗一号试验系统，步入无源定位的北斗二号先区域、后全球的新的发展阶段。2012年10月25日23时33分，中国在西昌卫星发射中心用“长征三号丙”运载火箭，成功将第16颗北斗导航卫星发射升空并送入预定转移轨道。覆盖区域由东经84°~160°扩展到东经55°~180°，定位精度由平面25 m、高程30 m提高到平面10 m、高程10 m，测速精度由0.4 m/s提高到0.2 m/s。这意味着中国的北斗卫星导航系统已经具有覆盖亚太大部分地区的服务能力。2012年12月27日，北斗卫星导航定位系统正式开始运行，这是2011年12月27日宣布试运行后，北斗卫星导航系统发展的又一个里程碑。在2020年前建成一个包括27颗MEO卫星、3颗ISGO卫星和5颗GEO卫星的庞大卫星导航星座，将具有覆盖全球的定位、导航以及通信服务能力。这也意味着，在未来的太空中，它将有能力与美国的GPS和俄罗斯的GLONASS卫星导航定位系统一争高下。北斗卫星星座如图1-4所示。

图1-4 北斗卫星星座

我国的北斗导航系统综合了天文导航定位和地面无线电导航定位的优点，相当于一个设置在太空的无线电导航台。可以在任何时间、在定位服务区域内的任何地点为用户确定其所在的地理经纬度和海拔高度。该系统主要为我国的交通运输、气象、石油、海洋、森林防火、灾害预报、通信、公安以及其他特殊行业提供高效的导航定位服务。北斗运营服务中心以北斗信息服务系统为平台，可为各类集团用户提供其下属北斗用户接收机及其监控与管理中心（指挥所）设备入网许可服务；可为集团用户中心提供其下属终端用户的位置、短报文等信息服务，也可将集团用户的指令信息发送给其下属；可将用户信息长期保存，以便用户随时查询；可为数据采集用户提供定位和数据传输服务；可为气象、物流等部门提供信息咨询、受托研究等服务。北斗应用具有五大优势：①同时具备定位与通信功能，无需其他通信系统支持；②融合北斗导航定位系统和卫星导航增强系统两大资源，提供更丰富的增值服务；③覆盖中国及周边国家和地区，24 小时全天候服务，无通信盲区；④定位解算都集中在地面控制中心站，特别适合于大范围移动目标监控与管理；⑤自主系统，高强度加密设计，安全、可靠、稳定，适合关键部门应用。

第二节　GPS 测量技术应用

GPS 性能优异，应用范围极广。可以说，在需要导航和定位的部门都可利用 GPS。GPS 系统的建成和应用是导航定位技术的一场革命。

1　GPS 测量技术的应用

GPS 系统最初设计的主要目的是用于导航、收集情报等军事目的。但后来的应用开发表明，GPS 不仅可以达到上述目的，而且用 GPS 卫星信号能够进行厘米级甚至毫米级精度的静态相对位置定位，米级至亚米级精度的动态定位，亚米级至厘米级精度的速度测量和毫微秒级精度的时间测量。具体地说，GPS 系统主要有以下几方面的应用。

1.1　导航

由于 GPS 系统能以较好的精度实时定出接收机所在位置的三维坐标，实现实时导航，因而 GPS 系统可用于轮船、舰艇、飞机、导弹、车辆等各种交通工具及运动载体的导航。在海湾战争中，美国等多国部队利用 GPS 接收机进行飞机和舰艇导航、弹道导弹制导以及各类军事服务（收集情报、绘制地图）。因此，美国军方使用后的结论是：GPS 使作战武器效率倍增器，是赢得海湾战争胜利的重要技术条件之一。目前 GPS 导航型接收机的应用也非常普遍，可以为使用者实时提供三维位置、航向、航迹、速度、里程、距离等导航信息，广泛地用于旅游、探险等行业。

GPS 导航定位的新发展主要体现在以下三方面：GPS 手机、基于 GPS 技术的车辆监控管理系统、基于 GPS 技术的智能车辆导航仪。手机功能的新趋势是将 GPS 纳入其中。一部“导航手机”在 GSM900/1800 的双频网络的覆盖下，借助可跨国接收的强力天线的感应以及 12 个通道的接收信号，就可实时显示出你的所在地，并显示出附近地势、地形、街道索引的道路蓝图，其稳定接收度直逼卫星电话。同时，因为 GPS 手机收讯人除了听到对方“救命”之声外，更可确切地显示待救者所在的位置，为那些爱征服恶劣环境的人多提供了一种崭新的安全设备。特大屏幕设计，除了方便察看地图，还可以方便浏览有关图表和详细列出的平均时速、所行路程的距离、时间、方位、路线及风速等数据资料。

基于 GPS 技术的车辆监控管理系统。将任何装有 GPS 接收机的移动目标的动态位置（经度、纬度、高度）、时间、状态等信息，实时地通过无线通信网络传至监控中心，在具有强大的地理信息处理、查询功能的电子地图上显示移动目标的运动轨迹，对其准确位置、速度、运动方向、车辆状态等用户感兴趣的参数进行监控和查询，以确保车辆的安全，方便调度管理，提高运营效率。它还能及时地将车辆上人为产生的状态，如报警信息等送到监控中心，迅速给予帮助。

基于 GPS 技术的智能车辆导航仪以电子地图为监控平台，通过 GPS 接收机实时获得车辆的位置信息，并在电子地图上显示出车辆的运动轨迹。当接近路口、立交桥、隧道等特殊路段时可以进行语音提示。作为辅助导航仪，可按照规定的行进路线使司机无论在熟悉或不熟悉的地域都可迅速到达目的地，该装置还设有最佳行进路线选择及线路偏离报警等多项辅助功能。

1.2 授时

随着社会的发展、生活节奏的加快，人类对时间的认识越来越深刻。准确、可靠的时间对社会和我们每个人都是十分重要的。目前世界各国都竞相研制各种授时和校时手段。授时方法有长短波授时、GPS 时间信号、卫星授时、电话授时和计算机网络授时等。

利用 GPS 可进行高精度的授时。因此，GPS 成为最为方便、最为精确的授时方法之一。利用 GPS 技术可提供自动化中需要的精确同步时间，可做出精确的授时钟，GPS 授时钟综合精度可优于0.5 μs。电网调度自动化要求主站端与远方终端(RTU)的时间同步。目前，计算机故障录波器均有机内标准时间环节。由于时间元件自身误差和不同型号的录波器时间元件差异，往往造成各故障录波器在发生故障时记录时间差异较大，给分析系统事故带来不便。GPS 技术可以获得高可靠性及高精度的秒脉冲(IPPS)，通过串口输出时间，能不断修正原来录波器时间元件，可使全系统故障录波器时间同步。

1.3 高精度、高效率的地面测量

GPS 的出现给测绘领域带来了根本性的变革，具体表现是：在大地测量方面，GPS 定位技术以其精度高、速度快、费用省、操作简便等优良特性被广泛应用于大地控制测量中。时至今日，可以说 GPS 定位技术已完全取代了用常规测角、测距手段建立的大地控制网。一般将应用 GPS 卫星定位技术建立的控制网叫 GPS 网。归纳起来大致可以将 GPS 网分为两大类：一类是全球或全国性的高精度 GPS 网，这类 GPS 网中相邻点的距离在数百公里至上万公里，其主要任务是作为全球高精度坐标框架或全国高精度坐标框架，为全球性地球动力学和空间科学方面的科学研究工作服务，或用以研究地区性的板块运动或地壳形变规律等问题。另一类是区域性的 GPS 网，包括 GPS 城市网、矿区网和工程网等，这类网中的相邻点间的距离为几公里至几十公里，其主要任务是直接为国民经济建设服务。在工程测量领域，GPS 定位技术正在日益发挥其巨大作用。如，利用 GPS 可进行各级工程控制网的测量，进行精密工程测量和工程变形监测，利用 GPS 进行机载航空摄影测量，利用 RTK 技术进行点位的测设等。在灾害监测领域，GPS 可用于地震活跃区的地震监测、大坝监测、油田下沉、地表移动和沉降监测等，此外还可用来测定极移和地球板块的运动。

1.4 GPS 连续运行站网和综合服务系统的应用

在全球地基 GPS 连续运行站的基础上组成的 IGS(International GPS Service)，是 GPS 连续运行站网和综合服务系统的范例。它无偿向全球用户提供 GPS 各种信息，如 GPS 精密星历、快速星历、预报星历、IGS 站坐标及其运动速率、IGS 站所接收信号的相位和伪距数据、地球自转速率等。在大地测量和地球动力学方面支持了电离层、气象、参考框架、精密时间传递、高分辨率地推算地球自转速率及其变化、地壳运动等科学项目。日本已建成近1 200个 GPS 连续运行站网的综合服务系统，在以监测地壳运动和预报地震为主要功能

的基础上，目前结合气象和大气部门开展 GPS 大气学的服务。

1.5 GPS 在卫星测高、地球重力场中的应用

重力探测技术的重要进展是开创了卫星重力探测时代，GPS 为卫星跟踪卫星和卫星重力梯度测量提供了精确的卫星轨道信息和时间信息。包括观测卫星轨道摄动以确定低阶重力场模型，利用卫星海洋测高，直接确定海洋大地水准面以及 GPS 结合水准测量直接测定大陆大地水准面，可获得厘米级的大地水准面。这一重力探测技术的突破，提供了一种可全球覆盖重复采集重力场信息的高效率技术手段。INS/GPS 组合系统、INS/重力精化大地水准面是局部重力场逼近的长期目标，也是大地测量应用本身（特别是 GPS 技术的广泛应用）及研究活动构造带地壳运动和时变重力场效应的需要。目前，以EGM 96（包括其他较好的地球重力场模型）作为参考模型，同时利用高精度、高分辨率 DTM、GPS 水准、卫星测高数据、地面重力数据及航空重力数据，在数据覆盖较好的国家或地区以 10^{-6}的相对精度和几千米的分辨率确定局部或区域大地水准面已成为现实。空基和星基 GPS 技术进入实用化阶段。

1.6 GPS 在大气监测中的应用

GPS 气象学（GPS/MET）的研究已成为热点之一。根据 GPS 接收机的位置，GPS 遥感大气水汽含量可分为地基和空基两种技术。地基 GPS 遥感技术能以较高的平面分辨率测定大气中可降水分，目前其精度可达到 1 ~2 mm。GPS 在遥感对流层方面，探测数据具有覆盖范围广（全球）、垂直分辨率高、精度高和长期稳定性高的特点，可测定大气中的水汽含量，提高数值大气预报的准确性和可靠性。通过测定电离层对 GPS 信号的延迟来确定单位体积内总自由电子含量（TE），以建立全球的电离层数字模型，即所谓提供“空间大气预报”。目前正在研究将这些星载的气象和电子浓度截面数值，结合地面 GPS 站数据，做成层析图像提供使用。它将在大气预报、空间大气预报、气象监测等方面作出巨大贡献。空基 GPS 用掩星法可提供电离层离子浓度和大气中可降水分的连续水平截面信息，结合地基 GPS 的垂直截面信息，可生成三维层析成像资料。

2 GPS 系统的应用前景及在我国的应用概况

利用 GPS 信号可以进行海、陆、空、地的导航，导弹制导，大地测量和工程测量的精密定位、时间传递和速度测量等。在测绘领域，GPS 定位技术已用于建立高精度的大地测量控制网，测定地球动态参数；建立陆地及海洋大地测量基准，进行高精度海陆联测及海洋测绘；监控地球板块运动状态和地壳变形；在工程测量方面，已成为建立城市与工程控制网的主要手段；在精密工程的变形监测方面，它也发挥着极其重要的作用；同时 GPS 定位技术也用于测定航空航天摄影瞬间相机的位置，可在无地面控制或仅有少量地面控制点的情况下进行航测快速成图，引起了地理信息系统及全球环境遥感监测的技术革命。

在日常生活方面是一个难以用数字预测的广阔领域，手表式的 GPS 接收机，将成为旅游者的忠实导游。GPS 将像移动电话、传真机、计算机互联网对我们生活的影响一样，人们的日常生活将离不开它。GPS、RS（Remote System）、GIS（Geographic Information System）技术的集成，是 GPS 的一个重点应用方向。

新中国成立后，我国的航天科技事业在自力更生、艰苦创业的征途上，逐步建立和发

展，跻身于世界先进水平的行列。2005 年 10 月，成功地发射了“神舟六号”航天飞船，这表明我国已成为世界空间强国之一。从 1970 年 4 月把第一颗人造卫星送入轨道以来，我国已成功地发射了 30 多颗不同类型的人造卫星，为空间大地测量工作的开展创造了有利的条件。

20 世纪 70 年代后期，有关单位在从事多年理论研究的同时，引进并研制成功了各种人造卫星观测仪器。其中有人造卫星摄影仪、卫星激光测距仪和多普勒接收机。根据多年的观测实践，完成了全国天文大地网的整体平差，建立了 1980 年国家大地坐标系统。

20 世纪 80 年代初，我国一些大专院校和科研单位已开始研究 GPS 技术。20 多年来，我国的测绘工作者在 GPS 定位基础理论研究和应用开发方面作了大量的工作。80 年代中期，我国引进 GPS 接收机，并用于各个领域，同时着手研究建立我国自己的卫星导航系统。

在大地测量方面，利用 GPS 技术开展国际联测，建立全球性大地控制网，提供高精度的地心坐标，测定和精化大地水准面，组织多个部门（10 多个单位，30 多台 GPS 双频接收机）参加 1992 年全国 GPS 定位大会战。经过数据处理，GPS 网点地心坐标优于0.2 m，点间位置精度优于 10^{-8}。在我国建立了平均边长约100 km的 GPS A 级网，提供了亚米级精度地心坐标基准。在 A 级网的基础上，我国又布设了边长为 30 ~ 100 km、全国约2 500个点的 B 级网。A、B 级 GPS 网点都联测了几何水准。A、B 两级 GPS 控制网为我国各部门的测绘工作和建立各级测量控制网，提供了高精度的平面和高程三维基准。1990 年 3、4 月间，我国完成了南海群岛 5 个岛礁 8 个点位和陆地上 4 个大地测量控制点之间的 GPS 联测，初步建立了陆地南海大地测量基准，使海岛与全国大地网联成一个整体。

在工程测量方面，应用 GPS 静态相对定位技术，布设精密工程控制网，用于城市、矿区和油田地面沉降监测、大坝变形监测、高层建筑变形监测、隧道贯通测量等精密工程。加密测图控制点，应用 GPS 实时动态定位技术（简称 RTK）测绘各种比例尺地形图和施工放样。2005 年“珠峰高度”测量中，利用 GPS 技术参与测量，为精确测定珠峰高度提供了科技保障。我国的一些城市正在建立“GPS 台站网”，这将为城市基础测绘和“数字城市”建设提供高精度的定位技术服务。

在航空摄影测量方面，我国测绘工作者也经历了应用 GPS 技术进行航测外业控制测量、航摄飞行导航、机载 GPS 航测等航测成图的各个阶段。

在地球动力学方面，GPS 技术用于全球板块运动监测和区域板块运动监测。我国已开始用 GPS 技术监测南极洲板块运动、青藏高原地壳运动、四川鲜水河地壳断裂运动，建立了中国地壳形变观测网、三峡库区形变观测网、首都圈 GPS 形变观测网等，地震部门在我国多地震活动断裂带布设了规模较大的地壳形变 GPS 监测网。

在海洋测绘方面，GPS 技术已经用于海洋测量和水下地形测绘。

我国的《全球定位系统（GPS）测量规范》（GB/T 18314—2009）、《卫星定位城市测量技术规范》（CJJ/T 73—2010）已颁布实施。

在科研院所，广泛地开展了 GPS 静态定位和动态定位的理论及应用技术的研究，研制开发了一系列 GPS 高精度定位软件和 GPS 网与地面网联合平差软件以及精密定轨软件，实现了商品化，并打入国际市场。在理论研究与应用开发的同时，培养和造就了拥有一大批技术人才的产业队伍。

我国在 GPS 卫星定轨跟踪网及 GPS 精密星历服务工作方面取得了显著成果。先后建成了北京、武汉、上海、西安、拉萨、乌鲁木齐等永久性的 GPS 跟踪站，进行对 GPS 卫星的精密定轨，为高精度的 GPS 定位测量提供观测数据和精密星历服务，致力于为我国自主的广域差分 GPS(WADGPS)方案的建立，参与全球导航卫星系统(GNSS)和 GPS 增强系统(WAAS)的筹建。同时，我国已着手建立自己的卫星导航系统(双星定位系统)，能够生产导航型和大地型 GPS 接收机。我国 GPS 技术的应用正向更深层次方向发展。

此外，在军事、交通、邮电、地矿、煤矿、石油、建筑以及农业、气象、土地管理、金融、公安等部门和行业，在航空航天、测时授时、物理探矿、姿态测定等领域，也都开展了 GPS 技术的研究和应用，已遍及国民经济各部门，并开始逐步深入人们的日常生活，卫星定位系统已成为继通信、互联网之后的第三个 IT 新增长点。目前，我国的 GPS 应用在以下两方面将得到迅速发展：

其一，以车载导航为核心的移动目标监控、管理与服务市场快速启动。基于位置的信息服务无疑将是未来卫星导航定位技术最广阔、最具潜力和最引人注目的发展方向之一。并出现了为汽车拥有者提供财产监控、导航服务、报警寻车等服务，并考虑了娱乐、交通信息提供、信息定制、移动办公等应用框架。

其二，面向个人消费者的移动信息终端将大为流行。出于社会安全考虑，美国政府规定到 2010 年每一台个人手机，都必须有卫星移动定位功能。随着卫星导航定位设备的小型化甚至芯片化，各种嵌入式电子产品种类极大丰富，并与人们的生活越来越紧密地结合在一起。

现在 GPS 技术已发展成多领域(陆地、海洋、航空航天)、多模式(GPS、LADGPS、WADGPS)、多用途(在途导航、精密定位、精确定时、卫星定轨、灾害监测、资源调查、工程建设、市政规划、海洋开发、交通管制等)、多机型(测地型、定时型、手持型、集成型、车载式、船载式、机载式、星载式、弹载式等)的高新技术国际型产业。其应用领域，上至航空航天器，下至捕鱼、导游和农业生产，已经无所不在了。正如人们所说的，“GPS 的应用，仅受人类想象力的制约”。

第三节　GPS 测量的特点

1　GPS 相对于其他卫星定位系统的特点

GPS 系统是目前在导航定位领域应用最为广泛的系统，它以高精度、全天候、高效率、多功能、易操作等特点著称，比其他导航定位系统具有更强的优势。

2　GPS 系统的定位精度

GPS 定位技术能够达到毫米级的静态定位精度和厘米级的动态定位精度。所达到的定位精度相对于其他的测量技术如图 1-5 所示。

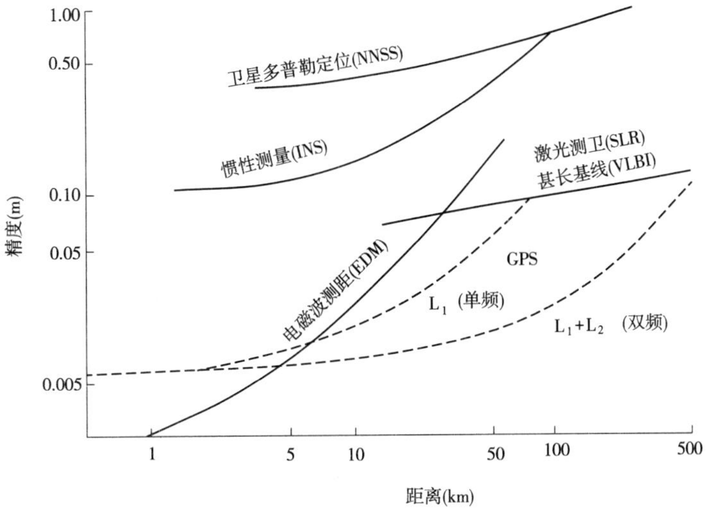

图 1-5　几种定位方法的精度比较

3　GPS 测量的特点

GPS 可为各类用户连续提供动态目标的三维位置、三维速度及时间信息。GPS 测量主要特点如下。

3.1　功能多、用途广

GPS 系统不仅可以用于测量、导航,还可以用于测速、测时。测速的精度可达 0.1 m/s,测时的速度可达几十毫微秒。其应用领域还在不断扩大。

3.2　定位精度高

大量的试验和工程应用表明,用载波相位观测量进行静态相对定位,在小于50 km的基线上,相对定位精度可达 $1\times10^{-6}\sim2\times10^{-6}$,而在 100 ~ 500 km的基线上可达 $10^{-6}\sim10^{-7}$。随着观测技术与数据处理方法的改善,可望在大于1 000 km的距离上,相对定位精度达到或优于 10^{-8}。

在实时动态定位(RTK)和实时差分定位(RTD)方面,定位精度可达到厘米级和分米级,能满足各种工程测量的要求。其精度如表 1-3 所示。随着 GPS 定位技术及数据处理技术的发展,其精度还将进一步提高。

表 1-3　GPS 实时定位、测速与测时精度

采用的测距码	P 码	C/A 码	L_1/L_2
单点定位(m)	5 ~ 10	10 ~ 15	0.02
差分定位(m)	1	3 ~ 5	
测速(m/s)	0.1	0.3	
测时(ns)	100	500	

3.3 实时定位

利用全球定位系统进行导航，即可实时确定运动目标的三维位置和速度，可实时保障运动载体沿预定航线运行，亦可选择最佳路线。特别是对军事上动态目标的导航，具有十分重要的意义。

3.4 观测时间短

目前，利用经典的静态相对定位模式，20 km以内的基线所需观测时间，对于单频接收机在1 h左右，对于双频接收机仅需 15 ~20 min。采用实时动态定位模式，流动站初始化观测 1 ~5 min后，并可随时定位，每站观测仅需几秒钟。利用 GPS 技术建立控制网，可缩短观测时间，提高作业效益。

3.5 观测站之间无需通视

经典测量技术既要保持良好的通视条件，又要保障测量控制网的良好图形结构。而GPS 测量只要求测站 15°以上的空间视野开阔，与卫星保持通视即可，并不需要观测站之间相互通视，因而不再需要建造觇标。这一优点既可大大减少测量工作的经费(一般造标费用占总经费的 30% ~50%)和时间，同时，也使选点工作变得非常灵活，完全可以根据工作的需要来确定点位，无需通视，也使点位的选择变得更灵活，可省去经典测量中的传算点、过渡点的测量工作。

不过也应指出，GPS 测量虽然不要求观测站之间相互通视，但为了方便用常规方法联测的需要，在布设 GPS 点时，应该保证至少一个方向通视。

3.6 操作简便

GPS 测量的自动化程度很高。对于“智能型”接收机，在观测中测量员的主要任务只是安装并开关仪器，量取天线高，采集环境的气象数据，监视仪器的工作状态，而其他工作，如卫星的捕获、跟踪观测和记录等均由仪器自动完成。结束观测时，仅需关闭电源，收好接收机，便完成野外数据采集任务。

如果在一个测站上需要作较长时间的连续观测，还可实行无人值守的数据采集，通过网络或其他通信方式，将所采集的观测数据传送到数据处理中心，实现全自动化的数据采集与处理。GPS 用户接收机一般质量较轻、体积较小。例如，Ashtech 单频接收机——LOCUS 最大质量1.4 kg，是天线、主机、电源组合在一起的一体机，自动化程度较高，野外测量时仅“一键”开关，携带和搬运都很方便。

3.7 可提供全球统一的三维地心坐标

经典大地测量将平面和高程采用不同方法分别施测。GPS 测量中，在精确测定观测站平面位置的同时，可以精确测量观测站的大地高程。GPS 测量的这一特点，不仅为研究大地水准面的形状和确定地面点的高程开辟了新途径，同时也为其在航空物探、航空摄影测量及精密导航中的应用提供了重要的高程数据。

GPS 定位是在全球统一的 WGS—84 坐标系统中计算的，因此全球不同点的测量成果是相互关联的。

3.8 全球全天候作业

GPS 卫星较多，且分布均匀，保证了全球地面被连续覆盖，使得在地球上任何地点、任何时候进行观测工作，通常情况下，除雷雨天气不宜观测外，一般不受天气状况的影响。

因此，GPS 定位技术的发展是对经典测量技术的一次重大突破。一方面，它使经典的测量理论与方法产生了深刻的变革；另一方面，也进一步加强了测量学与其他学科之间的相互渗透，从而促进了测绘科学技术的现代化发展。

学习指南

在这一章节中，主要讲述了全球卫星定位系统的发展过程，简单地介绍了 NNSS 系统、GLONASS 系统和“伽利略”（GALILEO）计划的基本情况，重点介绍了 GPS 系统的发展、系统特点及其应用。对本章的学习要重点突出 GPS 系统的定义，GPS 定位系统相对于其他定位系统的特点，理解和掌握 GPS 测量技术相对于常规测量技术的各项特点。

习题 1

1-1 简述卫星定位技术的发展过程。

1-2 简述北斗二导航系统的基本情况及特点。

1-3 简述 GLONASS 系统的基本情况及特点。

1-4 简述“伽利略”（GALILEO）计划的基本情况及特点。

1-5 GPS 系统的定义是什么？简述 GPS 系统的基本情况和特点。

1-6 为什么说 GPS 定位技术的应用是测绘发展史上的一场革命？

1-7 GPS 测量技术相对于常规测量技术有什么特点？

1-8 GPS 定位技术在我国的应用情况如何？

1-9 请结合您身边的生活和科技应用，描述 GPS 定位技术的应用前景。

第二章　GPS 卫星定位系统

第一节　GPS 系统的组成

GPS 系统主要由空间星座部分、地面监控部分和用户接收部分三大部分组成，如图 2-1所示。

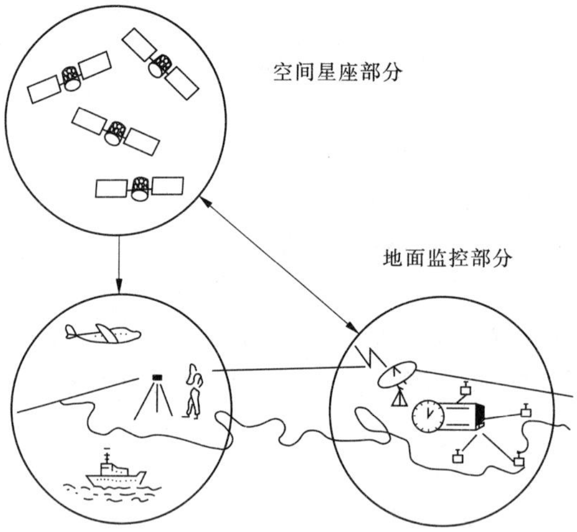

图 2-1　GPS 系统的组成

1　空间星座部分

GPS 空间部分由 24 颗 GPS 工作卫星所组成，其中，21 颗工作卫星和 3 颗在轨备用卫星共同组成了 GPS 卫星星座。如图 2-2 所示，这 24 颗卫星分布在 6 个倾角为 55°的轨道上绕地球运行，各个轨道平面之间相距 60°，轨道平均高度20 200 km。卫星的运行周期，即绕地球一周的时间约为 12 恒星时(11 h 58 min)。这样，对于地面观测者来说，每天将提前4 min见到同一颗 GPS 卫星。位于地平线以上的卫星颗数随着时间和地点的不同而不同，最少可见到 4 颗，最多可以见到 11 颗。满足了在用 GPS 信号导航定位时，为了解算测站的三维坐标，必须观测 4 颗 GPS 卫星的基本要求。每颗 GPS 工作卫星都发出用于导航定位的信号。GPS 用户正是利用这些信号来进行导航定位工作的。

GPS 卫星的编号是：按发射先后次序编号(01 ~ 24)；按 PRN(卫星信号所采用的伪随机噪声码)的不同编号；国际编号(第一部分为该星发射年代，第二部分表示该年中发射卫星的序号，字母 A 表示发射的有效负荷)；按轨道位置顺序编号等。在导航定位测量中，一般采用 PRN 编号。

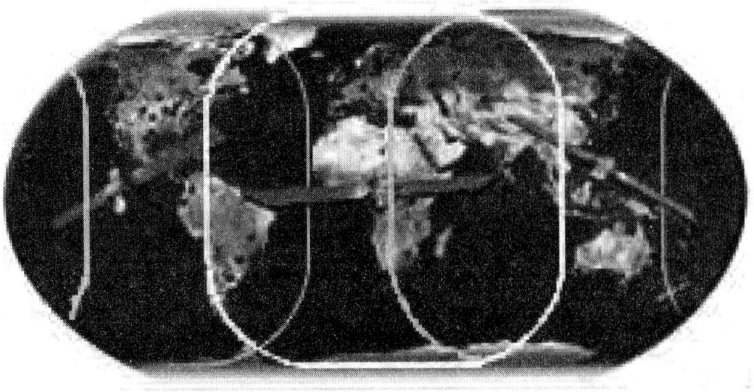

图 2-2　GPS 卫星轨道图

GPS 卫星空间星座的分布保障了在地球上任何地点、任何时刻至少有 4 颗卫星被同时观测，加之卫星信号的传播和接收不受天气的影响，因此 GPS 是一种全球性、全天候的连续实时定位系统。

在 GPS 系统中，GPS 卫星星座的功能如下：

(1)用 L 波段的两个无线载波(19 cm和24 cm波)向广大用户连续不断地发送导航定位信号。包括提供精密时间标准、粗略导航定位伪距 C/A 码、精密测距 P 码和反映卫星当前空间位置和卫星工作状态的导航电文。

(2)在卫星飞越注入站上空时，接收由地面注入站用 S 波段(10 cm波段)发送到卫星的导航电文和其他有关信息，并适时发送给广大用户。

(3)接收地面主控站通过注入站发送到卫星的调度命令，适时地调整卫星的姿态，改正卫星运行轨道偏差，启用备用卫星。

GPS 卫星的主体呈圆柱形，直径约为1.5 m，重约774 kg，两侧设有两块双叶太阳能板，能自动对日定向，以保证卫星正常供电(见图 2-3)。

图 2-3　GPS 卫星主体

每颗卫星配置有 4 台高精度原子钟(2 台铷钟和 2 台铯钟)，这是卫星的核心设备。

它将发射标准频率信号，为 GPS 定位提供高精度的时间标准。

2　地面监控部分

GPS 的控制部分由分布在全球的若干个跟踪站所组成的监控系统所构成，根据其作用的不同，这些跟踪站又被分为主控站、监测站和注入站，其分布如图 2-4 所示。

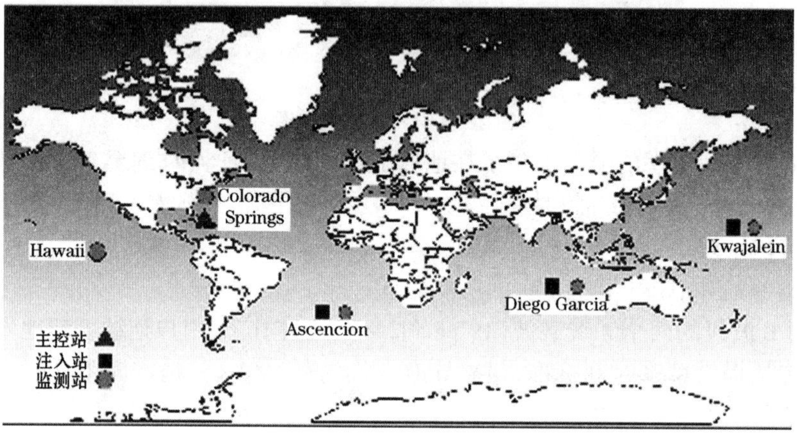

图 2-4　GPS 地面监控站分布

2.1　主控站

主控站有一个，设在美国本土科罗拉多(Colorado)·斯平士(Springs)的联合空间执行中心 CSOC。它的作用是：

(1)根据各监控站对 GPS 的观测数据，计算出卫星的星历、卫星钟的改正参数和大气层的修正参数等，并把这些数据传送到注入站，并通过注入站注入到卫星中去。

(2)提供全球定位系统的时间基准。各测站和 GPS 卫星的原子钟，均应与主控站的原子钟同步，或测出其间的钟差，并把这些钟差信息编入导航电文，送到注入站。

(3)对卫星进行控制，向卫星发布指令，当工作卫星出现故障时，调度备用卫星，替代失效的卫星工作。另外，主控站也具有监控站的功能。

(4)调整偏离轨道的卫星，使之沿预定的轨道运行。

2.2　监测站

现有 5 个地面站均具有监测站的功能，除了主控站外，其他 4 个分别位于夏威夷(Hawaii)、阿森松群岛(Ascension)、狄哥伽西亚(Diego Garcia)、南太平洋的卡瓦加兰(Kwajalein)，该 5 个监测站也叫作空军跟踪站(Air Force Tracking Station)；此外，还有美国国家图像制图局 NIMA 的 7 个跟踪站(NIMA Tracking Station)。监控站的作用是接收卫星信号，监测卫星的工作状态。

监测站是在主控站直接控制下的数据自动采集中心。站内设有双频 GPS 接收机、高精度原子钟、计算机各一台和环境数据传感器若干台。接收机对 GPS 卫星进行连续观测，以采集数据和监测卫星的工作状况。原子钟提供时间标准，而环境传感器收集有关当地的气象数据。所有观测资料由计算机进行初步处理,并储存和传送到主控站,用以确定卫星的轨道。

2.3 注入站

注入站的作用是将主控站计算出的卫星星历和卫星钟的改正数等信息注入到卫星中去。注入站现有3个,分别设在印度洋的迭哥加西亚(Diego Garcia)、南大西洋阿森松群岛(Ascension)和南太平洋的卡瓦加兰(Kwajalein)。注入站的主要设备包括一台直径为3.6 m的天线,一台C波段发射机和一台计算机。其主要任务是在主控站的控制下将主控站推算和编制的卫星星历、钟差、导航电文和其他控制指令等,注入到相应卫星的存储系统,并检测注入星系的正确性。整个GPS的地面监控部分,除主控站外均无人值守。各站间用现代化的通信网络联系起来,在原子钟和计算机的驱动和精确控制下,各项工作实现了高度的自动化和标准化。

3 用户接收部分

GPS的用户部分由GPS接收机、数据处理软件及相应的用户设备所组成。GPS接收机硬件,一般包括主机、天线、控制器和电源,主要功能是接收GPS卫星发射的信号,能够捕获到按一定卫星高度截止角所选择的待测卫星的信号,并跟踪这些卫星的运行,获得必要的导航和定位信息及观测量。用户设备一般为计算机及其终端设备、气象仪器等,主要功能是对所接收到的GPS信号进行变换、放大和处理,以便测量出GPS信号从卫星到接收机天线的传播时间,解译出GPS卫星所发送的导航电文,实时地计算出测站的三维位置,甚至三维速度和时间,并经简单数据处理而实现实时导航和定位。数据处理软件是指各种后处理软件包,其主要作用是对观测数据进行精加工,以便获得精密定位结果。以上这三个部分共同组成了一个完整的GPS系统。

静态定位中,GPS接收机在捕获和跟踪GPS卫星的过程中固定不变,接收机高精度地测量GPS信号的传播时间,利用GPS卫星在轨的已知位置,解算出接收机天线所在位置的三维坐标。而动态定位则是用GPS接收机测定一个运动物体的运行轨迹。GPS接收机所在的运动物体叫作载体(如航行中的船舰、空中的飞机、行走的车辆等)。载体上的GPS接收机天线在跟踪GPS卫星的过程中相对地球而运动,接收机用GPS信号实时地测得运动载体的状态参数(瞬间三维位置和三维速度)。

GPS接收机的结构分为天线单元和接收单元两大部分。对于测地型接收机来说,两个单元一般分成两个独立的部件,观测时将天线单元安置在测站上,接收单元则置于测站附近的适当地方,用电缆线将两者连接成一个整机。也有的将天线单元和接收单元制作成一个整体,观测时将其安置在测站点上。

根据GPS用户的不同要求,所需的接收设备也有差异。随着GPS定位技术的迅速发展和应用领域的日益扩大,许多国家都在积极研制、开发适用于不同要求的GPS接收机及相应的数据处理软件。

近几年,国内引进了许多种类型的GPS测地型接收机。我国的测绘仪器生产厂商也生产出各种类型的GPS测地型接收机,其双频接收机精度可达$5\ mm + 10^{-6} \cdot D$,接收机在一定距离内精度可达$10\ mm + 2 \times 10^{-6} \cdot D$。用于差分定位,其精度可达亚米级至厘米级。

目前,各种类型的 GPS 接收机体积越来越小,重量越来越轻,便于野外观测。GPS 北斗与 GLONASS 兼容的全球导航定位系统接收机已经用于各种测绘工程中。

第二节　GPS 卫星信号

1　GPS 卫星信号构成及产生

GPS 卫星发射的信号由载波、测距码和导航电文三部分组成,如图 2-5 所示。

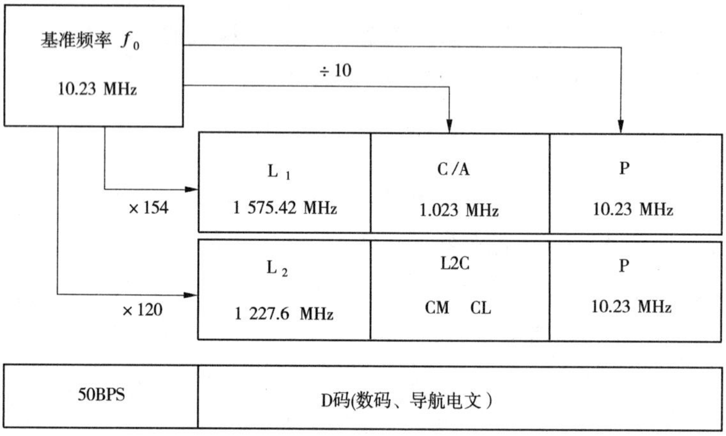

图 2-5　GPS 卫星信号构成及产生

1.1　载波

L_1、L_2 由卫星上的原子钟所产生的基准频率 f_0 = 10.23 MHz 倍频 154 倍和 120 倍产生。

1.2　测距码

1.2.1　C/A 码

C/A 码又称为粗捕获码,它被调制在 L_1 载波上,是1.023 MHz的伪随机噪声码(PRN 码),由卫星上的原子钟所产生的基准频率 f_0 降频 10 倍产生,即 $f_{C/A} = f_0/10 = 1.023$ MHz。由于每颗卫星的 C/A 码都不一样,因此我们经常用它们的 PRN 号来区分它们。C/A 码是普通用户用以测定测站到卫星间的距离的一种主要的信号。

1.2.2　P 码

P 码又被称为精码,它被调制在 L_1 和 L_2 载波上,是 10.23 MHz 的伪随机噪声码,直接使用由卫星上的原于钟所产生的基准频率,即:$f_P = f_0 = 10.23$ MHz,其周期为 7 d。在实施 AS 时,P 码与 W 码进行模二相加生成保密的 Y 码,此时,一般用户无法利用 P 码来进行导航定位。

1.2.3　L2C 码

L2C 码称为第二民用码,它被调制在 L_2 载波上,载波频率为 1 227.60 MHz。2005 年 9 月 23 日第一颗具有广播 L2C 信号功能的 GPS 卫星 SLC-17A 从 Cape Canaveral Florida

(佛罗里达)发射升空。L2C 码同样可以提供高质量(低相噪、高灵敏度)的数据来进行导航定位。

L2C 码包括中长码(CM)和长民码(CL);CM 码用于传输导航数据,CL 码用于快速捕获。CM 码的长度周期为 10230 码元,时钟频率为 511.5 kHz,时间周期为 20 ms;CL 码的长度周期为 767250 码元(为 CM 码的 75 倍),时钟频率为 511.5 kHz,时间周期为 1.5 s。L2C 码提供了解算站星距离单值性的问题,可以直接测定站星距离值,不需要借助其他辅助信号去解决所测站星距离的单值性,简化了站星距离的测量设备。L2C 码的应用意义主要有:①保证高精度用户可以直接获取 L2 信号而不是微弱的半波长跟踪技术,信号强度将得到大大提高;②L2 载波上调制 L2C 码可以更好地消除电离层延迟误差,具有更强的信噪比以及更低的多路径效应影响。

1.3 导航电文

导航信息被调制在 L_1 载波上,其信号频率为50 Hz,包含有 GPS 卫星的轨道参数、卫星钟改正数和其他一些系统参数。用户一般需要利用此导航信息来计算某一时刻 GPS 卫星在地球轨道上的位置,导航信息也被称为广播星历。

2 GPS 的测距码信号

测距码是用于测定从卫星至接收机间距离的二进制码,如图 2-5 所示。GPS 卫星中所用的测距码从性质上讲属于伪随机噪声码。它们看似一组取值(0 或 1)完全无规律的随机噪声码序列,其实是具有确定编码规则编排起来的可以复制的周期性二进制序列,且具有类似于随机噪声码的自相关特性,结构相同的随机码序列 $u(t)=\bar{u}(t)$ 通过平移码元数,相应的码元相互对齐,易于测量。测距码是由若干个多级反馈移位寄存器所产生的 m 序列经平移、截短、求模二和等一系列复杂处理后形成的。根据性质和用途的不同,在 GPS 卫星发射的测距码信号中包含了 C/A 和 P(Y)码两种伪随机噪声码信号,各卫星所用的测距码互不相同。下面将分别介绍其特点及作用。

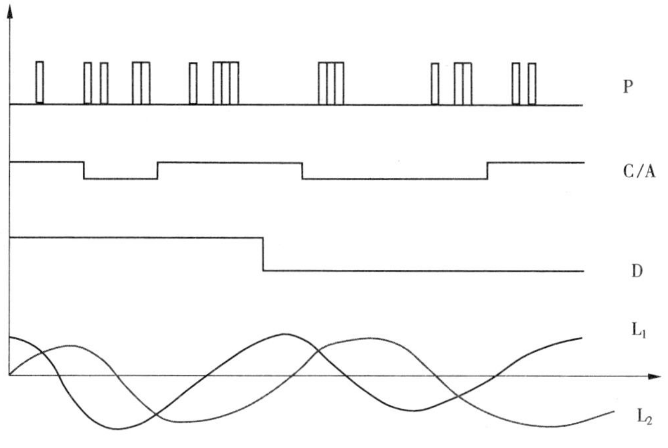

图 2-6 C/A 码、P 码的特点

2.1　C/A 码(Coarse/Acquisition Code)

用于进行粗略测距和捕获精码的测距码称为粗码,也称捕获码。C/A 码的测距精度一般为 ±(2 ~3) m。C/A 码是一种结构公开的明码,供全世界所有的用户免费使用。

C/A 码的特征是:码长 $Nu = 2^{10} - 1 = 1\ 023$ bit;码元宽度 $tu \approx 0.977\ 52$ μs,相应长度 293.1 m;周期 $Tu = Nu \cdot tu = 1$ ms;数码率 $BPS = 1.023$ Mbit/s,如图 2-6 所示。GPS 星座中的不同卫星使用结构各异的 C/A 码。这样既便于复制又易于区分。

C/A 码具有的特性:

(1)由于 C/A 码的码长较短(周期 <1 ms),在 GPS 导航和定位中,为了捕获 C/A 码以测定卫星信号传播的时间延迟,通常对 C/A 码进行逐个搜索,而 C/A 码总共只有1 023 个码元,若以每秒 50 码元的速度搜索,仅需约20.5 s便可完成,易于捕获。而通过捕获 C/A码所得到的卫星提供的导航电文信息,又可以方便地捕获 P 码,所以,通常称 C/A 为捕获码。

(2)C/A 码的码元宽度 $t_0 = 1/f = 0.977\ 52$ μs(码元持续时间),空间矢距 $L = 293.1$ m(码元持续时间与 c 乘积)较大。若两个序列的码元相关误差为码元宽度的1/10 ~ 1/100,则此时所对应的测距误差可达 29.3 ~2.9 m。由于其精度较低,所以称C/A码为粗捕获码。

2.2　P 码(Precision Code)

用于精确测定从 GPS 卫星至接收机距离的测距码称为精码(P 码)。该测距码又同时调制在 L_1 和 L_2 两个载波上,可较完善地消除电离层延迟,故用它来测距可获得较精确的结果。P 码是一种结构保密的军用码。目前,美国政府不提供一般 GPS 民用用户使用。

P 码的特征是:码长 $Nu = 2.35 \times 10^{14}$ bit;码元宽度 $tu = 0.097\ 752$ μs,相应长度 29.3 m,数码率 $BPS = 10.23$ Mbit/s,如图 2-6 所示,周期 $Tu = Nu \cdot tu = 267$ 天,一个周期中约含 6.2×10^{12}个码元。实际上 P 码的一个整周期被分为 38 部分,每一部分周期为 7 天,码长约 6.19×10^{12} bit。其中有 5 部分由地面监控站使用,其他 32 部分分配给不同的卫星,1 个部分闲置。这样,每颗卫星所使用 P 码便具有不同的结构,易于区分,但码长和周期相同。

P 码具有的特性:

(1)因为 P 码的码长较长(6.19×10^{12} bit),在 GPS 导航和定位中,如果采用搜索 C/A 码的办法来捕获 P 码,即逐个码元依次进行搜索,当搜索的速度仍为每秒 50 码元时,约需 14×15^5 天,那将是无法实现的,不易捕获。因此,一般都是先捕获 C/A 码,然后根据导航电文中给出的有关信息,便可捕获 P 码。

(2)P 码的码元宽度 $t_0 = 1/f = 0.097\ 752$ μs,每个码元所持续的时间为 C/A 码的 1/10。空间矢距 $L = 29.3$ m(码元持续时间与 c 的乘积)较大。若两个序列的码元相关误差仍为码元宽度的 1/10 ~ 1/100,则此时所引起的测距误差仅有 2.93 ~ 0.293 m。仅为 C/A码的 1/10。所以 P 码可用于较精密的导航和定位。

2.3　L2C 码

目前,C/A 码只调制在 L_1 载波上,故无法精确地消除电离层延迟。随着全球定位系统的现代化,在卫星上增设调制了 C/A 码的第二民用频率码 L2C 码后,该问题将可得到解决。采用窄相关间隔(Narrow Correlator Spacing)技术后测距精度可达分米级,与精码的测距精度大体相当。

3 GPS 卫星的载波信号

可运载调制信号的高频振荡波称为载波。GPS 卫星发射两种频率的载波信号，由于它们均位于微波的 L 波段，故分别称为 L_1 载波和 L_2 载波。即频率为1 575.42 MHz的 L_1 载波和频率为1 227.60 MHz的 L_2 载波，它们的波长分别为19.03 cm和24.42 cm，如图 2-6 所示。

在无线电通信技术中，为了有效地传播高质量信息，都是将频率较低的信号加载在频率较高的载波上，此过程称为调制。GPS 卫星的 L_1 和 L_2 载波上携带着测距信号和导航电文传送出去，到达用户接收机。

在一般的通信中，当调制波到达用户接收机解调出有用信息后，载波的作用便告完成。但在全球定位系统中，载波除了能更好地传送测距码和导航电文这些有用信息外，在载波相位测量中它又被当作一种测距信号来使用。其测距精度比伪距测量的精度高 2 ~ 3 个数量级。因此，载波相位测量在高精度定位中得到了广泛的应用。

采用两个不同频率载波的主要目的是较完善地消除电离层延迟。采用高频率载波的目的是更精确地测定多普勒频移和载波相位（对应的距离值），从而提高测速和定位的精度，减少信号的电离层延迟，因为电离层延迟与信号频率 f 的平方成反比。

4 GPS 导航电文

GPS 卫星导航电文是用户利用 GPS 定位和导航所必须的基础数据。它主要提供了卫星在空间的位置、卫星的工作状态、卫星钟的修正参数、电离层延迟修正参数等重要信息。这些信息是以二进制码的形式按规定格式编码，并按帧发给用户接收机，因此又称之为数据码（D 码）。

导航电文的传输速率为50 bit/s，以"帧"为单位向外发送。每帧的长度为1 500 bit，播发完一个主帧需30 s。一个主帧包括 5 个子帧。每个子帧均包含300 bit，播发时间为6 s。每个子帧又可分为 10 个字，每个字都由30 bit组成。其中第四、五两个子帧各有 25 个页面，需要750 s才能将 25 个页面全部播发完。第一、二、三子帧每30 s重复一次，其内容每隔2 h更新一次。第四、五子帧每30 s翻转一页，12.5 min完整地播发一次，然后再重复。其内容仅在卫星注入新的导航数据后才得以更新。

导航电文的基本构成如图 2-7 所示。

在每帧导航电文中，各子帧电文的主要内容如图 2-7 所示，下面介绍电文各部分的基本含义。

4.1 **遥测码**（TeLemetry Word，TLW）

遥测码位于各子帧的开头，它用来表明卫星注入数据的状态。遥测码的 1 ~ 8 bit是同步码（10001001），为各子帧编码脉冲提供一个同步起点，接收机将从该起点开始顺序解译电文。第 9 ~ 22 bit为遥测电文，包括地面监控系统注入数据时的状态信息、诊断信息及其他信息。第23 bit和第24 bit是连接码，第 25 ~ 30 bit为奇偶检查码，它用于发现和纠正错误。

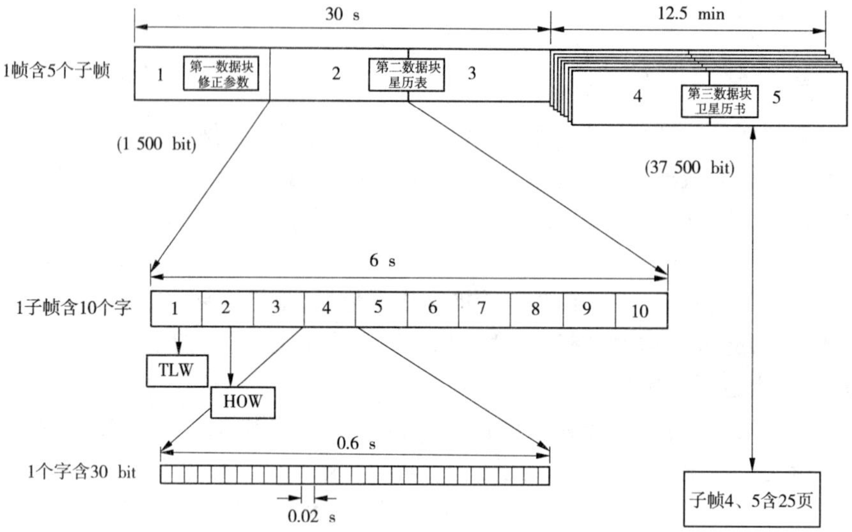

图 2-7 导航电文的基本构成

4.2 转换码(Hand Over Word,HOW)

转换码位于每个子帧的第二个字码。其作用是提供用户从捕获的 C/A 码转换到捕获 P 码的 Z 计数。Z 计数值位于转换码的第 1 ~ 17 bit,是从每周六/周日零时起算的时间计数。因此,当知道了 Z 计数,即知道了观测瞬间在 P 码周期中所处的准确位置,这样便可迅速捕获 P 码。

4.3 第一数据块

第一数据块是位于第 1 子帧的第 3 ~ 10 字码,它的主要内容包括:卫星时钟校正和电离层校正信息,其中包含指明载波 L_2 调制波类型、卫星序号、卫星健康状况等的标识码、数据龄期(*ADOC*)、卫星时钟改正系数等。

4.3.1 时延差改正 T_{gd}

时延差改正 T_{gd}就是载波 L_1、L_2 的电离层时延差。当使用单频接收机时,为了减小电离层效应影响,提高定位精度,采用 *Klobuchar* 电离层时延改正模型。该模型的特点是,夜间的电离层时延稳定不变,且恒定为 5 *ns*;而白天电离层时延改正的最大值为当地每天的 14 时;双频接收机可通过 L_1、L_2 两项频率的组合来消除电离层效应的影响,不需要此项改正。

4.3.2 数据龄期 *AODC*

卫星时钟的数据龄期 AODC 是时钟改正数的外推时间间隔,它指明卫星时钟改正数的置信度。

$$AODC = t_{0c} - t_i \tag{2-1}$$

式中 t_{0c}——第一数据块的参考时刻;

t_i——计算时钟改正参数所用数据的最后观测时间。

4.3.3 星期序号 *WN*

WN 表示从 1980 年 1 月 6 日子夜零点(UTC)起算的星期数,即 GPS 星期数。

4.3.4 卫星时钟改正

GPS 时间系统是以地面主控站的主原子钟为基准。由于主控站主原子钟的不稳定性,使得 GPS 时间和 UTC 时间之间存在差值。地面监控通过监测确定出这种差值,并用导航电文播发给广大用户。

GPS 卫星的时钟相对 GPS 时间系统存在着差值,由于相对论效应,卫星时钟每秒钟比地面时钟快约 448 ps(每天相差 3.87×10^{-5} s)。为了消除这种影响,而将卫星时钟 10.23 MHz 的标准频率减小到 10.229 999 995 45 MHz 的实际频率,以进行相对论效应的常数项改正。但由于相对论效应所产生的时间偏移并不是一个常数,且时钟本身也有误差,所以对卫星时钟还需加入改正数 Δt_s,这便是卫星时钟改正。

$$\Delta t_s = \alpha_0 + \alpha_1(t - t_{0c}) + \alpha_2(t - t_{0c})^2 \tag{2-2}$$

式中 α_0——卫星钟差,s;

α_1——卫星钟速,s/s;

α_2——卫星钟速变率,s/s^2。

GPS 卫星全球定位系统,采用 GPS 时间系统和 GPS 星期。GPS 时间相对于世界协调时(UTC)的差别,由 GPS 导航电文给出。自 1980 年 1 月 6 日以来,GPS 星期已进入了第二轮,详如下述。

第一轮 GPS 星期:1980 年 1 月 6 日子夜零时开始至 1999 年 8 月 21 日午夜结束,共 1 024个星期。

第二轮 GPS 星期:1999 年 8 月 22 日子夜零时开始至 2019 年 4 月 6 日午夜结束。

第三轮 GPS 星期:2019 年 4 月 7 日子夜零时开始至 2038 年 11 月 20 日午夜结束。

当 GPS 周数变换后,GPS 信号接收机和相应的数据处理软件必须立即进行调整,否则 GPS 信号接收机将发生计算粗差,甚至拒绝进行定位计算。

4.4 第二数据块

导航电文的第 2 子帧和第 3 子帧组成第二数据块,其内容为 GPS 卫星星历,即描述卫星运行及其轨道参数的信息,提供有关计算卫星运行位置的数据,它是 GPS 卫星向导航、定位用户播发的主要电文,描述卫星的运行及其轨道参数(见图 2-8)包括以下三类。

(1)开普勒轨道六参数:$\sqrt{a_s}$为卫星轨道椭圆长半轴的平方根;e_s 为卫星轨道椭圆偏心率;i_0 为参考时刻 t_0 的轨道面倾角;Ω_0 为参考时刻 t_0 的升交点赤经;ω 为近地点角距;M_0 为参考时刻 t_0 的平近点角。

(2)轨道摄动九参数:Δn 为平均角速度改正数;$\Delta\Omega$ 为升交点赤经变化率;I 为卫星轨道平面倾角变化率;C_{us}、C_{uc}为升交角距的正余弦调和改正项振幅;C_{is}、C_{ic}为轨道正面倾角的正余弦调和改正项振幅;C_{rs}、C_{rc}为轨道向径正余弦调和改正项振幅。

(3)时间二参数:从星期日子夜零点开始度量的星历参考时刻 t_{0e}及星历表的数据龄期 $AODE$。

4.5 第三数据块

第三数据块包括第 4 子帧和第 5 子帧,其内容包括了所有 GPS 卫星的历书数据。当接收机捕获到某颗 GPS 卫星信号后,根据第三数据块提供的其他卫星的概略星历、时钟改正、卫星工作状态等数据,用户可以选择工作正常、位置适当的卫星,并较快地捕获到所选择的卫星。

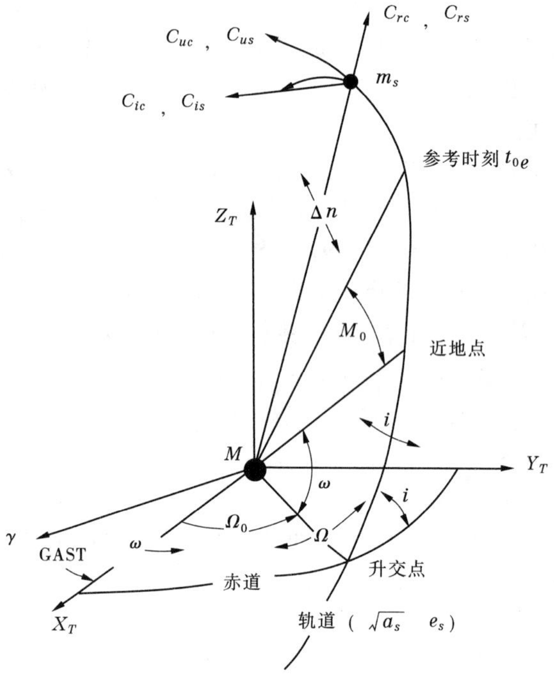

图 2-8 GPS 卫星轨道参数

第三节 GPS 卫星星历

1 卫星运动理论基础

GPS 卫星的星历是描述卫星运行及其轨道的参数,它的主要作用是利用 GPS 卫星系统进行导航定位时,计算卫星在空间的瞬时位置。而研究 GPS 卫星在协议地球坐标系中的瞬时位置,就是 GPS 卫星的轨道运动理论。本节首先对卫星运动理论作简要介绍。

卫星在空间运行的轨迹称为轨道,描述卫星位置及状态的参数,称为卫星轨道参数,而轨道参数取决于卫星所受到的各种力的作用。众所周知,人造地球卫星在空间运行时,除了受地球重力场的引力作用外,还受到太阳、月亮及其他天体引力的影响,同时还受到大气的阻力、太阳光压力及地球潮汐的作用力等因素的影响。为了研究卫星运动的基本规律,一般将卫星受到的作用力分为两类:一类是地球质心引力,即将地球看作密度均匀并由无限多的同心球层所构成的圆球,它对球外一点的引力等效于质量集中于球心的质点所产生的引力,称为中心引力;另一类是摄动力,也称非中心引力,它包括地球非球形对称的作用力、日月引力、大气阻力、光辐射压力及地球潮汐作用力。

1.1 卫星无摄运动

摄动力与中心引力相比,仅为 10^{-3} 量级。所以,人造地球卫星在空间运行时,主要受地球重力场的引力作用。它决定着卫星运动的基本规律和特征,由它所决定的卫星轨道是研究卫星实际轨道的基础。

卫星在预定的轨道上运行，如果忽略摄动力的影响，地球可视为质量全部集中于质心的质点，卫星也可以看作是质量集中的质点。

根据万有引力定律，地球受卫星的引力可表示为

$$\vec{F}_e = \frac{GM \cdot m}{r^2} \cdot \frac{\vec{r}}{r} \tag{2-3}$$

式中 M——地球质量；

m——卫星质量；

G——万有引力常数，$G = 6.672 \times 10^{-8} \text{cm}^3/(\text{g} \cdot \text{s}^2)$；

$\vec{r}$——卫星在（历元）平天球坐标系中的位置向量；

r——向量 $\vec{r}$ 的模，即卫星至地球的距离。

根据牛顿第三定律，卫星受地球的引力 $\vec{F}_s$，其大小与 $\vec{F}_e$ 相同而方向相反，即

$$\vec{F}_s = \frac{GM \cdot m}{r^2} \cdot \frac{\vec{r}}{r} \tag{2-4}$$

根据牛顿第二定律，可得卫星及地球的运动方程为

$$\left.\begin{aligned} m\frac{\mathrm{d}^2\vec{r}}{\mathrm{d}t^2} &= \frac{GM \cdot m}{r^2} \cdot \frac{\vec{r}}{r} \\ M\frac{\mathrm{d}^2\vec{r}}{\mathrm{d}t^2} &= \frac{GM \cdot m}{r^2} \cdot \frac{\vec{r}}{r} \end{aligned}\right\} \tag{2-5}$$

由此，可得卫星在无摄运动理想条件下，卫星相对地球的运动方程为

$$\frac{\mathrm{d}^2\vec{r}}{\mathrm{d}t^2} = -\frac{G(M+m)}{r^2} \cdot \frac{\vec{r}}{r} \tag{2-6}$$

卫星在上述地球引力场中的无摄运动称为开普勒运动，其规律可用开普勒定律来描述。

由开普勒定律可知，卫星运动的轨道是通过地心平面上的一个椭圆，且椭圆的一个焦点与地心相重合。而确定椭圆的形状和大小至少需要两个参数，即椭圆的长半径 a_s 及其偏心率 e_s（或椭圆的短半径 b_s）。另外，为确定任意时刻卫星在轨道上的位置，需要一个参数，一般取真近点角 f_s，即在轨道平面上，卫星与近地点之间的地心角距，该参数为时间的函数，它确定了卫星在轨道上的瞬时位置。参数 a_s、e_s、f_s 唯一地确定了卫星轨道的形状、大小以及卫星在轨道上的瞬时位置，称为轨道椭圆形状参数，如图 2-9 所示。

但是，这时卫星轨道平面与地球体的相对位置和方向还无法确定。要确定卫星轨道与地球体之间的相互关系，亦可表达为确定开普勒椭圆在天球坐标系中的位置和方向。因为根据开普勒第一定律，轨道椭圆的一个焦点与地球的质心相重合，所以为了确定该椭圆在上述坐标系中的方向，尚需三个参数。

这三个参数的选择并不是唯一的。其中一组应用广泛的参数，称为开普勒轨道参数（见图 2-9），或称开普勒轨道根数。现将这组参数的惯用符号及其定义，综合介绍如下：

Ω——升交点的赤经，即在地球赤道平面上，升交点与春分点之间的地心夹角（升交点，即当卫星由南向北运行时轨道与地球赤道面的一个交点）。

i——轨道面的倾角，即卫星轨道平面与地球赤道面之间的夹角。

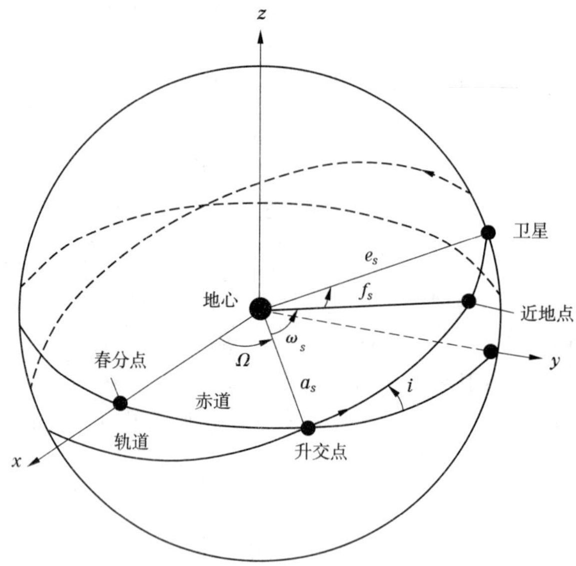

图 2-9　开普勒轨道参数

以上两个参数，唯一地确定了卫星轨道平面与地球体之间的相对定向，称之为轨道平面定向参数。

ω_s——近地点角距，即在轨道平面上，升交点与近地点之间的地心夹角，这一参数表达了开普勒椭圆在轨道面上的定向，称之为轨道椭圆定向参数。

在此，参数 a_s、e_s、Ω、i、ω_s 和 f_s 所构成的坐标系统，通常称为轨道坐标系统。其中，参数 a_s、e_s、Ω、i、ω_s 的大小，则是由卫星的发射条件决定的。在该系统中，当 6 个轨道参数一经确定后，卫星在任一瞬间相对地球体的空间位置及其速度，便可唯一地确定。

建立以地球质心为坐标原点，x 轴指向近地点，y 轴重合于轨道的短轴，z 轴为轨道平面的法线方向，构成右手坐标系。在此坐标系内列出卫星运动的微分方程并求解，可以得出著名的开普勒轨道方程：

$$n(t-t_0) = E_s - e_s\sin E_s \tag{2-7}$$

式中　n——观测时刻卫星的平均角速度，设卫星沿椭圆轨道运动的周期为 T，则 $n=2\pi/T$；

t_0——第六个积分常数，即 t_0 是卫星过近地点时刻，它给出了辅助参数 E 与时间 t 的函数关系；

E_s——偏近点角，如图 2-10 所示，假设过卫星质心 m_s，作平行于椭圆短半轴的直线，则 m' 为该直线与近地点至椭圆中心连线的交点，m'' 为该直线与以椭圆中心为原点，并以 a_s 为半径的大圆的交点，E_s 就是在椭圆平面上，近地点 P 至 m'' 点的圆弧所对应的圆心角。

由开普勒轨道方程知，当 $t=t_0$ 时，$E_s=0$。顾及轨道方程式，可得 $r=a_s(1-e_s)$。说明此时卫星正位于近地点处。从而证明了 t_0 是卫星过近地点的时刻。

令 $M_s=n(t-t_0)$，则 M 随时间 t 以平均角速度 n 变化，故称 M_s 为平近点角。又令 $M_0=nt_0$ 为过近地点的平近点角，则

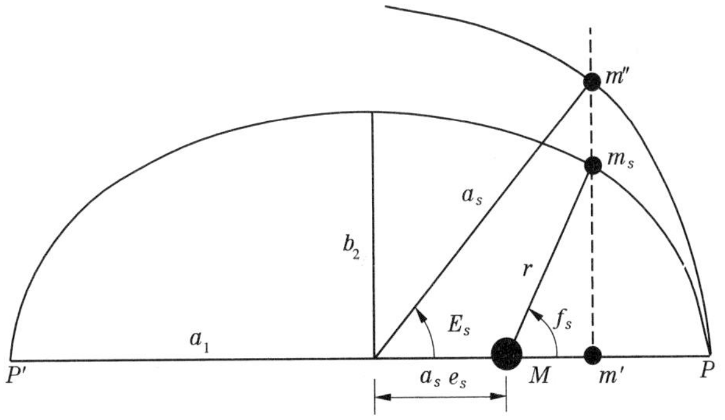

图 2-10　偏近点角与真近点角

$$M_s = n(t - t_0) = nt - M_0 \tag{2-8}$$

开普勒轨道方程可写为：

$$M_s = E_s - e_s \sin E_s \tag{2-9}$$

至此，我们得到了以轨道参数表示的 6 个积分常数参数：a_s、e_s、Ω、i、ω_s 和 t_0。若已知 6 个轨道参数，就可以唯一地确定卫星的运动状态。也就是说，已知 6 个轨道参数可以确定任意时刻的卫星位置及其运动速度。

1.2　卫星受摄运动

在摄动力作用下，卫星的运动称为受摄运动，相应的卫星轨道称为受摄轨道。摄动力作用使卫星的运动产生一些小的附加变化而偏离理想轨道，同时，这种偏离量的大小也随时间而变化着。

对于卫星精密定位来说，在只考虑地球质心引力情况下计算卫星的运动状态（即研究二体问题）是不能满足精度要求的，必须考虑地球引力场摄动力、日月摄动力、大气阻力、光压摄动力、潮汐摄动力对卫星运动状态的影响。

讨论卫星相对于地球无摄运动的二体问题时，6 个轨道参数均为常数。其中卫星过近地点的时刻 t_0 也可用平近点角 M_0 代替。在考虑了摄动力的作用后，卫星的受摄运动的轨道参数不再保持为常数，而是随时间变化的轨道参数。卫星在地球质心引力和各种摄动力总的影响下的轨道参数称为瞬时轨道参数。卫星运动的真实轨道称为卫星的摄动轨道或瞬时轨道。瞬时轨道不是椭圆的，轨道平面在空间的方向也不是固定不变的。

在人造地球卫星所受的摄动力中，地球引力场摄动力最大，约为 10^{-3} 量级，其他摄动力大多小于或近于 10^{-6} 量级。这些摄动力引起卫星位置的变化，引起轨道参数的变化。例如，考虑地球引力场摄动力中地球引力场位函数的二阶带谐系数项的影响，使轨道参数 Ω 不断减小，即轨道平面不断西退，这种现象称为轨道面的进动。进动速度主要取决于轨道倾角 i 和轨道长半径 a_s。对于20 000 km高度，倾角约为 55°的 GPS 卫星来说，其进动速度约为每天 0.039°。轨道参数 ω 的变化使得近地点在轨道面内不断旋转，或者说轨道椭圆以其不变的形状在轨道面内旋转。通过解算卫星受摄运动的微分方程，可以得到卫星轨道参数的变化规律。

1.2.1 用直角坐标表示的受摄运动方程

在直角坐标系中，卫星的受摄运动方程形式简单。设作用于卫星上的摄动力位函数为 R，则受摄运动方程的分量形式可写为：

$$\left.\begin{aligned}\ddot{x} &= -(\mu/r^3)x + \partial\vec{R}/\partial x\\ \ddot{y} &= -(\mu/r^3)y + \partial\vec{R}/\partial y\\ \ddot{z} &= -(\mu/r^3)z + \partial\vec{R}/\partial z\end{aligned}\right\} \tag{2-10}$$

式中，$-(\mu/r^3)x$、$-(\mu/r^3)y$、$-(\mu/r^3)z$ 分别为卫星在地球质心引力作用下产生的加速度沿三个坐标轴的分量。这种形式的微分方程在求解的过程中不涉及卫星的轨道参数，可以用数值方法求解。

1.2.2 用轨道参数表示的受摄运动方程

用直角坐标表示的受摄运动方程难以得到关于卫星的运动轨道及其变化规律。而以轨道参数表示的受摄运动方程则既可以用于数值解法也可用于分析解法。其中如果摄动力的性质为非保守力时，例如太阳辐射压力、大气阻力因不存在位函数，具有代表性的卫星受摄运动方程是牛顿受摄运动方程。

$$\left.\begin{aligned}\frac{\mathrm{d}a_s}{\mathrm{d}t} &= \frac{2}{n\sqrt{1-e_s^2}}[e_s\sin f_s\cdot S + (1+e_s\cos f_s)\cdot T]\\ \frac{\mathrm{d}e_s}{\mathrm{d}t} &= \frac{\sqrt{1-e_s^2}}{na_s}[\sin f_s\cdot S + (\cos E + \cos f_s)T]\\ \frac{\mathrm{d}i}{\mathrm{d}t} &= \frac{r\cos(\omega+f_s)}{na_s^2\sqrt{1-e_s^2}}W\\ \frac{\mathrm{d}\Omega}{\mathrm{d}t} &= \frac{r\cos(\omega+f_s)}{na_s^2\sqrt{1-e_s^2}\sin i}W\\ \frac{\mathrm{d}\omega}{\mathrm{d}t} &= \frac{\sqrt{1-e_s^2}}{na_se_s}\left[-\cos f_s\cdot S + (l+\frac{r}{p}\sin f_s\cdot T)\right] - \cos i\frac{\mathrm{d}\Omega}{\mathrm{d}t}\\ \frac{\mathrm{d}M_s}{\mathrm{d}t} &= n - \frac{1-e_s^2}{na_se_s}\left[-(\cos f_s - 2e_s\frac{r}{p})S + (l+\frac{r}{p})\sin f_s\cdot T\right]\end{aligned}\right\} \tag{2-11}$$

式中 S——沿卫星矢径 $\vec{r}$ 方向的分量；

T——在轨道平面上垂直于矢径方向并指向卫星运动的分量；

W——沿轨道平面法线并按 S、T、W 组成右手坐标系取向的分量。

此时，可将摄动力所产生的加速度分解为互相垂直的三个分量 S、T、W。

不论摄动力的性质如何，都可以使用牛顿受摄运动方程解卫星的受摄运动。通过研究牛顿受摄运动方程可知，由于卫星在运动中受到各种摄动力作用的影响，其轨道参数随时间而变化。若已知某一初始时刻的轨道参数，通过分析解算含有轨道参数的受摄运动方程，可以求得轨道参数的变率，从而求得任一时刻的轨道参数。这样，利用二体问题的运动方程就可以求得任一时刻的卫星位置和速度。

2 GPS 卫星星历

描述某一时刻卫星运动轨道的参数及其变率称卫星星历。根据卫星星历就可以计算出任一时刻的卫星位置及其速度。GPS 卫星定位中,需要知道 GPS 卫星的位置。通过卫星的导航电文将已知的某一初始历元的轨道参数及其变率发给用户(接收机),即可计算出任一时刻的卫星位置。另外,通过在已知的地面站对 GPS 卫星进行观测,求得卫星在某一时刻的位置,可以反求出卫星的轨道参数,从而对卫星的轨道进行改进,实现精密定轨,用于 GPS 精密定位。因此,精确的轨道信息是精密定位的基础。GPS 卫星星历分为预报星历(广播星历)和后处理星历(精密星历)。

2.1 预报星历

预报星历是通过卫星发射的含有轨道信息的导航电文传递给用户的,用户接收机接收到这些信号,经过解码便可获得所需要的卫星星历,所以这种星历也叫广播星历。卫星的预报星历,通常包括相对某一参考历元的开普勒轨道参数和必要的轨道摄动正项参数。参考历元的卫星开普勒轨道参数,也叫参考星历,它是根据 GPS 监测站约一周的观测资料推算的。

参考星历只代表卫星在参考历元的瞬时轨道参数,但是在摄动力的影响下,卫星的实际轨道随后将偏离其参考轨道,偏离的程度主要决定于观测历元与所选参考历元间的时间差。一般来说,如果我们用轨道参数的摄动项对已知的卫星参考星历加以改正,就可以外推出任意观测历元的卫星星历。

为了保持卫星预报星历的必要精度,一般采用限制预报星历外推时间间隔的方法。为此,GPS 跟踪站每天都利用其观测资料,更新用以确定卫星参考星历的数据,以计算每天卫星轨道参数的更新值,并且,每天按时将其注入相应的卫星加以储存,以更新卫星的参考轨道之用。据此,GPS 卫星发射的广播星历,每小时更新一次,以供用户使用。这样,如果将上述计算参考星历的参考历元 T_{oe}选在两次更新星历的中央时刻,则外推的时间间隔最大将不会超过0.5 h。从而可以在采用同样摄动力模型的情况下。有效地保持外推轨道参数的精度。预报星历的精度,一般为 20~40 m。

预报星历的内容包括:参考历元瞬间的开普勒 6 个参数,反映摄动力影响的 9 个参数,以及 1 个参考时刻和星历数据龄期,共计 17 个星历参数(见表 2-1)。这些参数通过 GPS 卫星发射的含有轨道信息的导航电文传递给用户。

其中 Δn 中包括了轨道参数 ω 的常期摄动 ω。Δn 中主要是二阶带谐项引起的 ω 的长期漂移,也包括了日、月引力摄动和太阳光压摄动。在 $\Delta\Omega$ 中主要是二阶带谐项引起升交点赤径的长期漂移,也包括了极移的影响。

星历表参考历元 T_{0e}是从星期日子夜零点开始计算的参考时刻,星历表数据龄期 *IODE* 为从 T_{0e}时刻至为作预报星历测量的最后观测时刻之间的时间,故 *IODE* 是预报星历的外推时间间隔。

为了对上述 3 类参数有一个具体的数据概念,表 2-2 列出一组用 Novatel RT2 双频接收机测量,并由其随机软件提供的 GPS 卫星广播星历:(时间:03 - Sep - 00 11:16)。表 2-3 摘录了 1990 年 3 月 16 日用 Trimble 4000SST 双频接收机观测 3 颗卫星的轨道参数。

表 2-1 GPS 卫星广播星历预报参数及其定义

参　数	参数定义
T_{0e}(s)	星历表参考历元
IODE(*AODE*)	星历表数据量
M_0(rad)	按参考历元 T_{oe} 计算的平近点角
Δn(rad/s)	由精密星历计算得到的卫星平均角速度与按给定参数计算所得的平均角速度之差
e_s	轨道偏心率
$\sqrt{a_s}$(m)	轨道长半径的平方根(0.5 m)
Ω_0(rad)	按参考历元 T_{oe} 计算的升交点赤径
i_0(rad)	按参考历元知计算的轨道倾角
ω(rad)	近地点角距
$\Delta\Omega$(rad/s)	升交点赤径变化率
I(rad/s)	轨道倾角变化率
C_{uc}(rad)	升交角距($\omega+f_s$)的余弦调和改正项的振幅
C_{us}(rad)	升交角距($\omega+f_s$)的正弦调和改正项的振幅
C_{rc}(m)	轨道半径的余弦调和改正项的振幅
C_{rs}(m)	轨道半径的正弦调和改正项的振幅
C_{ic}(rad)	轨道倾角的余弦调和改正项的振幅
C_{is}(rad)	轨道倾角的正弦调和改正项的振幅
GPD	周数
Tgd(s)	电离层延迟改正
IODC	星钟的数据量
α_0	卫星钟差——时间偏差
α_1	卫星钟速(s/s)——频率偏差系数
α_2	卫星钟速变率(s/s^2)——漂移系数
(*N*)	卫星精度
(*N*)	卫星健康

表 2-2 Novatel RT2 双频接收机接收的 GPS 卫星广播星历

```
2              NAVIGATION DATA                              RINEX VERSION/TYPE
SSUtilities    vl.41   Your Company          03-Sep-00 11:16     PGM/ RUN BY/ DATE
                                                               END OF HEADER
 6  0  8 25  2  0  0.0 +.274740159512D-07 +.113686837722D-12  .000000000000D+00
   +.950000000000D+02 +.888437500000D+02 +.454554648312D-08 -.170024978378D+01
   +.444985926151D-05 +.697577721439D-02 +.102780759335D-04 +.515367507172D+04
   +.439200000000D+06 +.838190317154D-07 -.717044767358D+00 -.707805156708D-07
   +.947643365081D+00 +.170531250000D+03 -.237102754179D+01 -.796068873750D-08
   -.203937066226D-09  .000000000000D+00 +.107600000000D+04  .000000000000D+00
    .000000000000D+00  .000000000000D+00 -.512227416039D-08 +.351000000000D+03
    .000000000000D+00
 4  0  8 25  2  0  0.0 +.359198544174D-03 +.355839802069D-10  .000000000000D+00
   +.183000000000D+03 +.680000000000D+02 +.427839249795D-08 -.257055307047D+01
   +.357255339622D-05 +.518933811691D-02 +.323541462421D-05 -.515354366875D+04
   +.439200000000D+06 -.465661287308D-07 +.346417413904D+00 -.186264514923D-08
   +.976317339170D+00 +.328218750000D+03 -.538595653048D+00 -.819355558019D-08
   +.137148569931D-09  .000000000000D+00 +.107600000000D+04  .000000000000D+00
    .000000000000D+00  .000000000000D+00 -.60535967350D-08 +.439000000000D+03
```

表 2-3　GPS 卫星广播星历轨道参数值

参数	GPS 卫星		
	PRN02	PRN14	PRN19
T_{0e}(s)	5.184000E+005	5.184000E+005	5.184000E+005
$IODE$(s)	2.120000E+002	7.500000E+001	1.980000E+002
M_0(rad)	−6.054760E−001	2.098430E−001	7.666470E−001
Δn(rad/s)	1.439048E−009	1.375952E−009	1.514195E−009
e_s	8.247306E−003	6.024992E−003	3.710157E−003
$\sqrt{a_s}$(m)	5.153691E+003	5.153689E+003	5.153629E+003
Ω_0(rad)	−8.267319E−001	1.815057E−001	8.471960E−001
i_0(rad)	3.041002E−001	3.060368E−001	3.038775E−001
ω(rad)	9.525346E−001	8.729396E−001	2.284949E−001
$\Delta\Omega$(rad/s)	−2.569777E−009	−2.513957E−009	−2.654474E−009
I(rad/s)	2.273737E−012	−2.023625E−011	−3.853984E−011
C_{uc}(rad)	−9.166209E−007	5.021849E−007	−6.231362E−007
C_{us}(rad)	2.530490E−006	3.095522E−005	1.117021E−006
C_{rc}(rad)	2.213125E+002	1.932500E+002	3.065000E+002
C_{rs}(rad)	−5.659375E+001	2.828125E+001	−3.640625E+001
C_{ic}(m)	−1.897275E−008	4.446738E−008	3.498100E−008
C_{is}(m)	−6.225433E−008	−6.521882E−009	1.363666E−008

GPS 卫星向全球用户播发的星历,是用两种波码进行传送的。一种是用叫作 C/A 码所传送的 GPS 卫星星历(简称 C/A 码星历),其星历精度为数十米。另一种用 P 码所传送的 GPS 卫星星历(简称 P 码星历)精度提高到5 m左右,只有工作于 P 码的接收机才能从 P 码中解译出精密的 P 码星历。精密的 P 码星历主要用于军事目的导航定位。C/A 码星历交付民用。目前绝大多数的商品接收机,都是工作于 C/A 码的,只能使用降低了精度的 C/A 码星历。C/A 码星历精度的人为降低,给用户的 GPS 定位引入相应误差。这是非特许用户进行高精度的 GPS 测量时必须解决的一个问题。利用精密的后处理星历能够解决这一问题。

2.2　后处理星历

由于 GPS 卫星的预报星历是根据跟踪站前一段时间的观测资料外推的参考轨道参数,并加入轨道的摄动改正后得到的外推星历。因此,广播星历包含外推误差,其精度必然受到限制,不能满足某些从事精密定位工作的用户要求。

后处理星历是根据地面跟踪站所获得的精密观测资料计算而得到的星历,它是一种不包含外推误差的实测星历,可为用户提供观测时刻的卫星精密星历,其精度可达米级,以后其精度有望进一步提高到分米级。这种星历不是通过 GPS 卫星的导航电文向用户传递，一些国家某些部门，根据各自建立的卫星跟踪站所获得的对 GPS 卫星的精密观测资料。应用与确定广播星历相似的方法而计算卫星星历。然而，这种星历用户无法实时通过卫星信号而获得，而是利用磁带或通过电视、电传、卫星通信等方式在事后有偿地向用户提供所需要的服务。

我国的 GPS 卫星跟踪站在“八五”期间已经建成，“九五”期间已向国内用户提供服务。现在正在进行数据处理的全国 GPS2000 网，其点数可达 2 000 余个，其中 GPS 卫星永久性跟踪站增加为 25 个，将来还要继续增加到 250 个左右，以满足全国动态或高精度定位用户。

3 GPS 卫星位置的计算

3.1 用广播星历计算卫星位置

第一步：计算卫星运动的平均角速度 n。

首先根据广播星历中给出的参数$\sqrt{a_s}$计算出参考时刻 T_{0e}的平均角速度 n_0：

$$n_0 = \frac{\sqrt{GM}}{(\sqrt{a_s})^3} \tag{2-12}$$

式中 GM——万有引力常数 G 与地球总质量 M 之乘积，其值为 $GM = 3.986\,004\,7 \times 10^{14}$ $\mathrm{m^3/s^2}$。

然后根据广播星历中给定的摄动参数 Δn 计算观测时刻卫星的平均角速度 n：

$$n = n_0 + \Delta n \tag{2-13}$$

第二步：计算观测瞬间卫星的平近点角 M。

由于卫星的运行周期为12 h左右，采用卫星过近地点时刻 t_0 来计算平近点角 M 时，外推间隔最大有可能达6 h。而广播星历每2 h更新一次，将参考时刻设在中央时刻时，外推间隔≤1 h。所以用 T_{0e}来取代卫星过近地点时刻 t_0 后，外推间隔将大大减小，用较简单的模型也能获得精度较高的结果。

$$M_s = M_0 + n(t - T_{0e}) \tag{2-14}$$

式中 M_0——参考时刻 T_{0e}时的平近点角，由广播星历给出。

第三步：计算偏近点角。

依据式(2-8)，用弧度表示的开普勒方程为：

$$E_s = M_s + e_s \sin E_s \tag{2-15}$$

解上述方程可用迭代法或微分改正法。

第四步：计算真近点角。

根据开普勒轨道方程，可得近点角 f_s 与偏近点角 E_s 之间的关系：

$$\left.\begin{aligned} \cos f_s &= \frac{\cos E_s - e_s}{1 - e_s \cos E_s} \\ \sin f_s &= \frac{(1 - e_s^2)^{\frac{1}{2}} \sin E_s}{1 - e_s \cos E_s} \end{aligned}\right\} \tag{2-16}$$

式中 e——卫星轨道的偏心率，由广播星历给出。

由此可得真近点角计算常用公式：

$$f_s = \arctan \frac{(1 - e_s^2)^{\frac{1}{2}} \sin E_s}{\cos E_s - e_s} \tag{2-17}$$

第五步：计算升交距角 $\tilde{\mu}$。

$$\tilde{\mu} = \omega + f_s \tag{2-18}$$

式中　ω——近地点角距，由广播星历给出。

第六步：计算摄动改正项。

广播星历中给出了 C_{uc}、C_{us}、C_{rc}、C_{rs}、C_{ic}、C_{is} 六个摄动参数，据此可求出由于地球引力场位函数的二阶带谐系数项而引起的升交距角 μ 的摄动改正项 δ_μ、卫星矢径 r 的摄动改正项 δ_r 和卫星轨道倾角 i 的摄动改正项 δ_i。计算公式如下：

$$\left.\begin{aligned} \delta_\mu &= C_{\mu c}\cos 2\tilde{\mu} + C_{\mu s}\sin 2\tilde{\mu} \\ \delta_\gamma &= C_{rc}\cos 2\tilde{\mu} + C_{rs}\sin 2\tilde{\mu} \\ \delta_i &= C_{ic}\cos 2\tilde{\mu} + C_{is}\sin 2\tilde{\mu} \end{aligned}\right\} \tag{2-19}$$

第七步：对升交距角 μ、卫星矢径 r、轨道倾角 i 进行摄动改正：

$$\left.\begin{aligned} \mu &= \tilde{\mu} + \delta_\mu \\ \gamma &= \tilde{\gamma} + \delta_r = a_s(1 - e_s\cos E_s) + \delta_r \\ i &= i_0 + \delta_i + \frac{\mathrm{d}i}{\mathrm{d}t}(t - T_{0e}) \end{aligned}\right\} \tag{2-20}$$

式中　a_s——卫星轨道的长半径，$a_s = (\sqrt{a_s})^2$，$\sqrt{a_s}$ 由广播星历给出；

i_0——T_{0e}时刻的轨道倾角，由广播星历中的开普勒六参数给出；

$\frac{\mathrm{d}i}{\mathrm{d}t}$——$i$ 的变化率，由广播星历中的摄动九参数给出。

第八步：计算卫星在轨道面坐标系中的位置。

在轨道平面直角坐标系中（坐标原点位于地心，x 轴指向升交点）卫星的平面直角坐标为：

$$\left.\begin{aligned} x &= r\cos\mu \\ y &= r\sin\mu \end{aligned}\right\} \tag{2-21}$$

第九步：计算观测瞬间升交点的经度 L。

若参考时刻 T_{0e}时升交点的赤经为 $\Omega_{T_{0e}}$，升交点对时间的变化率为 $\Delta\Omega$，那么观测瞬间 t 的升交点赤经 Ω 应为：

$$\Omega = \Omega_{T_{0e}} + \Delta\Omega(t - T_{0e}) \tag{2-22}$$

式中，$\Delta\Omega$ 可从广播星历的摄动参数中给出。

设本周开始时刻（星期日 0 时）格林尼治恒星时为 $GAST_{\text{week}}$，则观测瞬间的格林尼治恒星时为

$$GAST = GAST_{\text{week}} + \omega_e t \tag{2-23}$$

式中　ω_e——地球自转角速度，$\omega_e = 7.292\,115 \times 10^{-5}$ rad/s；

t——本周内的时间，s。

这样就可求得观测瞬间升交点的经度值为：

$$L = \Omega - GAST = \Omega_{T_{0e}} - GAST_{\text{week}} + \Delta\Omega(t - T_{0e}) - \omega_e t \tag{2-24}$$

令

$$\Omega_0 = \Omega_{T_{0e}} - GAST_{\text{week}}$$

则有：

$$L = \Omega_0 + \Delta\Omega(t - T_{0e}) - \omega_e t = \Omega_0 + (\Delta\Omega - \omega_e)t - \Delta\Omega \cdot T_{0e} \tag{2-25}$$

注意：广播星历中给出的 L 并不是参考时刻 T_{0e} 的升交点赤经 $\Omega_{T_{0e}}$，而是该值与本周起始时刻的格林尼治恒星时 $GAST_{\text{week}}$ 之差。

第十步：计算卫星在瞬时地球坐标系中的位置。

已知升交点的大地经度 L 以及轨道平面的倾角 i 后，就可通过两次旋转求得卫星在地球坐标系中的位置：

$$\begin{pmatrix} X \\ Y \\ Z \end{pmatrix} = R_Z(-L)R_X(-i)\begin{pmatrix} x \\ y \\ z \end{pmatrix} = \begin{pmatrix} x\cos L - y\cos i\sin L \\ x\cos L + y\cos i\sin L \\ y\sin L \end{pmatrix} \tag{2-26}$$

第十一步：计算卫星在协议地球坐标系中的位置。

观测瞬间卫星在协议地球坐标系中的位置。

$$\begin{aligned} \begin{pmatrix} x \\ y \\ z \end{pmatrix}_{CTS} &= R_Y(-x_p)R_X(-y_p)\begin{pmatrix} X \\ Y \\ Z \end{pmatrix} \\ &= \begin{pmatrix} 1 & 0 & x_p \\ 0 & 1 & -y_p \\ -x_p & y_p & 1 \end{pmatrix}\begin{pmatrix} X \\ Y \\ Z \end{pmatrix} \end{aligned} \tag{2-27}$$

在 GPS 定位导航中，需要多次连续计算卫星位置和速度，如用上述方法计算需占用较多的内存空间和计算时间。为此，常将卫星星历用一个时间多项式来表示，在内存中仅保存该多项式的系数，供计算时调用。在各种多项式中切贝雪夫多项式的拟合效果最佳，即使在该时间段的两端近似性也很好。用 n 阶切贝雪夫多项式来逼近时间段 $[t_0, t_0 + \Delta t]$ 中的卫星星历时，先将变量 $t \in [t_0, t_0 + \Delta t]$ 变换为变量 $\tau \in [-1, 1]$：

$$\tau = \frac{2}{\Delta t}(t - t_0) \tag{2-28}$$

于是卫星坐标可表示为：

$$X(t) = \sum_{i=0}^{n} C_{xi} T_i(t) \tag{2-29}$$

式中　n——多项式的阶数；

C_{xi}——切贝雪夫多项式的系数。

根据已知的卫星坐标，用最小二乘法拟合出多项式系数 C_{xi} 后，就可用式(2-29)计算出该时段中任一时刻的卫星位置。切贝雪夫多项式 T_i 的递推公式如下：

$$\begin{aligned} T_0(\tau) &= 1 \\ T_1(\tau) &= \tau \\ T_n(\tau) &= 2\tau T_{n-1}(\tau) - T_{n-2}(\tau) \end{aligned} \tag{2-30}$$

卫星的运动速度和加速度也可用类似方法计算。

3.2 用精密星历计算卫星位置

精密星历是按一定的时间间隔(通常为15 min)来给出卫星在空间的三维坐标、三维运动速度及卫星钟改正数等信息。著名的IGS(国际GPS地球动力学服务局)综合精密星历需1~2周后才能获得。由IGS提出的格式被广泛采用,其中ASCII格式的SPI和二进制格式的E(F)格式不仅给出了卫星的三维位置信息(km),也给出了卫星的三维运动速度信息(km/s)。而SP2(ASCII格式)和ECF2(二进制格式)则仅给出了卫星的三维位置信息。速度信息需通过位置信息用数值微分的方法来求出。采用这种格式时存储量可减少一半左右。在SP3(ASCII格式)和ECF3(二进制格式)中增加了卫星钟的改正数信息。

观测瞬间的卫星位置及运动速度可采用内插法求得。其中拉格朗日(Lagrange)多项式内插法被广泛采用,因为这种内插法速度快且易于编程。拉格朗日插值公式十分简单:已知函数$y=f(x)$的$n+1$个节点$x_0, x_1, x_2, \cdots, x_n$及其对应的函数值$y_0, y_1, y_2, \cdots, y_n$,对插值区间内任一点$x$,可用下面的拉格朗日插值多项式来计算函数值:

$$f(x) = \sum_{k=0}^{n} \prod_{\substack{i=0 \\ i \neq k}}^{n} \left(\frac{x - x_i}{x_k - x_i} \right) y_k \tag{2-31}$$

研究表明,对GPS卫星而言,如果要精确至10^{-8},用30 min的历元间隔和9阶内插已足够保证精度。用40 min的历元间隔以及17阶多项式就能获得毫米级(10^{-10})的精度。

学习指南

在这一章节中,主要讲述了GPS全球卫星定位系统的组成,简单地介绍了GPS卫星信号、GPS卫星星历和卫星运动理论基础。重点介绍了GPS卫星信号特点及其应用。对本章的学习要重点突出GPS系统的组成、GPS卫星信号的应用,理解和掌握GPS卫星位置计算的各项参数物理意义和几何特点。

习题2

2-1 简述GPS卫星定位系统的组成,并说明各部分的作用。

2-2 简述GPS卫星信号产生及构成特点。

2-3 简述GPS测距码信号的基本特点及用途。

2-4 简述GPS卫星的载波信号基本特点及用途。

2-5 GPS导航电文的定义是什么?简述GPS导航电文的基本构成和特点。

2-6 如何计算GPS卫星的位置?

2-7 什么是GPS的预报星历?有什么特点?

2-8 什么是GPS的精密星历?有什么特点?

2-9 请结合你所在地理位置,用VB编写无摄运动状态下的GPS卫星位置计算程序。

第三章　GPS 卫星定位原理

本章主要介绍 GPS 卫星定位的基本原理与定位方法分类，GPS 定位所依据的伪距观测量，在测码伪距观测量和测相伪距观测量的基础上，讨论了静态和动态绝对定位原理以及相对定位和差分定位原理，介绍了连续运行参考站系统 CORS 在各种测绘工程中的应用。

第一节　概　述

1　GPS 定位原理

测量学中的交会法测量里有一种测距交会确定点位的方法。与其相似，GPS 的定位原理就是利用空间分布的卫星以及卫星与地面点的距离交会得出地面点位置。简言之，GPS 定位原理是一种空间的距离交会原理。

设想在地面待定位置上安置 GPS 接收机，同一时刻接收 4 颗以上 GPS 卫星发射的信号。通过一定的方法测定这些卫星在此瞬间的位置以及它们分别至该接收机的距离，据此利用距离交会法解算出测站 P 的位置及接收机钟差 δt。

如图 3-1 所示，设时刻 t_i 在测站点 P 用 GPS 接收机同时测得 P 点至 4 颗 GPS 卫星 S_1、S_2、S_3、S_4 的距离 ρ_1、ρ_2、ρ_3、ρ_4，通过 GPS 电文解译出 4 颗 GPS 卫星的三维坐标(X^j, Y^j, Z^j)，$j = 1,2,3,4$，用距离交会的方法求解 P 点的三维坐标(X, Y, Z)的观测方程为：

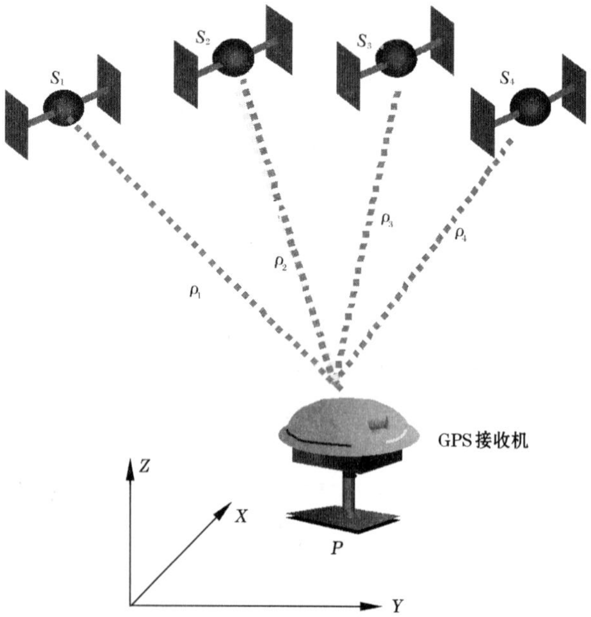

图 3-1　GPS 定位原理

$$
\left.\begin{aligned}
\rho_1^2 &= (X-X^1)^2+(Y-Y^1)^2+(Z-Z^1)^2+c\delta t\\
\rho_2^2 &= (X-X^2)^2+(Y-Y^2)^2+(Z-Z^2)^2+c\delta t\\
\rho_3^2 &= (X-X^3)^2+(Y-Y^3)^2+(Z-Z^3)^2+c\delta t\\
\rho_4^2 &= (X-X^4)^2+(Y-Y^4)^2+(Z-Z^4)^2+c\delta t
\end{aligned}\right\} \tag{3-1}
$$

式中 c——光速；

δt——接收机钟差。

由此可见，GPS 定位中，要解决的问题就是两个：

一是观测瞬间 GPS 卫星的位置。第二章中，我们知道 GPS 卫星发射的导航电文中含有 GPS 卫星星历，可以实时地确定卫星的位置信息。

二是观测瞬间测站点至 GPS 卫星之间的距离。站、星之间的距离是通过测定 GPS 卫星信号在卫星和测站点之间的传播时间来确定的。本章在讲述定位原理的同时，将解决距离测定的问题。

2 GPS 定位方法分类

利用 GPS 进行定位的方法有很多种。若按照参考点的位置不同，则定位方法可分为绝对定位和相对定位。绝对定位：即在协议地球坐标系中，利用一台接收机来测定该点相对于协议地球质心的位置，也叫单点定位。这里可认为参考点与协议地球质心相重合。GPS 定位所采用的协议地球坐标系为 WGS—84 坐标系。因此绝对定位的坐标最初成果为 WGS—84 坐标。

相对定位：即在协议地球坐标系中，利用两台以上的接收机测定观测点至某一地面参考点（已知点）之间的相对位置。也就是测定地面参考点到未知点的坐标增量。由于星历误差和大气折射误差有相关性，所以通过观测量求差可消除这些误差，因此相对定位的精度远高于绝对定位的精度。

按用户接收机在作业中的运动状态不同，则定位方法可分为静态定位和动态定位。

静态定位：即在定位过程中，将接收机安置在测站点上并固定不动。严格说来，这种静止状态只是相对的，通常指接收机相对于其周围点位没有发生变化。

动态定位：即在定位过程中，接收机处于运动状态。

GPS 绝对定位和相对定位中，又都包含静态和动态两种方式。即动态绝对定位、静态绝对定位、动态相对定位和静态相对定位。

若依照测距的原理不同，又可分为测码伪距法定位、测相伪距法定位、差分定位等。

本章将论述测码伪距和测相伪距进行绝对定位和相对定位的原理和方法。最后将讲述差分 GPS 定位技术。

第二节　伪距测量原理

1 GPS 测量的基本观测量

伪距法定位是利用全球定位系统进行导航定位的最基本方法。它的优点是速度快，无多值性问题，利用增加观测时间可以提高定位精度；缺点是测量定位精度低，但足以满足部分用户的需要。利用 GPS 定位，不管采用何种方法，都必须通过用户接收机来接收卫星发射的信号并加以处理，获得卫星至用户接收机的距离，从而确定用户接收机的位置。GPS 卫星到用户接收机的观测距离，由于各种误差源的影响，并非真实地反映卫星到用户接收机的几何距离，而是含有误差，这种带有误差的 GPS 观测距离称为伪距。由于卫星信号含有多种定位信息，根据不同的要求和方法，可获得不同的观测量：

(1)测码伪距观测量(码相位观测量)；

(2)测相伪距观测量(载波相位观测量)；

(3)多普勒积分计数伪距差；

(4)干涉法测量时间延迟。

目前，在 GPS 定位测量中，广泛采用的观测量为前两种，即码相位观测量和载波相位观测量。多普勒积分计数法进行静态定位时，所需要的观测时间一般要数小时，它一般应用于大地测量中。干涉法测量所需的设备相当昂贵，数据处理也比较复杂，目前只用于高精度大地点测量。其广泛应用尚待进一步研究开发。

2　测码伪距测量

2.1　码相位测量

测码伪距测量是通过测量 GPS 卫星发射的测距码信号到达用户接收机的传播时间，从而计算出接收机至卫星的距离，即

$$\rho = \Delta t \cdot c \tag{3-2}$$

式中　Δt——传播时间；

c——光速。

为了测量上述测距码信号的传播时间，GPS 卫星在卫星钟的某一时刻 t^j 发射出某一测距码信号，用户接收机依照接收机时钟在同一时刻也产生一个与发射码完全相同的码(称为复制码)。卫星发射的测距码信号经过 Δt 时间在接收机时钟的 t_i 时刻被接收机收到(称为接收码)，接收机通过时间延迟器将复制码向后平移若干码元，使复制码信号与接收码信号达到最大相关(即复制码与接收码完全对齐)，并记录平移的码元数。平移的码元数与码元宽度的乘积，就是卫星发射的码信号到达接收机天线的传播时间 Δt，又称时间延迟。测量过程见图 3-2。

2.2　测码伪距观测方程及其线性化

GPS 采用单程测距原理，要准确地测定站、星之间的距离，必须使卫星钟与用户接收机钟保持严格同步，同时考虑大气层对卫星信号的影响。但是，实践中由于卫星钟、接收机钟的误差以及无线电信号经过电离层和对流层中的延迟误差，导致实际测出的伪距 ρ' 与卫星到接收机的几何距离 ρ 有一定差值。二者之间的关系可用下式表示：

$$\rho'^j_i(t) = \rho^j_i(t) + c\delta t_i(t) - c\delta t^j(t) + \Delta^j_{i,I_g}(t) + \Delta^j_{i,T}(t) \tag{3-3}$$

式中　$\rho'^j_i(t)$——观测历元 t 的测码伪距；

$\rho^j_i(t)$——观测历元 t 的站星几何距离，$\rho = \Delta t \cdot c = c(t_i(GPS) - t^j(GPS))$；

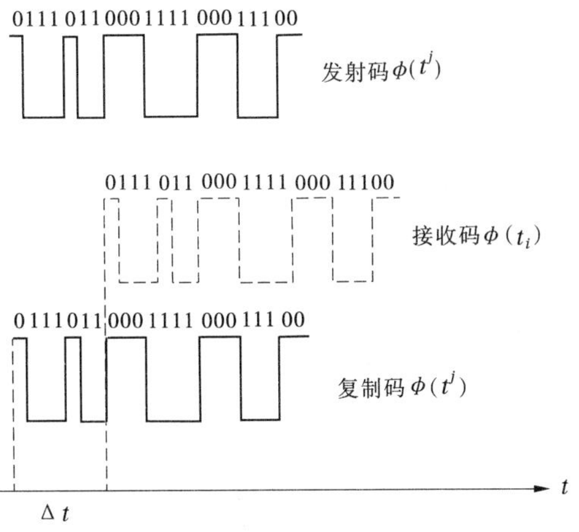

图 3-2　码相位测量示意图

$\delta t_i(t)$——观测历元 t 的接收机(T_i)钟时间相对于 GPS 标准时的钟差,$t_i = t_i(GPS) + \delta t_i$;

$\delta t^j(t)$——观测历元 t 的卫星(S^j)钟时间相对于 GPS 标准时的钟差,$t^j = t^j(GPS) + \delta t^j$;

$\Delta^j_{i,I_g}(t)$——观测历元 t 的电离层延迟;

$\Delta^j_{i,T}(t)$——观测历元 t 的对流层延迟。

式(3-3)即为测码伪距观测方程。

GPS 卫星上设有高精度的原子钟,与理想的 GPS 时之间的钟差,通常可从卫星播发的导航电文中获得,经钟差改正后各卫星钟的同步差可保持在 20 ns 以内,由此所导致的测距误差可忽略,则由式(3-3)可得测码伪距方程的常用形式:

$$\rho'^j_i(t) = \rho^j_i(t) + c\delta t_i(t) + \Delta^j_{i,I_g}(t) + \Delta^j_{i,T}(t) \tag{3-4}$$

利用测距码进行伪距测量是全球定位系统的基本测距方法。GPS 信号中测距码的码元宽度较大,根据经验,码相位相关精度约为码元宽度的 1%。对于 P 码来讲,其码元宽度约为 29.3 m,所以量测精度为 0.29 m;而对 C/A 码来讲,其码元宽度约为 293 m;所以量测精度为 2.9 m。因此,有时也将 C/A 码称为粗码,将 P 码称为精码。可见,采用测距码进行站、星距离测量的测距精度不高。

在式(3-4)中,GPS 观测站 T_i 的位置坐标值隐含在站、星几何距离 $\rho^j_i(t)$ 中:

$$\begin{aligned}\rho^j_i(t) &= |\vec{\rho}^j(t) - \vec{\rho}_i(t)| \\ &= \{[x^j(t) - x_i(t)]^2 + [y^j(t) - y_i(t)]^2 + [z^j(t) - z_i(t)]^2\}^{1/2}\end{aligned} \tag{3-5}$$

式中　$\vec{\rho}_i(t)$——测站 T_i 在协议地球坐标系中的坐标向量,$\vec{\rho}_i(t) = [x_i, y_i, z_i]^{\mathrm{T}}$;

$\vec{\rho}^j(t)$——卫星 S^j 在协议地球坐标系中的坐标向量,$\vec{\rho}^j(t) = [x^j, y^j, z^j]^{\mathrm{T}}$;

$\vec{\rho}^j_i(t)$、$\vec{\rho}^j(t)$、$\vec{\rho}_i(t)$的几何关系如图 3-3 所示。

显然,观测方程式(3-5)是非线性的,计算起来麻烦而费时。因此,必须将其化为便于计算机解算的形式,即对其进行线性化。

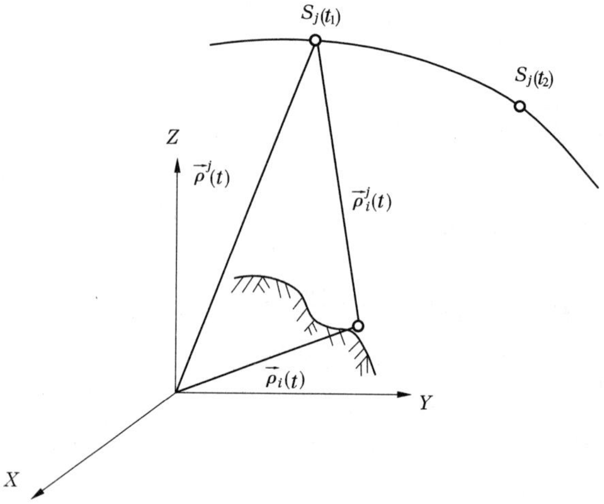

图 3-3　GPS 定位的几何关系

取测站 T_i 的坐标初始向量为：

$$\vec{\rho}_{i0}(t) = [x_{i0}, y_{i0}, z_{i0}]^{\mathrm{T}}$$

其改正数向量为：

$$\delta\vec{\rho}_i = [\delta x_i, \delta y_i, \delta z_i]^{\mathrm{T}}$$

则测站 T_i 到卫星 S^j 的向量的方向余弦为：

$$\left.\begin{aligned}\frac{\partial\rho_i^j(t)}{\partial x^j} &= \frac{1}{\rho_{i0}^j(t)}[x^j(t) - x_{i0}] = l_i^j(t)\\ \frac{\partial\rho_i^j(t)}{\partial y^j} &= \frac{1}{\rho_{i0}^j(t)}[y^j(t) - y_{i0}] = m_i^j(t)\\ \frac{\partial\rho_i^j(t)}{\partial z^j} &= \frac{1}{\rho_{i0}^j(t)}[z^j(t) - z_{i0}] = n_i^j(t)\end{aligned}\right\} \tag{3-6}$$

式中　$\rho_{i0}^j(t)$——站星距离的近似值，$\rho_{i0}^j(t) = \{[x_0^j(t) - x_{i0}(t)]^2 + [y_0^j(t) - y_{i0}(t)]^2 + [z_0^j(t) - z_{i0}(t)]^2\}^{1/2}$。

于是，将式(3-5)的站、星几何距离进行线性化，取至一次微小项，有：

$$\rho_i^j(t) = \rho_{i0}^j(t) + [l_i^j(t)\ \ m_i^j(t)\ \ n_i^j(t)]\begin{bmatrix}\delta x^j - \delta x_i\\ \delta y^j - \delta y_i\\ \delta z^j - \delta z_i\end{bmatrix} \tag{3-7}$$

一般在 GPS 定位数据处理中，将卫星星历中所获得的卫星坐标视为固定值，因此卫星坐标的改正数$[\delta x^j, \delta y^j, \delta z^j]^{\mathrm{T}}$视为零。由此，测码伪距方程的线性化形式为：

$$\rho'^j_i(t) = \rho_{i0}^j(t) + [-l_i^j(t)\ -m_i^j(t)\ -n_i^j(t)]\begin{bmatrix}\delta x_i\\ \delta y_i\\ \delta z_i\end{bmatrix} + c\delta t_i(t) + \Delta_{i,I_g}^j(t) + \Delta_{i,T}^j(t) \tag{3-8}$$

3　测相伪距测量

3.1　载波相位测量

由上节可知，测码伪距的量测精度过低，无法满足测量定位的需要。如果把 GPS 信号中的载波作为量测信号，由于载波的波长短，$\lambda_{L_1}=19\ \text{cm}$，$\lambda_{L_2}=24\ \text{cm}$，所以对于载波 L_1 而言，相应的测距误差约为 1.9 mm，而对于载波 L_2 而言，相应的测距误差约为 2.4 mm。可见测距精度很高。

但是，载波信号是一种周期性的正弦信号，而相位测量又只能测定其不足一个波长的部分，因而存在着整周数不确定性的问题，使解算过程变得比较复杂。

在 GPS 信号中由于已用相位调整的方法在载波上调制了测距码和导航电文，因而接收到的载波的相位已不再连续，所以在进行载波相位测量之前，首先要进行解调工作，设法将调制在载波上的测距码和导航电文解调，重新获取载波，这一工作称为重建载波。重建载波一般可采用两种方法，一种是码相关法，另一种是平方法。采用前者，用户可同时提取测距信号和卫星电文，但是用户必须知道测距码的结构；采用后者，用户无须掌握测距码的结构，但只能获得载波信号而无法获得测距码和导航电文。

载波相位测量是通过测量 GPS 卫星发射的载波信号从 GPS 卫星发射到 GPS 接收机的传播路程上的相位变化，从而确定传播距离，因而又称为测相伪距测量。

载波信号的相位变化可以通过如下方法测得：某一卫星钟时刻 t^j 卫星发射载波信号 $\varphi^j(t^j)$，与此同时接收机内振荡器复制一个与发射载波的初相和频率完全相同的参考载波 $\varphi_i(t^j)$，在接收机钟时刻 t_i 被接收机收到的卫星载波信号 $\varphi_i(t_i)$ 与此时的接收机参考载波信号的相位差，就是载波信号从卫星传播到接收机的相位延迟（载波相位观测量）。测量过程见图 3-4。

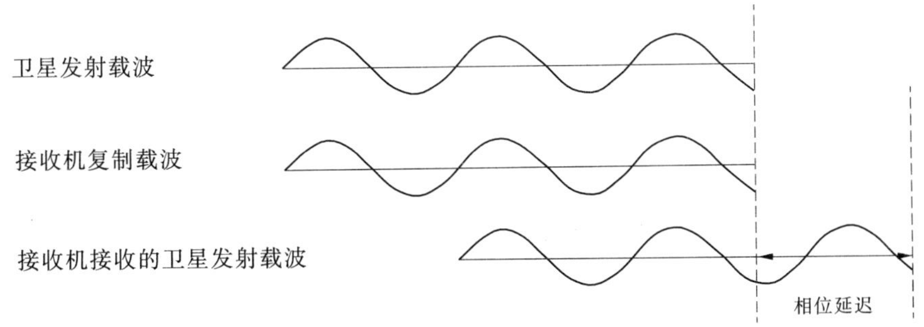

图 3-4　载波相位测量

因此，接收机 T_i 在接收机钟时刻 t_i 观测卫星 S^j 的相位观测量可写为：

$$\Phi_i^j(t_i)=\varphi_i(t_i)-\varphi^j(t^j)=\varphi_i(t_i)-\varphi_i(t^j) \tag{3-9}$$

根据简谐波的物理特性，上述的载波相位观测量 $\Phi_i^j(t_i)$ 可以看成整周部分 $N_i^j(t_i)$ 和不足一周的小数部分 $\delta\varphi_i^j(t_i)$ 之和，即有：

$$\Phi_i^j(t_i)=N_i^j(t_i)+\delta\varphi_i^j(t_i) \tag{3-10}$$

实际上，在进行载波相位测量时，接收机只能测定不足一周的小数部分 $\delta\varphi_i^j(t_i)$。因为载波信号是一单纯的正弦波，不带有任何标志，所以我们无法确定正在量测的是第几个整周的小数部分，于是便出现了一个整周未知数 $N_i^j(t_i)$，或称整周模糊度。如何快速而正确的求解整周模糊度是 GPS 测相伪距观测中要研究的一个关键问题。

当锁定（跟踪）到卫星信号后，在初始观测历元 t_0，有：

$$\Phi_i^j(t_0) = N_i^j(t_0) + \delta\varphi_i^j(t_0) \tag{3-11}$$

卫星信号在历元 t_0 被跟踪后，载波相位变化的整周数便被接收机自动计数。所以对其后的任一历元的总相位变化，可用下式表达：

$$\Phi_i^j(t_i) = N_i^j(t_0) + N_i^j(t_i - t_0) + \delta\varphi_i^j(t_i) \tag{3-12}$$

式中 $N_i^j(t_0)$——初始历元的整周未知数，在卫星信号被锁定后就确定不变，是一个未知常数，是通常意义上所说的整周待定值（整周未知数）；

$N_i^j(t_i - t_0)$——从初始历元 t_0 到后续观测历元 t_i 之间载波相位变化的整周数，可由接收机自动连续计数来确定，是一个已知量，又叫整周计数；

$\delta\varphi_i^j(t_i)$——后续观测历元 t_i 时刻不足一周的小数部分相位，可测定，是观测量。

上述载波相位观测量的几何意义如图 3-5 所示。

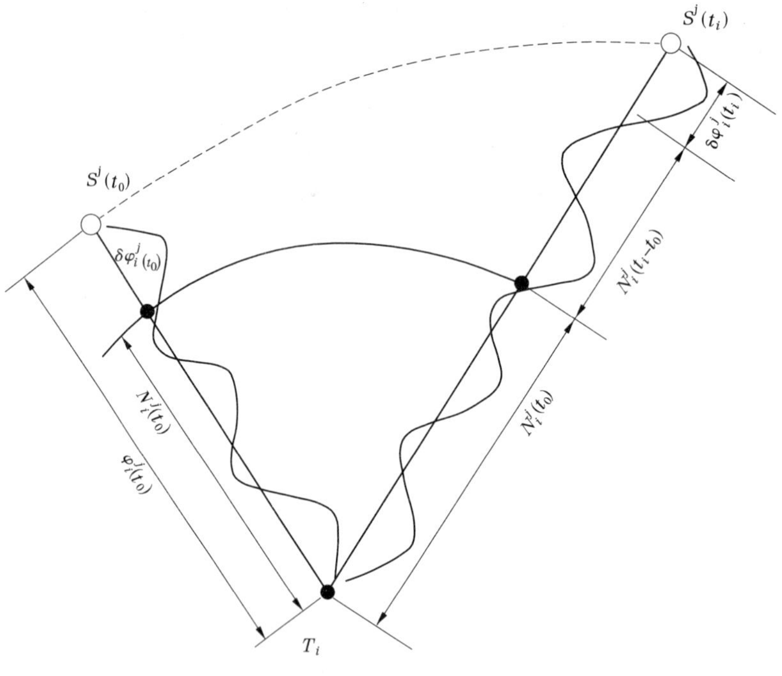

图 3-5　载波相位观测量

若取

$$\varphi_i^j(t_i) = N_i^j(t_i - t_0) + \delta\varphi_i^j(t_i) \tag{3-13}$$

则 $\varphi_i^j(t_i)$ 是载波相位的实际观测量，即用户 GPS 接收机相位观测输出值。

因此，式(3-12)可写为

$$\Phi_i^j(t_i) = N_i^j(t_0) + \varphi_i^j(t_i) \tag{3-14}$$

设载波信号的波长为 λ，则卫星到测站点的几何距离为：

$$\rho_i^j(t_i) = \lambda \Phi_i^j(t_i) \tag{3-15}$$

3.2 载波信号的传播时间

假设载波相位观测量是依据 GPS 标准时获得的，即卫星 S^j 在历元 $t^j(GPS)$ 发射载波信号 $\varphi^j[t^j(GPS)]$，在历元 $t_i(GPS)$ 被接收机 T_i 收到，此时的接收机参考载波信号为 $\varphi_i[t_i(GPS)]$，则相位差按式(3-9)可写为

$$\Phi_i^j[t_i(GPS)] = \varphi_i[t_i(GPS)] - \varphi^j[t^j(GPS)] \tag{3-16}$$

一般说来，若一个振荡器的振荡频率非常稳定，则相位与频率之间存在如下关系：

$$\varphi(t+\Delta t) = \varphi(t) + f\Delta t \tag{3-17}$$

由于 GPS 接收机采用高质量的晶体振荡器，所以其频率的稳定度很高，由频率误差所引起的相位误差是极微小的，可以忽略。

若设卫星的载波信号频率 f^j 和接收机振荡器的固有频率 f_i 相等，均为 f，则有

$$\varphi_i[t_i(GPS)] = \varphi^j[t^j(GPS)] + f[t_i(GPS) - t^j(GPS)] \tag{3-18}$$

将式(3-18)代入式(3-16)，可得：

$$\Phi_i^j[t_i(GPS)] = f[t_i(GPS) - t^j(GPS)] = f\Delta\tau_i^j \tag{3-19}$$

式中

$$\Delta\tau_i^j = t_i(GPS) - t^j(GPS) \tag{3-20}$$

由式(3-20)可知，$\Delta\tau_i^j$ 是在卫星钟与接收机钟同步的情况下，卫星信号由卫星 S^j 到用户接收机 T_i 的传播时间。由于卫星和用户接收机的空间距离在不断变化，故传播时间也是变化的。它与卫星信号的发射历元以及该信号的接收历元有关，因发射历元是未知的，为了实际应用，需要根据已知的观测历元 t_i 来讨论一下载波信号的传播时间。

将站、星之间的几何距离 $\rho_i^j[t_i(GPS), t^j(GPS)]$ 除以光速 c，在忽略大气折光影响的情况下，可得到传播时间：

$$\Delta\tau_i^j = \rho_i^j[t_i(GPS), t^j(GPS)]/c \tag{3-21}$$

几何距离 $\rho_i^j[t_i(GPS), t^j(GPS)]$ 是发射历元 $t^j(GPS)$ 和接收历元 $t_i(GPS)$ 的函数，且 $t^j(GPS) = t_i(GPS) - \Delta\tau_i^j$，将式(3-21)在 $t_i(GPS)$ 处按泰勒级数展开，可得：

$$\Delta\tau_i^j = \frac{1}{c}\rho_i^j[t_i(GPS)] - \frac{1}{c}\dot{\rho}_i^j[t_i(GPS)]\Delta\tau_i^j + \frac{1}{2c}\ddot{\rho}_i^j[t_i(GPS)] \cdot (\Delta\tau_i^j)^2 - \cdots \tag{3-22}$$

对于 GPS 卫星来说，式(3-22)中的二次项系数 $\frac{1}{c}\ddot{\rho}_i^j[t_i(GPS)]$ 不会超过 $8.7\times10^{-10}(1/\mathrm{s})$，也就是说式(3-22)中的二次项及其后的高次项影响极微小，可以略去。

进一步考虑接收机钟差。实际上接收机钟相对于 GPS 时存在误差 δt_i，且有

$$t_i(GPS) = t_i - \delta t_i(t_i) \tag{3-23}$$

将式(3-23)代入式(3-22)，并且再次在 t_i 处按泰勒级数展开，并且略去其中影响微弱的高次项，整理后可得：

$$\Delta\tau_i^j = \frac{1}{c}\rho_i^j(t_i) - \frac{1}{c}\dot{\rho}_i^j(t_i)\delta t_i(t_i) - \frac{1}{c}\dot{\rho}_i^j(t_i)\Delta\tau_i^j \tag{3-24}$$

对于 $\Delta\tau_i^j$ 采用迭代法，由于系数项 $\frac{1}{c}\dot{\rho}_i^j(t_i)$ 很小，故收敛很快，取一次迭代即可。这里取一次迭代，并略去 $\frac{1}{c}\dot{\rho}_i^j(t_i)$ 的平方项，可得：

$$\Delta\tau_i^j = \frac{1}{c}\rho_i^j(t_i)\left[1 - \frac{1}{c}\dot{\rho}_i^j(t_i)\right] - \frac{1}{c}\dot{\rho}_i^j(t_i)\delta t_i(t_i) \tag{3-25}$$

最后考虑到观测历元 t_i 大气电离层和对流层对卫星信号的延迟影响 $\Delta_{i,I_p}^j(t_i)$ 和 $\Delta_{i,T}^j(t_i)$，最终将卫星信号的实际传播时间表示为：

$$\Delta\tau_i^j = \frac{1}{c}\rho_i^j(t_i)\left[1 - \frac{1}{c}\dot{\rho}_i^j(t_i)\right] - \frac{1}{c}\dot{\rho}_i^j(t_i)\delta t_i(t_i) + \frac{1}{c}[\Delta_{i,I_p}^j(t_i) + \Delta_{i,T}^j(t_i)] \tag{3-26}$$

3.3 测相伪距观测方程及其线性化

对于载波信号传播路径上的相位变化 $\Phi_i^j(t_i)$，若考虑到卫星钟差 $\delta t^j(t_i)$ 和接收机钟差 $\delta t_i(t_i)$，同时考虑到相位与频率之间的关系式(3-17)，可将式(3-9)化为：

$$\Phi_i^j(t_i) = \Phi_i^j[t_i(GPS)] + f[\delta t_i(t_i) - \delta t^j(t_i)] \tag{3-27}$$

将式(3-19)代入式(3-27)，则有：

$$\Phi_i^j(t_i) = f\Delta\tau_i^j + f[\delta t_i(t_i) - \delta t^j(t_i)] \tag{3-28}$$

将式(3-22)带入式(3-24)，并略去观测历元的下标 i，则得到以任意观测历元 t 为自变量的载波相位差的表达式：

$$\Phi_i^j(t) = \frac{f}{c}\rho_i^j(t)\left[1 - \frac{1}{c}\dot{\rho}_i^j(t)\right] + f\left[1 - \frac{1}{c}\dot{\rho}_i^j(t)\right]\delta t_i(t) - f\delta t^j(t) + \frac{f}{c}[\Delta_{i,I_p}^j(t) + \Delta_{i,T}^j(t)] \tag{3-29}$$

考虑到式 (3-14)，可以将式(3-29)表示为载波相位实际观测量 $\varphi_i^j(t)$ 的形式：

$$\varphi_i^j(t) = \frac{f}{c}\rho_i^j(t)\left[1 - \frac{1}{c}\dot{\rho}_i^j(t)\right] + f\left[1 - \frac{1}{c}\dot{\rho}_i^j(t)\right]\delta t_i(t) - f\delta t^j(t) - N_i^j(t_0) + \frac{f}{c}[\Delta_{i,I_p}^j(t) + \Delta_{i,T}^j(t)] \tag{3-30}$$

式(3-30)即为载波相位的观测方程。

考虑到关系式 $\lambda = c/f$，则可由式(3-30)得到测相伪距观测方程：

$$\lambda\varphi_i^j(t) = \rho_i^j(t)\left[1 - \frac{1}{c}\dot{\rho}_i^j(t)\right] + c\left[1 - \frac{1}{c}\dot{\rho}_i^j(t)\right]\delta t_i(t) - c\delta t^j(t) - \lambda N_i^j(t_0) + \Delta_{i,I_p}^j(t) + \Delta_{i,T}^j(t) \tag{3-31}$$

式中，含有 $\frac{1}{c}\dot{\rho}_i^j(t)$ 的项对伪距的影响为米级。在相对定位中，如果基线较短(20 km 以内)，则有关的项可以忽略，则式(3-30)和式(3-31)可简化为：

$$\varphi_i^j(t) = \frac{f}{c}\rho_i^j(t) + f[\delta t_i(t) - \delta t^j(t)] - N_i^j(t_0) + \frac{f}{c}[\Delta_{i,I_p}^j(t) + \Delta_{i,T}^j(t)] \tag{3-32}$$

$$\lambda\varphi_i^j(t) = \rho_i^j(t) + c[\delta t_i(t) - \delta t^j(t)] - \lambda N_i^j(t_0) + \Delta_{i,I_p}^j(t) + \Delta_{i,T}^j(t) \tag{3-33}$$

在不影响理解 GPS 定位原理的情况下，我们常采用式(3-32)和式(3-33)的测相伪距方程的简化形式。而当测量基线较长时，可在式(3-30)和式(3-31)的基础上扩展出更为严密的形式。

若将式(3-7)代入式(3-33),则可得测相伪距方程的线性化形式:

$$\lambda\varphi_i^j(t)=\rho_{i0}^j(t)+[-l_i^j(t)\ -m_i^j(t)\ -n_i^j(t)]\begin{bmatrix}\delta x_i\\ \delta y_i\\ \delta z_i\end{bmatrix}-\lambda N_i^j(t_0)+$$

$$c[\delta t_i(t)-\delta t^j(t)]+\Delta_{i,I_p}^j(t)+\Delta_{i,T}^j(t) \tag{3-34}$$

上述模型,在 GPS 精密定位中有着广泛的应用,既可用于单点定位,也可进行相对定位。

上节和本节对测码伪距观测量和瞬时载波相位观测量及其计算进行了较为深入的讨论,这是因为在实际应用中需要采用的观测量正是由上述观测量的各种线性组合所构成的,是研究 GPS 定位的基本理论。

4 整周未知数的确定

由上节中讲述的测相伪距测量原理可知,在以载波相位观测量为根据的 GPS 精密定位中,初始整周未知数 $N_i^j(t_0)$ 的确定是定位的一个关键问题,准确而快速地解算整周未知数,对保障定位精度、缩短定位时间、提高 GPS 定位效率都具有极其重要的意义。

GPS 定位时,只要确定了整周未知数,则测相伪距方程就和测码伪距方程一样了。若都不考虑卫星钟差的影响,则只需要解算 4 个未知数(X、Y、Z、$\delta t_i(t)$),这时至少同步观测 4 颗以上卫星,利用一个历元就可以进行定位。

目前,解算整周未知数的方法很多。下面将介绍几种解算整周未知数的常用方法。

4.1 平差待定参数法

在经典静态定位中,常把整周未知数当作平差计算中的待定参数,与其他参数一并求解。

4.1.1 整数解(固定解)

根据整周未知数的物理意义,它理论上应该为整数。但是,由于各种误差的影响,整周未知数的解算结果一般为非整数。对于短基线,当进行 1 h 以上的静态相对定位时,由于测站间星历误差、大气折射误差等具有较强的相关性,相对定位可以使这些误差大大削弱;同时也由于在较长的观测期间,观测卫星的几何分布会产生较大的变化,因此能以较高的精度来求定整周未知数。此时,平差求出的整周未知数一般为较接近于相邻近整数的实数,且如果整周未知数估值的中误差甚小,可以将其取为相接近的整数(四舍五入),则可直接取相邻近的整数为整周未知数;或者从统计检验的角度出发,取整周未知数估值加上 3 倍的中误差为整周未知数的整数取值范围,该范围内包含的所有整数均作为整周未知的候选值。此时,作为已知参数再次代入观测方程,重新平差解算其他的参数。在基线较短的相对定位中,若观测误差和外界误差对观测量的影响较小,这种整周未知数的确定方法比较有效。由这种整周未知数的整数解获得的待定点坐标估值也称为固定解。

4.1.2 非整数解(实数解或浮动解)

在基线较长的静态相对定位中,误差的相关性降低,卫星星历、大气折射等误差的影响难以有效消除,外界误差对观测量的影响比较大,采用上述方法求解整周未知数精度较低,事实上，整周未知数的实数解中往往包含了一些系统误差，此时，再将其取为某一整数，实际上对于相对定位精度只会有损而无益。所以通常对于20 km以上的长基线一般不再考虑整周未知数的整数性质，直接将实数作为整周未知数的解，此时，通过平差计算得到的整周未知数不是整数，不必凑整，直接以实数形式代入观测方程，重新解算其他参数。

由实数整周未知数获得的待定点坐标估值称为浮动解。在静态相对定位中求解整周未知数时常采用此种方法。

平差待定参数法解算整周未知数，往往需要观测一个小时甚至更长的时间，从而影响了作业效率。因此，此法一般用于经典静态相对定位模式进行高精度的GPS定位中。

4.2 快速解算法（*FARA*）

1990年E. Frei和G. Beutler提出了快速解算整周模糊度算法（FARA）。基于此方法的静态相对定位，所需要的观测时间可缩短到几分钟。目前很多接收机的基线解算软件都采用了此算法。

FARA法的基本思想是，以数理统计理论的参数估计和假设检验为基础，充分利用初始平差的解向量（站点坐标及整周模糊度的实数解）及其精度信息（方差与协方差阵和单位权中误差），确定在某一个置信区间整周模糊度可能的整数解的组合，然后依次将整周模糊度的每一个组合作为已知值，重复地进行平差计算，其中能使估值的验后方差（或方差和）为最小的一组整周模糊度，即为所搜索的整周模糊度的最佳估值。

实践证明，在短基线情况下，根据数分钟的双频观测成果，便可精确地确定整周模糊度的最佳估值，使相对定位的精度达到厘米级。

4.3 动态法

前面所述的方法主要用于静态GPS定位模式，尽管GPS接收机观测卫星的时间有长有短，但是接收机均处于静止状态，故称为静态法。

当前，GPS动态定位的应用也越来越广。在高精度的动态相对定位中，若采用测量伪距观测量来实现，同样也涉及整周未知数的确定问题。一般说来，为了确定运动载体的实时位置，要求将装载于载体之上的GPS接收机在运动之前预先确定初始整周未知数，这个过程称为GPS的初始化。并且在载体运动之后至少要保持对4颗以上卫星的连续跟踪，才能实现实时动态相对定位，一旦卫星失锁，则必须停下来，采用静态法重新确定整周未知数（或重新初始化）。这样严重影响了测相伪距法在高精度动态定位中的应用。

1993年，莱卡公司成功地开发了一种动态确定整周未知数的方法（AROF），并研制出了相应软件，能够在接收机运动过程中确定整周未知数，或实现动态初始化，为实现精密实时动态相对定位（RTK或RTD）开辟了一条重要途径。

AROF的基本思想是：在载体运动过程中，载体上的GPS接收机与参考站上的GPS接收机对共视卫星进行同步观测，利用快速解算法（如FARA法）对卫星的载波相位观测值进行平差处理，确定初始整周未知数。而在上述为初始化所进行的短时间观测过程中，载体已经有了位移，载体的瞬时位置则是根据随后确定的整周未知数，利用逆向求解的方法来确定。

这一方法的特点是，在载体运动过程中所观测的卫星一旦失锁，为重新确定整周未知数，运动载体不需要停下来重新进行初始化工作，它可在载体运动过程中实现。

在动态确定整周未知数时，为了增加解的可靠性和精确性，除了尽可能多地跟踪卫星之外，观测的历元数应该尽可能多。莱卡公司 1994 年推出的软件中，要求初始化观测时段的长度约为 200 s。目前这一方法已在短基线（10 km 以内）实时动态相对定位中得到了成功的应用，其定位精度可以达到厘米级。

5 周跳的探测分析与修复

周跳就是由于 GPS 接收机对于卫星信号的失锁而导致 GPS 接收机中载波相位观测值中的整周计数所发生的突变。

由测相伪距测量原理可知，GPS 接收机 T_i 在某历元 t_i 观测卫星 S^j 的理论相位差包含两部分：整周部分 $N_i^j(t_i)$ 和可测的不满一周的小数部分 $\delta\varphi_i^j(t_i)$，而整周部分又可分为初始历元的整周数 $N_i^j(t_0)$ 和初始历元到任一观测历元的整周数 $N_i^j(t_i - t_0)$。GPS 接收机计数器能记录下 $\delta\varphi_i^j(t_i)$ 和 $N_i^j(t_i - t_0)$。因此，要获得高精度定位，除必须准确地解算整周未知数 $N_i^j(t_0)$ 之外，还必须保证计数器准确记录整周计数 $N_i^j(t_i - t_0)$ 和小数部分相位 $\delta\varphi_i^j(t_i)$，特别是整周计数应该是连续的。如果由于各种原因，导致计数器累计发生中断，那么恢复计数器后，其所计的整周计数与正确数之间就会存在一个偏差，这个偏差就是因周跳而丢失掉的周数。其后观测的每个相位观测值中都含有这个偏差。

产生周跳的主要原因是卫星信号失锁，例如卫星信号被障碍物遮挡而暂时中断，或受到无线电信号干扰而造成失锁等。这些原因都会使计数器的整周数发生错误，由于载波相位观测量为瞬时观测值，因此不足一周的小数部分总能保持正确。

周跳有两种类型。第一种是当卫星信号的接收被中断数分钟或者更长的时间时，GPS 在数个观测历元中不再有载波相位观测值，这类周跳容易识别。另一种是卫星信号的中断时间很短，可能发生在两相邻历元之间，在每个历元都包括整周计数小数部分相位值，然而整周数已有突变，不再衔接，所出现的周跳可能小至一周，也可大致数百周。这类周跳难以识别，因为即使没有发生周跳，相邻两历元之间的相位观测值中的整周数也是在不停变化的，其中是否有周跳发生，则需要用专门的方法加以探测。如何判断周跳并恢复正确的计数是 GPS 数据处理中一项很重要的工作。许多软件都已经有这一功能，称为周跳探测与修复，一般在平差之前的数据预处理阶段进行。

容易理解，在不发生周跳的情况下，随着用户接收机与卫星间距离的变化，载波相位观测值也随之不断变化，其变化应该是平缓而有规律的。一般说来，在相位观测的历元序列中，对相邻历元的相位观测值取差，相邻相位观测值的差值称为一次差；相邻一次差的差值称为二次差；以此类推，当取至 4 ~ 5 次差之后，距离变化时整周数的影响已可忽略，这时的差值主要是由于振荡器的随机误差引起的，因而应具有随机性的特点。但是，如果在观测过程中发生了周跳现象，那么便破坏了上述相位观测量的正常变化规律，从而使其高次差的随机特性也受到破坏。利用这一性质，便可以在相位观测时发现周跳现象。

表 3-1 中就列出了不同历元由测站 T_i 观测卫星 S^j 的相位观测值。因为没有周跳，对于不同历元观测值取至 4 ~ 5 次差之后的差值具有随机特性。而在表 3-2 中，由于观测过程中出现了周跳现象，高次差的随机特性受到破坏，且求差的次数越高差异越大。

表 3-1　载波相位观测量及其差值

历元	$\Phi_i^j(t)$	1 次差	2 次差	3 次差	4 次差
t_1	475 833. 225 1				
		11 608. 753 3			
t_2	487 441. 978 4		399. 813 8		
		12 008. 567 1		2. 507 4	
t_3	499 450. 545 5		402. 321 2		-0. 579 3
		12 410. 888 3		1. 927 7	
t_4	511 861. 433 8		404. 248 9		0. 963 9
		12 815. 137 2		2. 891 6	
t_5	524 676. 571 0		407. 140 5		-0. 272 1
		13 222. 277 7		2. 619 5	
t_6	537 898. 848 7		409. 760 0		-0. 421 9
		13 632. 037 7		2. 197 6	
t_7	551 530. 886 4		411. 957 6		
		14 043. 995 3			
t_8	565 574. 881 7				

表 3-2　含有周跳影响的载波相位观测量及其差值

历元	$\Phi_i^j(t)$	1 次差	2 次差	3 次差	4 次差
t_1	475 833. 225 1				
		11 608. 753 3			
t_2	487 441. 978 4		399. 813 8		
		12 008. 567 1		2. 507 4	
t_3	499 450. 545 5		402. 321 2		100. 579 7
		12 410. 888 3		-98. 072 3	
t_4	511 861. 433 8		304. 248 9		300. 963 9
		12 715. 137 2		202. 891 6	
t_5	524 576. 571 0		507. 140 5		300. 272 1
		13 222. 277 7		-97. 380 5	
t_6	537 798. 848 7		409. 760 0		99. 578 1
		13 632. 037 7		2. 197 6	
t_7	551 430. 886 4		411. 957 6		
		14 043. 995 3			
t_8	565 474. 881 7				

以上方法不适用于计算机处理,为此可采用多项式拟合的方法进行。多项式拟合法是利用前面几个正确的相位观测值拟合一个 m 级多项式,用该多项式外推出下一个观测

值,并与实测值进行比较,从而发现并修正周跳,由以上分析可知,经 4 ~5 次差后,就已经出现了随机特性,因此多项式阶数取到 4 ~5 次即可。

周跳的探测与修复的方法有多种,除了上述高次差或多项式拟合法外,还有星际差分探测与修复法、数据处理后的残差探测与修复法等,在此不一一列举。

目前生产的很多种接收机在卫星信号失锁时都能自动报警,不仅在原始观测数据中会有提示,而且可以显示在屏幕上,为数据预处理中的周跳探测提供了有利条件。在各种含周跳自检的 GPS 接收机中采用的检测周跳的软件尽管方法各不相同,但自动化程度较高,一般都不需要人工干预。

第三节　绝对定位原理

GPS 绝对定位又叫单点定位,即以 GPS 卫星和用户接收机之间的距离观测值为基础,并根据卫星星历确定的卫星瞬时坐标,直接确定用户接收机天线在 WGS—84 坐标系中相对于坐标原点(地球质心)的绝对位置。

根据用户接收机天线所处的状态不同,绝对定位又可分为静态绝对定位和动态绝对定位。因为受到卫星轨道误差、钟差以及信号传播误差等因素的影响,静态绝对定位的精度约为米级,而动态绝对定位的精度为 10 ~40 m。因此,静态绝对定位主要用于大地测量,而动态绝对定位只能用于一般性的导航定位中。

1　静态绝对定位原理

接收机天线处于静止状态下确定观测站坐标的方法称为静态绝对定位。这时,接收机可以连续地在不同历元同步观测不同的卫星,测定卫星至观测站的伪距,获得充分的观测量,通过测后数据处理求得测站的绝对坐标。根据测定的伪距观测量的性质不同,静态绝对定位又可分为测码伪距静态绝对定位和测相伪距静态绝对定位。

1.1　测码伪距静态绝对定位

依据式(3-3),为了推导方便,取

$$R'^{j}_{i}(t)=\rho'^{j}_{i}(t)-\Delta^{j}_{i,I_g}(t)-\Delta^{j}_{i,T}(t) \tag{3-35}$$

代入式(3-8),则测码伪距观测方程可写为:

$$R'^{j}_{i}(t)=\rho^{j}_{i0}(t)+\left[-l^{j}_{i}(t)\ -m^{j}_{i}(t)\ -n^{j}_{i}(t)\right]\begin{bmatrix}\delta x_i\\ \delta y_i\\ \delta z_i\end{bmatrix}+c\delta t_i(t) \tag{3-36}$$

式中的大气层延迟参数可从导航电文中获得,而卫星 S^j 在地球协议坐标系中的坐标也可通过卫星星历得到。显然,式中在某个历元 t 只有测站 T_i 在协议地球坐标系中的坐标向量$(x_i,y_i,z_i)^{\mathrm{T}}$和接收机钟的钟差 $\delta t_i(t)$这 4 个未知参数,正是我们需要求解的。为此,至少需要建立 4 个类似的方程。所以,用户至少需要同步观测 4 颗卫星,以便获得 4 个以上测码伪距观测方程。

根据以上分析,在一段时间内,若 GPS 接收机在测站 T_i 在某个历元 t 同步观测 4 颗

以上卫星($j=1,2,3,4,\cdots,n^j$),则由式(3-36)可得:

$$\begin{bmatrix} R'^{\,1}_i(t) \\ R'^{\,2}_i(t) \\ \vdots \\ R'^{\,nj}_i(t) \end{bmatrix} = \begin{bmatrix} \rho^1_{i0}(t) \\ \rho^2_{i0}(t) \\ \vdots \\ \rho^{nj}_{i0}(t) \end{bmatrix} - \begin{bmatrix} l^1_i(t) & m^1_i(t) & n^1_i(t) & -1 \\ l^2_i(t) & m^2_i(t) & n^2_i(t) & -1 \\ \vdots & \vdots & \vdots & \vdots \\ l^{nj}_i(t) & m^{nj}_i(t) & n^{nj}_i(t) & -1 \end{bmatrix} \begin{bmatrix} \delta x_i \\ \delta y_i \\ \delta z_i \\ c\delta t_i \end{bmatrix} \tag{3-37}$$

为了采用最小二乘法平差求解,将式(3-37)写成误差方程的形式:

$$\begin{bmatrix} v^1_i(t) \\ v^2_i(t) \\ \vdots \\ v^{nj}_i(t) \end{bmatrix} = \begin{bmatrix} l^1_i(t) & m^1_i(t) & n^1_i(t) & -1 \\ l^2_i(t) & m^2_i(t) & n^2_i(t) & -1 \\ \vdots & \vdots & \vdots & \vdots \\ l^{nj}_i(t) & m^{nj}_i(t) & n^{nj}_i(t) & -1 \end{bmatrix} \begin{bmatrix} \delta x_i \\ \delta y_i \\ \delta z_i \\ c\delta t_i \end{bmatrix} + \begin{bmatrix} R'^1_i(t) - \rho^1_{i0}(t) \\ R'^2_i(t) - \rho^2_{i0}(t) \\ \vdots \\ R'^{nj}_i(t) - \rho^{nj}_{i0}(t) \end{bmatrix} \tag{3-38}$$

或者写为

$$v_i(t) = a_i(t)\delta T_i + l_i(t) \tag{3-39}$$

上述误差方程仅考虑了 GPS 接收机在某历元 t 同时观测 n^j 颗卫星的情况。由于我们讨论的是静态绝对定位,测站 T_i 上的接收机处于静止状态,故可以于不同历元多次同步观测一组卫星,由此可以获得更多的测码伪距观测量,一般通过平差提高定位精度。

于是,以 n^j 表示观测卫星的个数,n_t 表示观测的历元次数,则在忽略测站接收机钟钟差随时间变化的情况下,由式(3-39)进一步考虑 n_t 个历元数而写成相应的误差方程组:

$$\begin{bmatrix} v_i(t_1) \\ v_i(t_2) \\ \vdots \\ v_i(t_{n_t}) \end{bmatrix} = \begin{bmatrix} a_i(t_1) \\ a_i(t_2) \\ \vdots \\ a_i(t_{n_t}) \end{bmatrix} \delta T_i + \begin{bmatrix} l_i(t_1) \\ l_i(t_2) \\ \vdots \\ l_i(t_{n_t}) \end{bmatrix} \tag{3-40}$$

或者写为

$$V_i = A_i \delta T_i + L_i \tag{3-41}$$

按照最小二乘法求解可得:

$$\delta T_i = -(A_i^{\mathrm{T}} A_i)^{-1}(A_i^{\mathrm{T}} L_i) \tag{3-42}$$

解的精度:

$$m_T = \sigma_0 \sqrt{q_{ii}} \tag{3-43}$$

式中 m_T——解的中误差;

σ_0——伪距测量中误差;

q_{ii}——权系数阵 Q_Z 主对角线的相应元素,$Q_Z = (A_i^{\mathrm{T}} A_i)^{-1}$。

应当说明的是,如果观测时间较长,在不同历元,观测的卫星数一般可能不同,在组成上列系数阵时应予注意。同时,GPS 接收机钟差的变化往往是不可忽略的。此时,可根据具体情况,或者将钟差表示为多项式的形式,并将系数作为未知数,在平差中一并求解;或者针对不同观测历元,简单地引入不同的独立的钟差参数。关于待求未知数,在前一种情况下应为 $3+n_c$,后一种情况下应为 $3+n_t$。其中 n_c 为钟差模型的系数个数;n_t 为观测的历元数。测相伪距观测量应该多于待定未知数的个数。

这种多卫星、多历元的定位方法，在静态单点定位中应用较广，它可以比较精确地测定静止观测站在 WGS—84 坐标中的绝对坐标。

1.2 测相伪距静态绝对定位

与研究测码伪距静态绝对定位原理一样，为了推导方便，取

$$R'^{j}_{i}(t)=\lambda\varphi^{j}_{i}(t)-\Delta^{j}_{i,I_p}(t)-\Delta^{j}_{i,T}(t) \tag{3-44}$$

代入式(3-34)，并且修正后的卫星钟差 $\delta t^{j}(t)$ 忽略不计，则测相伪距观测方程可写为

$$R'^{j}_{i}(t)=\rho^{j}_{i0}(t)+\left[-l^{j}_{i}(t)\ \ -m^{j}_{i}(t)\ \ -n^{j}_{i}(t)\right]\begin{bmatrix}\delta x_i\\ \delta y_i\\ \delta z_i\end{bmatrix}-\lambda N^{j}_{i}(t_0)+c\delta t_i(t) \tag{3-45}$$

与测码伪距观测方程式(3-36)相比，这里除了增加一个未知数 $N^{j}_{i}(t_0)$——整周未知数，以及电离层折射改正不同之外，其余的待定参数与系数均完全相同。

前已述及，如果在起始历元 t_0 卫星 S^j 被锁定后，在观测期间没有发生失锁现象，那么在测站 T_i 对所观测的卫星 S^j 来说，整周未知数 $N^{j}_{i}(t_0)$ 是一个只与该起始历元 t_0 有关的常数。

一般说来，若在历元 t，在测站 T_i 同步观测了 n^j 颗卫星，则按照式(3-45)可写出误差方程组：

$$\begin{bmatrix}v^{1}_{i}(t)\\ v^{2}_{i}(t)\\ \vdots\\ v^{n^j}_{i}(t)\end{bmatrix}=\begin{bmatrix}l^{1}_{i}(t) & m^{1}_{i}(t) & n^{1}_{i}(t)\\ l^{2}_{i}(t) & m^{2}_{i}(t) & n^{2}_{i}(t)\\ \vdots & \vdots & \vdots\\ l^{n^j}_{i}(t) & m^{n^j}_{i}(t) & n^{n^j}_{i}(t)\end{bmatrix}\begin{bmatrix}\delta x_i\\ \delta y_i\\ \delta z_i\end{bmatrix}+\begin{bmatrix}-1\\ -1\\ \vdots\\ -1\end{bmatrix}c\delta t_i+$$

$$\begin{bmatrix}1 & & & 0\\ & 1 & & \\ & & \ddots & \\ 0 & & & 1\end{bmatrix}\begin{bmatrix}\lambda N^{1}_{i}(t_0)\\ \lambda N^{2}_{i}(t_0)\\ \vdots\\ \lambda N^{n^j}_{i}(t_0)\end{bmatrix}+\begin{bmatrix}R'^{1}_{i}(t)-\rho^{1}_{i0}(t)\\ R'^{2}_{i}(t)-\rho^{2}_{i0}(t)\\ \vdots\\ R'^{n^j}_{i}(t)-\rho^{n^j}_{i0}(t)\end{bmatrix} \tag{3-46}$$

或者表示为

$$v_i(t)=a_i(t)\delta X_i+b_i(t)\delta\rho_i(t)+e_i(t)N_i+l_i(t) \tag{3-47}$$

上面描述的是在测站 T_i 于同一历元 t 观测 n^j 颗卫星所得到的误差方程。由于测站是静止的，在一段时间内对一组卫星观测了 n_t 个历元，则按照式(3-47)，可写出相应于多个历元、多颗卫星的误差方程组：

$$\begin{bmatrix}v_i(t_1)\\ v_i(t_2)\\ \vdots\\ v_i(t_{n_t})\end{bmatrix}=\begin{bmatrix}a_i(t_1)\\ a_i(t_2)\\ \vdots\\ a_i(t_{n_t})\end{bmatrix}\delta X_i+\begin{bmatrix}b_i(t_1) & 0 & \cdots & 0\\ 0 & b_i(t_2) & \cdots & \vdots\\ \vdots & \vdots & & 0\\ 0 & \cdots & 0 & b_i(t_{n_t})\end{bmatrix}\begin{bmatrix}\delta\rho_i(t_1)\\ \delta\rho_i(t_2)\\ \vdots\\ \delta\rho_i(t_{n_t})\end{bmatrix}+$$

$$\begin{bmatrix} e_i(t_1) \\ e_i(t_2) \\ \vdots \\ e_i(t_{n_t}) \end{bmatrix} N_i + \begin{bmatrix} l_i(t_1) \\ l_i(t_2) \\ \vdots \\ l_i(t_{n_t}) \end{bmatrix} \tag{3-48}$$

或者

$$V_i = A_i \delta X_i + B_i \delta\rho_i + E_i N_i + L_i \tag{3-49}$$

式(3-49)可写为

$$V_i = [A_i \quad B_i \quad E_i] \begin{bmatrix} \delta X_i \\ \delta\rho_i \\ N_i \end{bmatrix} + L_i \tag{3-50}$$

取符号

$$G_i = [A_i \quad B_i \quad E_i]$$

$$\delta Y_i = [\delta X_i \quad \delta\rho_i \quad N_i]^{\mathrm{T}}$$

则按最小二乘法求解,可得:

$$\delta Y_i = -[G_i^{\mathrm{T}} G_i]^{-1} [G_i^{\mathrm{T}} L_i] \tag{3-51}$$

解的精度可按下式估算:

$$m_Y = \sigma_0 \sqrt{q_{ii}} \tag{3-52}$$

这里必须说明,如果静态观测时间段较长,这段时间里,在不同历元观测的卫星数可能不同,在组成平差模型时应予注意。另外,整周未知数 $N_i^j(t_0)$ 与所观测的卫星有关,故在不同的历元观测的卫星不同时,将增加新的未知参数,这会导致数据处理变得更加复杂,而且有可能会降低解的精度。因此,在一个观测站的观测过程中,于不同的历元尽可能地观测同一组卫星。

静态观测站 T_i 在定位观测时,观测 n^j 颗卫星,观测 n_t 个历元,可得到 $n^j \times n_t$ 个测相伪距观测量。待解的未知数包括:测站的三个坐标分量,n_t 个接收机钟差,与所测卫星数相等的 n^j 个整周未知数。因此,为了能求解出所有未知数,则观测方程的总数必须满足:

$$n^j n_t \geqslant 3 + n_t + n^j$$

即

$$n_t \geqslant \frac{3 + n^j}{n^j - 1} \tag{3-53}$$

由式(3-53)可见,应用测相伪距法进行静态绝对定位时,由于存在整周不确定性的问题,在同样观测 4 颗卫星的情况下,至少必须同步观测 3 个历元,这样才能求解出测站的坐标值。

在定位精度不高、观测时间较短的情况下,可以把 GPS 接收机的钟差视为常数。这时式(3-53)可表示为:

$$n_t \geqslant \frac{4 + n^j}{n^j} \tag{3-54}$$

可见,在同时观测 4 颗卫星的情况下,至少必须同步观测 2 个历元。

由于载波相位观测量的精度很高,所以有可能获得较高的定位精度。但是影响定位精度的因素还有卫星轨道误差和大气折射误差等,只有当卫星轨道的精度相当高,同时又能对观测量中所含的电离层和对流层误差影响加以必要的修正,才能更好地发挥测相伪距静态绝对定位的潜力。

测相伪距静态绝对定位,主要用于大地测量中的单点定位工作,或者为相对定位的基准站提供较为精密的初始坐标值。

2 动态绝对定位原理

将 GPS 用户接收机安装在载体上,并处于动态情况下,确定载体的瞬时绝对位置的定位方法,称为动态绝对定位。一般地,动态绝对定位只能获得很少或者没有多余观测量的实数解,因而定位精度不是很高,被广泛应用于飞机、船舶、陆地车辆等运动载体的导航。另外在航空物探和卫星遥感领域也有着广阔的应用前景。

根据观测量的性质分类,可以分为测码伪距动态绝对定位和测相伪距动态绝对定位。

2.1 测码伪距动态绝对定位

在动态绝对定位的情况下,由于测站是运动的,所以获得的观测量很少,但为了获得实时定位结果,必须至少同步观测 4 颗卫星。

假设 GPS 接收机在测站 T_i 于某一历元 t 同步观测 4 颗卫星($j=1,2,3,4$),则由式(3-36)可得:

$$\begin{bmatrix} R'^1_i(t) \\ R'^2_i(t) \\ R'^3_i(t) \\ R'^4_i(t) \end{bmatrix} = \begin{bmatrix} \rho^1_{i0}(t) \\ \rho^2_{i0}(t) \\ \rho^3_{i0}(t) \\ \rho^4_{i0}(t) \end{bmatrix} - \begin{bmatrix} l^1_i(t) & m^1_i(t) & n^1_i(t) & -1 \\ l^2_i(t) & m^2_i(t) & n^2_i(t) & -1 \\ l^3_i(t) & m^3_i(t) & n^3_i(t) & -1 \\ l^4_i(t) & m^4_i(t) & n^4_i(t) & -1 \end{bmatrix} \begin{bmatrix} \delta x_i \\ \delta y_i \\ \delta z_i \\ c\delta t_i \end{bmatrix} \tag{3-55}$$

或者写为

$$a_i(t)\delta Z_i + l_i(t) = 0 \tag{3-56}$$

此时没有多余的观测量,直接解此方程得:

$$\delta Z_i = -a_i(t)^{-1} l_i(t) \tag{3-57}$$

很明显,当共视卫星数多于 4 颗时,则观测量的个数超过待求参数的个数,此时要利用最小二乘法平差求解。将式(3-56)写成误差方程的形式:

$$v_i(t) = a_i(t)\delta Z_i + l_i(t) \tag{3-58}$$

解方程得:

$$\delta Z_i = -[a_i^{\mathrm{T}}(t)a_i(t)]^{-1}[(a_i^{\mathrm{T}}(t)l_i(t)] \tag{3-59}$$

解的精度为:

$$m_z = \sigma_0\sqrt{q_{ii}}$$

上述测码伪距绝对定位模型式(3-57)、式(3-59),已被广泛应用于实时动态单点定位。顺便指出,这里在解算载体位置时,不是直接求出它的三维坐标,而是求各个坐标分量的修正分量,也就是给定用户的三维坐标初始值,而求解三维坐标的改正数。在解算运动载体的实时点位时,前一个点的点位坐标可作为后续点位的初始坐标值。

2.2 测相伪距动态绝对定位

由于测相伪距法中引入了另外的未知参数——整周未知数,因此若和测码伪距法一样,观测 4 颗卫星无法解算出测站的三维坐标。

假设 GPS 接收机在测站 T_i 于某一历元 t 同步观测 4 颗以上卫星($j=1,2,3,4,\cdots,n^j$),则由式(3-36)可得误差方程组为式(3-46)或式(3-47)。

可见,误差方程中的未知参数有:三个测站点位坐标,一个接收机钟差,n^j 个整周未知数。这样误差方程中总未知参数为 $4+n^j$ 个,而观测方程的总数只有 n^j 个,如此则不可能实时求解。

如果在载体运动之前,GPS 接收机在 t_0 时刻锁定卫星 S^j 后,在静止状态下,求出整周模糊度 $N_i^j(t_0)$,$j=1,2,3,4,\cdots,n^j$。据前述分析,只要在初始历元 t_0 之后的后续时间里没有发生卫星失锁现象,它们仍然是只与初始历元 t_0 有关的常数,在载体运动过程中当成常数来处理。

则式(3-46)和式(3-47)可写为

$$\begin{bmatrix} v_i^1(t) \\ v_i^2(t) \\ \vdots \\ v_i^{nj}(t) \end{bmatrix} = \begin{bmatrix} l_i^1(t) & m_i^1(t) & n_i^1(t) & -1 \\ l_i^2(t) & m_i^2(t) & n_i^2(t) & -1 \\ \vdots & \vdots & \vdots & \vdots \\ l_i^{nj}(t) & m_i^{nj}(t) & n_i^{nj}(t) & -1 \end{bmatrix} \begin{bmatrix} \delta x_i \\ \delta y_i \\ \delta z_i \\ c\delta t_i \end{bmatrix} + \begin{bmatrix} R'^1_i(t) - \rho_{i0}^1 + \lambda N_i^1(t_0) \\ R'^2_i(t) - \rho_{i0}^2 + \lambda N_i^2(t_0) \\ \vdots \\ R'^{nj}_i(t) - \rho_{i0}^{nj}(t) + \lambda N_i^{nj}(t_0) \end{bmatrix} \tag{3-60}$$

或者表示为

$$v_i(t) = a_i(t)\delta Z_i + l_i(t) \tag{3-61}$$

这样,就与式(3-58)在形式上完全一致。此时,同步观测 4 颗以上卫星,就可得到与式(3-59)完全一样的实时解。

值得注意的是,采用测相伪距动态绝对定位时,载体上的 GPS 接收机在运动之前应该初始化,而且运动过程中不能发生信号失锁,否则就无法实现实时定位。然而载体在运动过程中,要始终保持对所观测卫星的连续跟踪,目前在技术上尚有一定困难,一旦发生周跳,则须在动态条件下重新初始化。因此,在实时动态绝对定位中,寻找快速确定动态整周模糊度的方法是非常关键的问题。

3 绝对定位精度的评价

从前面所述绝对定位原理的点位精度评定公式(例如式(3-43))中可以看出,单点定位的定位精度除了与观测量的精度(σ_0)有关外,还取决于观测矢量的方向余弦所构成的权系数阵 Q_Z,即在地面点一定的情况下,与所观测的卫星的空间几何分布有关。因此,在 GPS 观测处理时,应对观测卫星进行选择。

绝对定位的权系数阵 $Q_Z=(A_i^{\mathrm{T}}A_i)^{-1}$,其在空间直角坐标系中的一般形式为:

$$Q_Z = \begin{bmatrix} q_{11} & q_{12} & q_{13} & q_{14} \\ q_{21} & q_{22} & q_{23} & q_{24} \\ q_{31} & q_{32} & q_{33} & q_{34} \\ q_{41} & q_{42} & q_{43} & q_{44} \end{bmatrix} \tag{3-62}$$

实际应用中，为了估算测站点的位置精度，常采用其在大地坐标系中的表达形式，假设大地坐标系中的测站点位坐标的权系数阵为：

$$Q_B = \begin{bmatrix} g_{11} & g_{12} & g_{13} \\ g_{21} & g_{22} & g_{23} \\ g_{31} & g_{32} & g_{33} \end{bmatrix} \tag{3-63}$$

根据方差与协方差传播定律可得：

$$Q_B = HQ_XH^{\mathrm{T}} \tag{3-64}$$

式中　H——由协议地球坐标系到大地坐标系的坐标转换矩阵；

Q_X——位置改正数权系数阵。

$$H = \begin{bmatrix} -\sin B\cos L & -\sin B\sin L & \cos B \\ -\sin L & \cos L & 0 \\ \cos B\cos L & \cos B\sin L & \sin B \end{bmatrix}$$

$$Q_X = \begin{bmatrix} q_{11} & q_{12} & q_{13} \\ q_{21} & q_{22} & q_{23} \\ q_{31} & q_{32} & q_{33} \end{bmatrix}$$

为了评价定位的结果，除可以应用式(3-43)来估算每个未知参数解的精度外，在导航学中，一般采用精度衰减因子 DOP 来评价实时定位的精度。位置解的精度 m_x 由下式定义：

$$m_x = \sigma_0 \cdot DOP \tag{3-65}$$

式中　σ_0——伪距测量中误差。

在实际应用中，可以采用不同的几何精度评价模型和相应的精度衰减因子，通常有：

(1)平面位置精度衰减因子 $HDOP$。

$$HDOP = \sqrt{g_{11} + g_{22}}$$

相应的平面位置精度为：

$$m_H = \sigma_0 \cdot HDOP \tag{3-66}$$

(2)高程精度衰减因子 $VDOP$。

$$VDOP = \sqrt{g_{33}}$$

相应的高程精度为：

$$m_V = \sigma_0 \cdot VDOP \tag{3-67}$$

(3)空间位置精度衰减因子 $PDOP$。

$$PDOP = \sqrt{q_{11} + q_{22} + q_{33}}$$

相应的空间位置精度为：

$$m_P = \sigma_0 \cdot PDOP \tag{3-68}$$

(4)接收机钟差精度衰减因子 $TDOP$。

$$TDOP = \sqrt{q_{44}}$$

相应的钟差精度为：

$$m_T = \sigma_0 \cdot TDOP \tag{3-69}$$

（5）几何精度衰减因子 $GDOP$：描述空间位置误差和时间误差综合影响的精度衰减因子。

$$GDOP = \sqrt{q_{11} + q_{22} + q_{33} + q_{44}} = \sqrt{(PDOP)^2 + (TDOP)^2}$$

相应的中误差为：

$$m_G = \sigma_0 \cdot GDOP \tag{3-70}$$

比较式（3-43）和式（3-65）这两种绝对定位精度评定公式，可见 DOP 是权系数阵 Q_Z 的主对角线元素的函数。因此，DOP 的数值与所测卫星的几何分布图形有关。

假设观测站与4颗观测卫星所构成的六面体体积为 V，经过分析表明，精度衰减因子 $GDOP$ 与该六面体的体积 V 的倒数成正比，即

$$GDOP \propto \frac{1}{V} \tag{3-71}$$

一般说来，六面体的体积越大，所测卫星的空间分布范围就越大，$GDOP$ 值就越小；反之，六面体的体积越小，所测卫星的分布范围就越小，则 $GDOP$ 值就越大。但是在实际观测中，为了减弱大气折射的影响，卫星高度角不能过低，所以必须在这一条件下，尽可能使所测卫星与测站所构成的六面体的体积接近最大。

第四节　GPS 相对定位原理

1　相对定位原理概述

从以上各节的讨论中不难看出，不论是测码伪距绝对定位还是测相伪距绝对定位，由于卫星星历误差、接收机钟与卫星钟同步差、大气折射误差等各种误差的影响，导致其定位精度较低。虽然这些误差已作了一定的处理，但是实践证明绝对定位的精度仍不能满足精密定位测量的需要。为了进一步消除或减弱各种误差的影响，提高定位精度，一般采用相对定位法。

相对定位是用两台 GPS 接收机分别安置在基线的两端，同步观测相同的卫星，通过两测站同步采集 GPS 数据，经过数据处理以确定基线两端点的相对位置或基线向量（见图3-6）。这种方法可以推广到多台 GPS 接收机安置在若干条基线的端点，通过同步观测相同的 GPS 卫星，以确定多条基线向量。相对定位中，需要多个测站中至少将一个测站的坐标值作为基准，利用观测出的基线向量，去求解出其他各站点的坐标值。

在相对定位中，两个或多个观测站同步观测同组卫星的情况下，卫星的轨道误差、卫星钟差、接收机钟差以及大气层延迟误差对观测量的影响具有一定的相关性。利用这些观测量的不同组合，按照测站、卫星、历元三种要素来求差，可以大大削弱有关误差的影响，从而提高相对定位精度。

根据定位过程中接收机所处的状态不同，相对定位可分为静态相对定位和动态相对定位（或称差分 GPS 定位）。

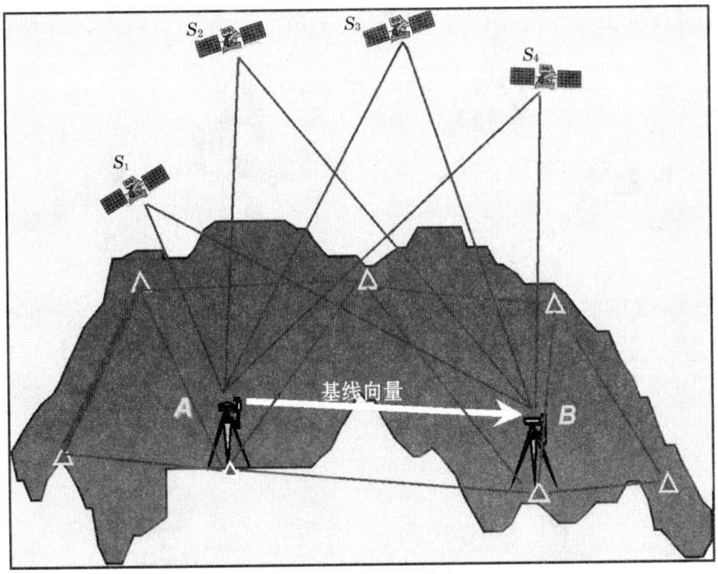

图 3-6　GPS 相对定位

2　静态相对定位原理

设置在基线两端点的接收机相对于周围的参照物固定不动,通过连续观测获得充分的多余观测数据,解算基线向量,称为静态相对定位。

静态相对定位一般均采用测相伪距观测值作为基本观测量。测相伪距静态相对定位是当前 GPS 定位中精度最高的一种方法。在测相伪距观测的数据处理中,为了可靠地确定载波相位的整周未知数,静态相对定位一般需要较长的观测时间(1.0~3.0 h),称为经典静态相对定位。

可见,经典静态相对定位方法的测量效率较低,如何缩短观测时间以提高作业效率便成为广大 GPS 用户普遍关注的问题。理论与实践证明,在测相伪距观测中的首要问题是如何快速而精确地确定整周未知数。在整周未知数确定的情况下,随着观测时间的延长,相对定位的精度不会显著提高。因此,提高定位效率的关键是快速而可靠地确定整周未知数。

为此,美国的 B. W. Remondi 提出了快速静态定位方法。其基本思路是:先利用起始基线确定初始整周模糊度(初始化),再利用一台 GPS 接收机在基准站 T_0 静止不动地对一组卫星进行连续的观测,而另一台接收机在基准站附近的多个站点 T_i 上流动,每到一个站点则停下来进行静态观测,以便确定流动站与基准站之间的相对位置。这种"走走停停"的方法称为准动态相对定位。其观测效率比经典静态相对定位方法要高,但是流动站的 GPS 接收机必须保持对观测卫星的连续跟踪,一旦发生失锁,便需要重新进行初始化工作。这里将讨论静态相对定位的基本原理。

2.1　观测值的线性组合

假设安置在基线端点的 GPS 接收机 T_i ($i=1,2$),相对于卫星 S^j 和 S^k,于历元 t_i ($i=1,2$)进行同步观测(见图 3-7),则可获得以下独立的载波相位观测量:$\varphi_1^j(t_1)$,

$\varphi_1^j(t_2), \varphi_1^k(t_1), \varphi_1^k(t_2), \varphi_2^j(t_1), \varphi_2^j(t_2), \varphi_2^k(t_1), \varphi_2^k(t_2)$。

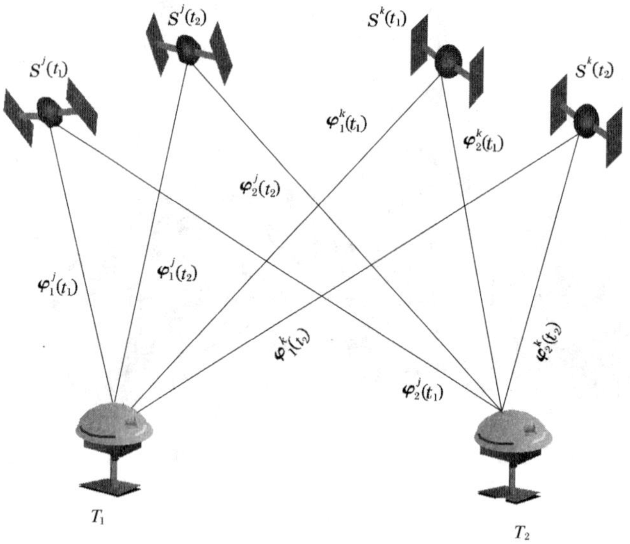

图 3-7　GPS 相对定位的观测量

在静态相对定位中,利用这些观测量的不同组合求差进行相对定位,可以有效地消除这些观测量中包含的相关误差,提高相对定位精度。目前的求差方式有三种:单差、双差、三差,定义如下:

(1)单差(Single - Difference):不同观测站同步观测同一颗卫星所得观测量之差。

$$\Delta\varphi^j = \varphi_2^j(t) - \varphi_1^j(t) \tag{3-72}$$

(2)双差(Double - Difference):不同观测站同步观测同组卫星所得的观测量单差之差

$$\begin{aligned}\nabla\Delta\varphi^k(t) &= \Delta\varphi^k(t) - \Delta\varphi^j(t)\\ &= [\varphi_2^k(t) - \varphi_1^k(t)] - [\varphi_2^j(t) - \varphi_1^j(t)]\end{aligned} \tag{3-73}$$

(3)三差(Triple - Difference):不同历元同步观测同组卫星所得的观测量双差之差。

$$\begin{aligned}\delta\nabla\Delta\varphi^k(t) &= \nabla\Delta\varphi^k(t_2) - \nabla\Delta\varphi^k(t_1) = [\Delta\varphi^k(t_2) - \Delta\varphi^j(t_2)] - [\Delta\varphi^k(t_1) - \Delta\varphi^j(t_1)]\\ &= \{[\varphi_2^k(t_2) - \varphi_1^k(t_2)] - [\varphi_2^j(t_2) - \varphi_1^j(t_2)]\} - \\ &\quad \{[\varphi_2^k(t_1) - \varphi_1^k(t_1)] - [\varphi_2^j(t_1) - \varphi_1^j(t_1)]\}\end{aligned} \tag{3-74}$$

2.2　观测方程

2.2.1　单差观测方程

如图 3-8 所示,将式(3-33)的测相伪距观测方程应用于测站 T_1、T_2,并代入式(3-72),可得:

$$\begin{aligned}\lambda\Delta\varphi^j(t) &= [\rho_2^j(t) - \rho_1^j(t)] + c[\delta t_2(t) - \delta t_1(t)] - \lambda[N_2^j(t) - N_1^j(t)] + \\ &\quad [\Delta_{2,I}^j(t) + \Delta_{2,T}^j(t)] - [\Delta_{1,I}^j(t) + \Delta_{1,T}^j(t)]\end{aligned} \tag{3-75}$$

令　$\Delta t(t) = \delta t_2(t) - \delta t_1(t)$　$\Delta N^j = N_2^j(t) - N_1^j(t)$

$\Delta\Delta_I^j(t) = \Delta_{2,I}^j(t) - \Delta_{1,I}^j(t)$　$\Delta\Delta_T^j(t) = \Delta_{2,T}^j(t) - \Delta_{1,T}^j(t)$

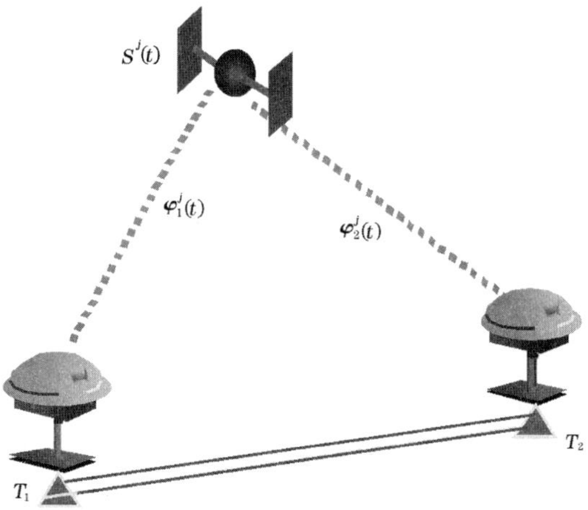

图 3-8　单差示意图

则单差观测方程可写为：

$$\lambda\Delta\varphi^j(t)=[\rho_2^j(t)-\rho_1^j(t)]+c\Delta t(t)-\lambda\Delta N^j+\Delta\Delta_I^j(t)+\Delta\Delta_T^j(t) \tag{3-76}$$

由式(3-76)可见，卫星的钟差影响可以消除。同时由于两测站相距较近(< 100 km)，同一卫星到两个测站的传播路径上的电离层、对流层延迟误差的相近，取单差可进一步明显地减弱大气延迟的影响。

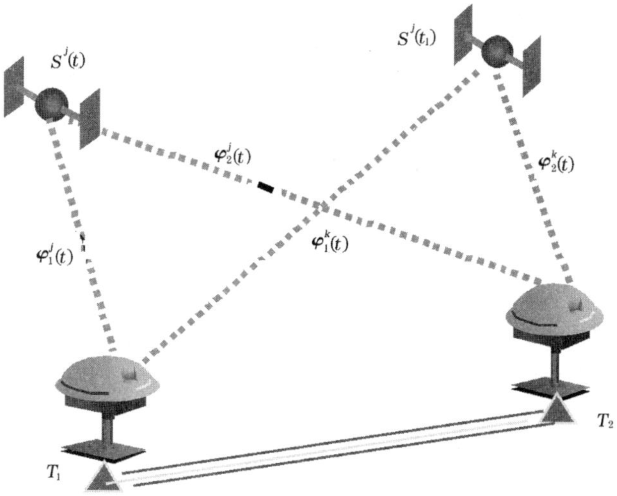

图 3-9　双差示意图

2.2.2　双差观测方程

如图 3-9 所示，两台 GPS 接收机安置在测站 T_1、T_2，对卫星 S^j 的单差为 $\Delta\varphi^j(t)$，对卫星的 S^k 单差为 $\Delta\varphi^k(t)$，则由式(3-73)，将测相伪距观测方程式(3-29)代入，可得双差观测方程为：

$$\lambda\nabla\Delta\varphi^k(t)=\{[\rho_2^k(t)-\rho_1^k(t)]-[\rho_2^j(t)-\rho_1^j(t)]\}-\lambda\nabla\Delta N^j \tag{3-77}$$

在式(3-77)中可见，接收机的钟差影响完全消除，大气折射残差取二次差可以略去不计。这是双差模型的突出优点。

2.2.3 三差观测方程

如图3-7所示，分别以 t_1 和 t_2 两个观测历元对上述的双差观测方程求三次差，可得三差观测方程为：

$$\lambda\delta\nabla\Delta\varphi^j(t)=\{[\rho_2^k(t_2)-\rho_1^k(t_2)]-[\rho_2^j(t_2)-\rho_1^j(t_2)]\}-\{[\rho_2^k(t_1)-\rho_1^k(t_1)]-[\rho_2^j(t_1)-\rho_1^j(t_1)]\} \tag{3-78}$$

从三差观测方程中可见，三差模型进一步消除了整周模糊度的影响。

2.2.4 准动态相对定位观测方程

准动态相对定位方法是将一台GPS接收机固定在基准站不动，而另一台接收机在其周围的观测站流动，在每个流动站静止观测几分钟，以确定流动站与基准站之间的相对位置。准动态相对定位的数据处理是以载波相位观测量为依据的，其中的整周未知数在初始化的过程中已经预先解算出来。因此，准动态相对定位可以在非常短的时间内获得与经典静态相对定位精度相当的定位结果。

根据式(3-33)的测相伪距观测方程，若整周模糊度 $N_i^j(t_0)$ 已经确定，将其移到等式左端，则测相伪距观测方程可以写为

$$R_i^j(t)=\rho_i^j(t)+c[\delta t_i(t)-\delta t^j(t)]+\Delta_{i,I}^j(t)+\Delta_{i,T}^j(t) \tag{3-79}$$

式中

$$R_i^j(t)=\lambda\varphi_i^j(t)+\lambda N_i^j(t_0)$$

若忽略大气折射残差影响，则式(3-79)求取站间单差观测方程可得：

$$\Delta R^j(t)=[\rho_2^j(t)-\rho_1^j(t)]+c\Delta t(t) \tag{3-80}$$

若采用双差模型进行准动态相对定位，则由式(3-79)，再对卫星间取双差可得：

$$\nabla\Delta R^k(t)=\rho_2^k(t)-\rho_1^k(t)-\rho_2^j(t)+\rho_1^j(t) \tag{3-81}$$

2.3 静态相对定位观测方程的线性化及平差模型

为了求解测站之间的基线向量，首先应该将观测方程线性化，然后列出相应的误差方程式，应用最小二乘法平差原理求解观测站之间的基线向量。下面我们根据间接平差原理来讨论载波相位观测量的不同线性组合的平差模型。

假设在协议地球坐标系中，观测站 T_i 的待定坐标近似值向量为

$$X_{i0}=(x_{i0}\quad y_{i0}\quad z_{i0})^{\mathrm{T}}$$

其改正数向量为：

$$\delta X_{i0}=(\delta x_i\quad \delta y_i\quad \delta z_i)^{\mathrm{T}}$$

观测站 T_i 至卫星 S^j 的距离可由式(3-5)给定，是非线性的，不便于计算机计算，必须将其线性化。对其线性化，可得线性化形式式(3-7)，其中卫星坐标改正数 $[\delta x^j,\delta y^j,\delta z^j]^{\mathrm{T}}$ 可视为零。

2.3.1 单差模型

取两个观测站 T_1 和 T_2，其中 T_1 为基准站，其坐标已知。将式(3-7)代入式(3-76)，可得线性化的载波相位单差观测方程：

$$\Delta\varphi^j(t)=-\frac{1}{\lambda}[l_2^j(t)\quad m_2^j(t)\quad n_2^j(t)]\begin{bmatrix}\delta x_2\\ \delta y_2\\ \delta z_2\end{bmatrix}+f\Delta t(t)-\Delta N^j+$$

$$\frac{1}{\lambda}[\Delta\Delta_I^j(t)+\Delta\Delta_T^j(t)]+\frac{1}{\lambda}[\rho_{20}^j(t)-\rho_1^j(t)] \tag{3-82}$$

式中，大气折射延迟误差的残差很小，可忽略不计。于是相应的误差方程可写成如下形式：

$$\Delta v^j(t)=\frac{1}{\lambda}[l_2^j(t)\quad m_2^j(t)\quad n_2^j(t)]\begin{bmatrix}\delta x_2\\\delta y_2\\\delta z_2\end{bmatrix}-f\Delta t(t)+\Delta N^j+\Delta l^j(t) \tag{3-83}$$

式中

$$\Delta l^j(t)=\Delta\varphi^j(t)-\frac{1}{\lambda}[\rho_{20}^j(t)-\rho_1^j(t)]$$

上述情况是两观测站同时观测同一颗卫星 S^j 的情况，可以将其推广到两观测站于历元 t 时刻同时观测数颗卫星的情况，设同步观测的卫星数为 n^j 颗，则相应的方程组为：

$$\begin{bmatrix}\Delta v^1(t)\\\Delta v^2(t)\\\vdots\\\Delta v^{n^j}(t)\end{bmatrix}=\frac{1}{\lambda}\begin{bmatrix}l_2^1(t)&m_2^1(t)&n_2^1(t)\\l_2^2(t)&m_2^2(t)&n_2^2(t)\\\vdots&\vdots&\vdots\\l_2^{n^j}(t)&m_2^{n^j}(t)&n_2^{n^j}(t)\end{bmatrix}\begin{bmatrix}\delta x_2\\\delta y_2\\\delta z_2\end{bmatrix}+\begin{bmatrix}\Delta N^1\\\Delta N^2\\\vdots\\\Delta N^{n^j}\end{bmatrix}-f\begin{bmatrix}1\\1\\\vdots\\1\end{bmatrix}\Delta t(t)+\begin{bmatrix}\Delta l^1(t)\\\Delta l^2(t)\\\vdots\\\Delta l^{n^j}(t)\end{bmatrix} \tag{3-84}$$

或者写为：

$$v(t)=a(t)\delta X_2+B(t)\Delta N+c(t)\Delta t(t)+\Delta l(t) \tag{3-85}$$

若进一步考虑到观测的历元次数为 n_t，则相应的误差方程为：

$$\begin{bmatrix}v(t_1)\\v(t_2)\\\vdots\\v(t_{n_t})\end{bmatrix}=\begin{bmatrix}a(t_1)\\a(t_2)\\\vdots\\a(t_{n_t})\end{bmatrix}\delta X_2+\begin{bmatrix}b(t_1)\\b(t_2)\\\vdots\\b(t_{n_t})\end{bmatrix}\Delta N+\begin{bmatrix}c(t_1)&0&\cdots&0\\0&c(t_2)&\cdots&0\\\vdots&\vdots&&\vdots\\0&0&\cdots&c(t_{n_t})\end{bmatrix}\begin{bmatrix}\Delta t(t_1)\\\Delta t(t_2)\\\vdots\\\Delta t(t_{n_t})\end{bmatrix}+\begin{bmatrix}\Delta l(t_1)\\\Delta l(t_2)\\\vdots\\\Delta l(t_{n_t})\end{bmatrix} \tag{3-86}$$

也可写为：

$$V=A\delta X_2+B\Delta N+C\Delta t+L \tag{3-87}$$

或者

$$V=(A\quad B\quad C)\begin{bmatrix}\delta X_2\\\Delta N\\\Delta t\end{bmatrix}+L \tag{3-88}$$

按最小二乘法求解：

$$\Delta Y=-N^{-1}U \tag{3-89}$$

式中 $\Delta Y=[\delta X_2\quad \Delta N\quad \Delta t]^{\mathrm T}$；

$N=(A\quad B\quad C)^{\mathrm T}P(A\quad B\quad C)$；

$U=(A\quad B\quad C)^{\mathrm T}PL$；

P——单差观测量的权矩阵。

单差模型的解的精度可按下式估算：

$$m_y = \sigma_0 \sqrt{q_{yy}} \tag{3-90}$$

式中 σ_0——单差观测量的单位权中误差；

q_{yy}——权系数阵 N^{-1} 主对角线的相应元素。

必须注意的是，当不同历元同步观测的卫星数不同时，情况将比较复杂，此时应该注意系数矩阵 A、B、C 的维数。这种在不同观测历元共视卫星数发生变化的情况，在后述的双差、三差模型中也会遇到。

2.3.2 双差模型

假设两个观测站 T_1 和 T_2 同步观测了两颗卫星 S^j 和 S^k，其中 T_1 为基准站，其坐标已知，S^j 为参考卫星。根据双差观测方程式(3-77)，并将式(3-7)代入其中，则可得双差观测方程的线性化形式：

$$\nabla\Delta\varphi^k(t) = -\frac{1}{\lambda}\begin{bmatrix}\nabla l_2^k(t) & \nabla m_2^k(t) & \nabla n_2^k(t)\end{bmatrix}\begin{bmatrix}\delta x_2 \\ \delta y_2 \\ \delta z_2\end{bmatrix} - \nabla\Delta N^k + \frac{1}{\lambda}\{[\rho_{20}^k(t) - \rho_1^k(t)] - [\rho_{20}^j(t) - \rho_1^j(t)]\} \tag{3-91}$$

式中

$$\nabla\Delta\varphi^k(t) = \Delta\varphi^k(t) - \Delta\varphi^j(t)$$

$$\begin{bmatrix}\nabla l_2^k(t) \\ \nabla m_2^k(t) \\ \nabla n_2^k(t)\end{bmatrix} = \begin{bmatrix}l_2^k(t) - l_2^j(t) \\ m_2^k(t) - m_2^j(t) \\ n_2^k(t) - n_2^j(t)\end{bmatrix}$$

$$\nabla\Delta N^k = \Delta N^k - \Delta N^j$$

相应的误差方程可以写为：

$$v^k(t) = \frac{1}{\lambda}\begin{bmatrix}\nabla l_2^k(t) & \nabla m_2^k(t) & \nabla n_2^k(t)\end{bmatrix}\begin{bmatrix}\delta x_2 \\ \delta y_2 \\ \delta z_2\end{bmatrix} + \nabla\Delta N^k + \nabla\Delta l^k(t) \tag{3-92}$$

式中

$$\nabla\Delta l^k(t) = \nabla\Delta\varphi^k(t) - \frac{1}{\lambda}\{[\rho_{20}^k(t) - \rho_1^k(t)] - [\rho_{20}^j(t) - \rho_1^j(t)]\}$$

当同步观测的 GPS 卫星为 n^j 时，可将式(3-92)推广为如下形式的方程组：

$$\begin{bmatrix}v^1(t) \\ v^2(t) \\ \vdots \\ v^{n^j-1}(t)\end{bmatrix} = \frac{1}{\lambda}\begin{bmatrix}\nabla l_2^1(t) & \nabla m_2^1(t) & \nabla n_2^1(t) \\ \nabla l_2^2(t) & \nabla m_2^2(t) & \nabla n_2^2(t) \\ \vdots & \vdots & \vdots \\ \nabla l_2^{n^j-1}(t) & \nabla m_2^{n^j-1}(t) & \nabla n_2^{n^j-1}(t)\end{bmatrix}\begin{bmatrix}\delta x_2 \\ \delta y_2 \\ \delta z_2\end{bmatrix} + \begin{bmatrix}1 & & 0 \\ & \ddots & \\ 0 & & 1\end{bmatrix}\begin{bmatrix}\nabla\Delta N^1 \\ \nabla\Delta N^2 \\ \vdots \\ \nabla\Delta N^{n^j-1}\end{bmatrix} + \begin{bmatrix}\nabla\Delta l^1(t) \\ \nabla\Delta l^2(t) \\ \vdots \\ \nabla\Delta l^{n^j-1}(t)\end{bmatrix} \tag{3-93}$$

式(3-93)可写为：

$$v^{k}(t)=a(t)\delta X_2+b(t)\nabla\Delta N+\nabla\Delta l(t) \tag{3-94}$$

上述讨论的是两个观测站于某一历元 t 同时观测 n^j 颗卫星的误差方程组。当观测历元数为 n_t 时，上述方程可以推广为如下形式：

$$\begin{bmatrix} v(t_1) \\ v(t_2) \\ \vdots \\ v(t_{n_t}) \end{bmatrix}=\begin{bmatrix} a(t_1) \\ a(t_2) \\ \vdots \\ a(t_{n_t}) \end{bmatrix}\delta X_2+\begin{bmatrix} b(t_1) \\ b(t_2) \\ \vdots \\ b(t_{n_t}) \end{bmatrix}\nabla\Delta N+\begin{bmatrix} \nabla\Delta l(t_1) \\ \nabla\Delta l(t_2) \\ \vdots \\ \nabla\Delta l(t_{n_t}) \end{bmatrix} \tag{3-95}$$

式(3-95)可写为：

$$V=(A\quad B)\begin{bmatrix} \delta X_2 \\ \nabla\Delta N \end{bmatrix}+L \tag{3-96}$$

利用最小二乘法求解：

$$\Delta Y=-N^{-1}U$$

式中 $\Delta Y=[\delta X_2\quad \nabla\Delta N]^{\mathrm{T}}$；

$N=(A\quad B)^{\mathrm{T}}P(A\quad B)$；

$U=(A\quad B)^{\mathrm{T}}PL$；

P——单差观测量的权矩阵。

2.3.3 三差模型

假设两个观测站 T_1 和 T_2 于历元 t_1、t_2 分别同步观测了共视卫星 S^j 和 S^k，其中 T_1 为基准站，其坐标已知，S^j 为参考卫星。根据三差观测方程式(3-78)，并将式(3-32)代入其中，则可得三差观测方程的线性化形式：

$$\delta\nabla\Delta\varphi^{k}(t)=-\frac{1}{\lambda}[\delta\nabla l_2^k(t)\quad \delta\nabla m_2^k(t)\quad \delta\nabla n_2^k(t)]\begin{bmatrix} \delta x_2 \\ \delta y_2 \\ \delta z_2 \end{bmatrix}+\frac{1}{\lambda}[\delta\rho_{20}^k(t)-\delta\rho_1^k(t)-\delta\rho_{20}^j(t)+\delta\rho_1^j(t)] \tag{3-97}$$

式中

$$\delta\nabla\Delta\varphi^{k}(t)=\nabla\Delta\varphi^{k}(t_2)-\nabla\Delta\varphi^{k}(t_1)$$

$$\begin{bmatrix} \delta\nabla l_2^k(t) \\ \delta\nabla m_2^k(t) \\ \delta\nabla n_2^k(t) \end{bmatrix}=\begin{bmatrix} \nabla l_2^k(t_2)-\nabla l_2^j(t_1) \\ \nabla m_2^k(t_2)-\nabla m_2^j(t_1) \\ \nabla n_2^k(t_2)-\nabla n_2^j(t_1) \end{bmatrix}$$

$$\begin{bmatrix} \delta\rho_{20}^k(t) \\ \delta\rho_1^k(t) \\ \delta\rho_{20}^j(t) \\ \delta\rho_1^j(t) \end{bmatrix}=\begin{bmatrix} \rho_{20}^k(t_2)-\rho_{20}^k(t_1) \\ \rho_1^k(t_2)-\rho_1^k(t_1) \\ \rho_{20}^j(t_2)-\rho_{20}^j(t_1) \\ \rho_1^j(t_2)-\rho_1^j(t_1) \end{bmatrix}$$

由式(3-97)可得相应的误差方程：

$$v^k(t)=\frac{1}{\lambda}[\delta\nabla l_2^k(t)\quad \delta\nabla m_2^k(t)\quad \delta\nabla n_2^k(t)]\begin{bmatrix}\delta x_2\\ \delta y_2\\ \delta z_2\end{bmatrix}+\delta\nabla\Delta l^k(t) \tag{3-98}$$

式中

$$\delta\nabla\Delta l^k(t)=\delta\nabla\Delta\varphi^k(t)-\frac{1}{\lambda}[\delta\rho_{20}^k(t)-\delta\rho_1^k(t)-\delta\rho_{20}^j(t)+\delta\rho_1^j(t)]$$

当同步观测卫星数为 n^j 时,以其中一颗为参考卫星,相应的误差方程可推广为:

$$\begin{bmatrix}v^1(t)\\ v^2(t)\\ \vdots\\ v^{nj-1}(t)\end{bmatrix}=\frac{1}{\lambda}\begin{bmatrix}\delta\nabla l_2^1(t) & \delta\nabla m_2^1(t) & \delta\nabla n_2^1(t)\\ \delta\nabla l_2^2(t) & \delta\nabla m_2^2(t) & \delta\nabla n_2^2(t)\\ \vdots & \vdots & \vdots\\ \delta\nabla l_2^{nj-1}(t) & \delta\nabla m_2^{nj-1}(t) & \delta\nabla n_2^{nj-1}(t)\end{bmatrix}\begin{bmatrix}\delta x_2\\ \delta y_2\\ \delta z_2\end{bmatrix}+\begin{bmatrix}\delta\nabla\Delta l^1(t)\\ \delta\nabla\Delta l^2(t)\\ \vdots\\ \delta\nabla\Delta l^{nj-1}(t)\end{bmatrix} \tag{3-99}$$

式(3-99)可写为:

$$v(t)=a(t)\delta X_2+l(t) \tag{3-100}$$

如果两观测站对同一组卫星 n^j 同步观测了 n_t 个历元,并于某一个历元为参考历元,则可将误差方程组(3-100)进一步推广,可写成:

$$\begin{bmatrix}v(t_1)\\ v(t_2)\\ \vdots\\ v(t_{n_t-1})\end{bmatrix}=\begin{bmatrix}a(t_1)\\ a(t_2)\\ \vdots\\ a(t_{n_t-1})\end{bmatrix}\delta X_2+\begin{bmatrix}l(t_1)\\ l(t_2)\\ \vdots\\ l(t_{n_t-1})\end{bmatrix} \tag{3-101}$$

或者

$$V=A\delta X_2+L \tag{3-102}$$

由此可得相应的解:

$$\delta X_2=-(A^{\mathrm{T}}PA)^{-1}(A^{\mathrm{T}}PL) \tag{3-103}$$

式中 P——单差观测量的权矩阵。

3 差分定位原理

动态相对定位是将一台接收机设置在一个固定的观测站(基准站 T_0),基准站在协议地球坐标系中的坐标是已知的。另一台接收机安装在运动的载体上,载体在运动过程中,其上的 GPS 接收机与基准站上的接收机同步观测 GPS 卫星,以实时确定载体在每个观测历元的瞬时位置。

在动态相对定位过程中,由基准站接收机通过数据链发送修正数据,用户站接收该修正数据并对测量结果进行改正处理,以获得精确的定位结果。由于用户接收基准站的修正数据,对用户站观测量进行改正,这种数据处理本质上是求差处理(差分),以达到消除或减少相关误差的影响,提高定位精度,因此 GPS 动态相对定位通常又称为差分 GPS 定位。

动态相对定位过程中存在着三部分误差:第一部分是每一个用户接收机所共有的,包括卫星钟误差、星历误差、电离层误差、对流层误差等;第二部分为不能由用户测量或由校正模型来计算的传播延迟误差;第三部分为各用户接收机所固有的误差,包括内部噪声、通道延迟、多路径效应等。利用差分技术,第一部分误差完全可以消除,第二部分误差大部分可以消除,其主要取决于基准接收机和用户接收机的距离,第三部分误差则无法消除。

在差分 GPS 定位中,按照对 GPS 信号的处理时间不同,可划分为实时差分 GPS 和后处理差分 GPS。实时差分 GPS 就是在接收机接收 GPS 信号的同时计算出当前接收机所处位置、速度及时间等信息;后处理差分 GPS 则是把卫星信号记录在一定介质(GPS 接收机主机、电脑等)上,回到室内进行数据处理,获取用户接收机在每个瞬间所处理的位置、速度、时间等信息。

按照提供修正数据的基准站的数量不同,又可以分为单基准站差分、多基准站差分。而多基准站差分又包括局部区域差分、广域差分和多基准站 RTK 技术。

3.1 单基准站差分

根据基准站所发送的修正数据的类型不同,单基准站差分又可分为位置差分、伪距差分、载波相位差分。

3.1.1 位置差分

位置差分的基本原理是:使用基准站 T_0 的位置改正数去修正流动站 T_i 的位置计算值,以求得比较精确的流动站位置坐标。

由于相对定位中基准站 T_0 的坐标值预先采用大地测量、天文测量或 GPS 静态定位等方法精密测定,可视为已知的,设其精密坐标值为(X_0,Y_0,Z_0)。而在基准站上的 GPS 接收机利用测码伪距绝对定位法测出的基准站坐标为(X,Y,Z),该坐标测定值含有卫星轨道误差、卫星钟和接收机钟误差、大气延迟误差、多路径效应误差及其他误差。则可按照下式计算基准站的位置修正数:

$$\left.\begin{aligned}\Delta X &= X_0 - X\\ \Delta Y &= Y_0 - Y\\ \Delta Z &= Z_0 - Z\end{aligned}\right\} \tag{3-104}$$

基准站采用数据链将这些改正数发送出去,而流动站用户接收机通过数据链实时接收这些改正数,并在解算时加入。设流动站 T_i 通过用户接收机利用自身观测的数据采用测码伪距绝对定位法测定出其位置坐标为(X'_i,Y'_i,Z'_i),则可按照下式计算流动站 T_i 的较精确坐标(X_i,Y_i,Z_i):

$$\left.\begin{aligned}X_i &= X'_i + \Delta X\\ Y_i &= Y'_i + \Delta Y\\ Z_i &= Z'_i + \Delta Z\end{aligned}\right\} \tag{3-105}$$

由于动态用户 T_i 和 GPS 卫星相对于协议地球坐标系存在相对运动,若进一步考虑用户接收机改正数的瞬时变化,则有:

$$
\left.\begin{aligned}
X_i &= X'_i + \Delta X + \frac{d(\Delta X)}{dt}(t - t_0) \\
Y_i &= Y'_i + \Delta Y + \frac{d(\Delta Y)}{dt}(t - t_0) \\
Z_i &= Z'_i + \Delta Z + \frac{d(\Delta Z)}{dt}(t - t_0)
\end{aligned}\right\} \tag{3-106}
$$

式中　t_0——校正的有效时刻。

位置差分的计算方法简单，只需要在解算的坐标中加进改正数即可，这对 GPS 接收机的要求不高，适用于各种型号的接收机。但是，位置差分要求流动站用户接收机和基准站接收机能同时观测同一组卫星，这些只有在近距离才可以做到，故位置差分只适用于 100 km 以内。

3.1.2　伪距差分

伪距差分的基本原理：利用基准站 T_0 的伪距改正数，传送给流动站用户 T_i，去修正流动站的伪距观测量，从而消除或减弱公共误差的影响，以求得比较精确的流动站位置坐标。

设基准站 T_0 的已知坐标为(X_0, Y_0, Z_0)。差分定位时，基准站的 GPS 接收机，根据导航电文中的星历参数，计算其观测到的全部 GPS 卫星在协议地球坐标系中的坐标值(X^j, Y^j, Z^j)，从而由星、站的坐标值可以反求出每一观测时刻由基准站至 GPS 卫星的真距离 ρ_0^j：

$$
\rho_0^j = \sqrt{(X^j - X_0)^2 + (Y^j - Y_0)^2 + (Z^j - Z_0)^2} \tag{3-107}
$$

另外，基准站上的 GPS 接收机利用测码伪距法可以测量星、站之间的伪距 ρ'^j_0，其中包含各种误差源的影响。由观测伪距和计算的真距离可以计算出伪距改正数：

$$
\Delta\rho_0^j = \rho_0^j - \rho'^j_0 \tag{3-108}
$$

同时可以求出伪距改正数的变化率为：

$$
d\rho_0^j = \frac{\Delta\rho_0^j}{\Delta t} \tag{3-109}
$$

通过基准站的数据链将 $\Delta\rho_0^j$ 和 $d\rho_0^j$ 发送给流动站接收机，流动站接收机利用测码伪距法测量出流动站至卫星的伪距 ρ'^j_i，再加上数据链接收到的伪距改正数，便可以求出改正后的伪距：

$$
\rho_i^j(t) = \rho'^j_i(t) + \Delta\rho_0^j(t) + d\rho_0^j(t - t_0) \tag{3-110}
$$

并按照下式计算流动站坐标$(X_i(t), Y_i(t), Z_i(t))$：

$$
\rho_i^j(t) = \sqrt{[X^j(t) - X_i(t)]^2 + [Y^j(t) - Y_i(t)]^2 + [Z^j(t) - Z_i(t)]^2} + c\delta t(t) + V_i \tag{3-111}
$$

式中　$\delta t(t)$——流动站用户接收机钟相对于基准站接收机钟的钟差；

　　V_i——流动站用户接收机噪声。

伪距差分时，只需要基准站提供所有卫星的伪距改正数，而用户接收机观测任意 4 颗卫星就可以完成定位。与位置差分相似，伪距差分能将两测站的公共误差抵消，但是，随着用户到基准站距离的增加，系统误差又将增大，这种误差用任何差分法都无法消除，因此伪距差分的基线长度也不宜过长。

3.1.3 载波相位差分

位置差分和伪距差分能满足米级定位精度,已经广泛用于导航、水下测量等领域。载波相位差分又称 RTK 技术,通过对两测站的载波相位观测值进行实时处理,可以实时提供厘米级精度的三维坐标。

载波相位差分的基本原理是:由基准站通过数据链实时地将其载波相位观测量及基准站坐标信息一同发送到用户站,并与用户站的载波相位观测量进行差分处理,适时地给出用户站的精确坐标。

载波相位差分定位的方法又可分为两类:一类为测相伪距修正法;一类为载波相位求差法。

3.1.3.1 测相伪距修正法

测相伪距修正法的基本思想是:基准站接收机 T_0 与卫星 S^j 之间的测相伪距改正数 $\Delta\rho_0^j$ 在基准站解算出,并通过数据链发送给流动站用户接收机 T_i,利用此伪距改正数 $\Delta\rho_0^j$ 去修正用户接收机 T_i 到观测卫星 S^j 之间的测相伪距 ρ'^j_i,获得比较精确的用户站至卫星的伪距,再采用它计算用户站的位置。

在基准站 T_0 观测卫星 S^j,则由卫星坐标和基准站已知坐标反算出基准站至该卫星的真距离为:

$$\rho_0^j = \sqrt{(X^j - X_0)^2 + (Y^j - Y_0)^2 + (Z^j - Z_0)^2} \tag{3-112}$$

式中 X^j、Y^j、Z^j——卫星 S^j 的坐标,可利用导航电文中的卫星星历精确地计算出;

X_0、Y_0、Z_0——基准站 T_0 的精确坐标值,是已知参数。

基准站与卫星之间的测相伪距观测值为

$$\rho'^j_0 = \rho_0^j + c(\delta t_0 - \delta t^j) + \delta\rho_0^j + \Delta^j_{0,I_p} + \Delta^j_{0,T} + \delta m_0 + v_0 \tag{3-113}$$

式中 δt_0、δt^j——基准站站钟钟差和卫星 S^j 的星钟差;

$\delta\rho_0^j$——卫星星历误差(包括 SA 政策影响);

Δ^j_{0,I_p}、$\Delta^j_{0,T}$——电离层和对流层延迟影响;

δm_0、v_0——多路径效应和基准站接收机噪声。

由基准站 T_0 和观测卫星 S^j 的真距离和测相伪距观测值,可以求出星、站之间的伪距改正数:

$$\begin{aligned}\Delta\rho_0^j &= \rho_0^j - \rho'^j_0 \\ &= -c(\delta t_0 - \delta t^j) - \delta\rho_0^j - \Delta^j_{0,I_p} - \Delta^j_{0,T} - \delta m_0 - v_0\end{aligned} \tag{3-114}$$

另一方面,流动站 T_i 上的用户接收机同时观测卫星 S^j 可得到测相伪距观测值为:

$$\rho'^j_i = \rho_i^j + c(\delta t_i - \delta t^j) + \delta\rho_i^j + \Delta^j_{i,I_p} + \Delta^j_{i,T} + \delta m_i + v_i \tag{3-115}$$

式中各项的含义与式(3-113)相同。

在用户接收机接收到由基准站发送过来的伪距改正数 $\Delta\rho_0^j$ 时,可用它对用户接收机的测相伪距观测值 ρ'^j_i 进行实时修正,得到新的比较精确的测相伪距观测值 ρ''^j_i:

$$\begin{aligned}\rho''^j_i &= \rho'^j_i + \Delta\rho_0^j \\ &= \rho_i^j + c(\delta t_i - \delta t^j) + \delta\rho_i^j + \Delta^j_{i,I_p} + \Delta^j_{i,T} + \delta m_i + v_i -\end{aligned}$$

$$c(\delta t_0-\delta t^j)-\delta\rho_0^j-\Delta_{0,I_p}^j-\Delta_{0,T}^j-\delta m_0-v_0$$
$$=\rho_i^j+c(\delta t_i-\delta t_0)+(\delta\rho_i^j-\delta\rho_0^j)+(\Delta_{i,I_p}^j-\Delta_{0,I_p}^j)+$$
$$(\Delta_{i,T}^j-\Delta_{0,T}^j)+(\delta m_i-\delta m_0)+(v_i-v_0) \tag{3-116}$$

当用户站距基准站距离较小时(<100 km),则可以认为在观测方程中,两观测站对于同一颗卫星的星历误差、大气层延迟误差的影响近似相等。同时用户机与基准站的接收机为同型号机时,测量噪声基本相近。于是消去相关误差,式(3-116)可写成:

$$\rho''^j_i=\rho'^j_i+\Delta\rho_0^j$$
$$=\rho_i^j+c(\delta t_i-\delta t_0)+(\delta m_i-\delta m_0)$$
$$=(X^j-X_i)^2+(Y^j-Y_i)^2+(Z^j-Z_i)^2+\Delta d \tag{3-117}$$

式中　Δd——各项残差之和。

根据前述分析,历元 t_i 时刻载波相位观测量为:

$$\Phi_i^j(t_i)=N_i^j(t_0)+N_i^j(t_i-t_0)+\delta\varphi_i^j(t_i) \tag{3-118}$$

两测站 T_0、T_i 同时观测卫星 S^j,对两测站的测相伪距观测值取单差,可得:

$$\rho''^j_i-\rho'^j_0=\lambda\Phi_i^j(t_i)-\lambda\Phi_0^j(t_i)$$
$$=\lambda[N_i^j(t_0)-N_0^j(t_0)]+\lambda[N_i^j(t_i-t_0)-N_0^j(t_i-t_0)]+\lambda[\delta\varphi_i^j(t_i)-\delta\varphi_0^j(t_i)]$$
$$\tag{3-119}$$

差分数据处理是在用户站进行的。式(3-119)左端的 ρ''^j_0 由基准站计算出卫星到基准站的精确几何距离 ρ_0^j 代替,并经过数据链发送给用户机;同时,流动站的新测相伪距观测量 ρ''^j_i,通过用户机的测相伪距观测量 ρ'^j_i 和基准站发送过来的伪距修正数 $\Delta\rho_0^j$ 来计算。也就是说,将式(3-117)代入式(3-118)中,同时用 ρ_0^j 代替 ρ'^j_0,则有:

$$[(X^j-X_i)^2+(Y^j-Y_i)^2+(Z^j-Z_i)^2]+\Delta d$$
$$=\rho_0^j+\lambda[N_i^j(t_0)-N_0^j(t_0)]+\lambda[N_i^j(t_i-t_0)-N_0^j(t_i-t_0)]+\lambda[\delta\varphi_i^j(t_i)-\delta\varphi_0^j(t_i)]$$
$$\tag{3-120}$$

式(3-120)中假设在初始历元 t_0 已将基准站和用户站相对于卫星 S^j 的整周模糊度 $N_0^j(t_0)$、$N_i^j(t_0)$ 计算出来了,则在随后的历元中的整周数 $N_0^j(t_i-t_0)$、$N_i^j(t_i-t_0)$ 以及测相的小数部分 $\delta\varphi_0^j(t_i)$、$\delta\varphi_i^j(t_i)$ 都是可观测量。因此,式(3-120)中只有 4 个未知数:用户站坐标 X_i,Y_i,Z_i 和残差 Δd,这样只需要同时观测 4 颗卫星,则可建立 4 个观测方程,解算出用户站的三维坐标。

从上面分析可见,解算上述方程的关键问题是如何快速求解整周模糊度。近年来许多科研人员致力于这方面的研究和开发工作,并提出了一些有效的解决方法,如 FARA 法、消去法等,使 RTK 技术在精密导航定位中展现了良好的前景。

3.1.3.2　载波相位求差法

载波相位求差法的基本思想是:基准站 T_0 不再计算测相伪距修正数 $\Delta\rho_0^j$,而是将其观测的载波相位观测值由数据链实时发送给用户站接收机,然后由用户机进行载波相位求差,再解算出用户的位置。

假设在基准站 T_0 和用户站 T_i 上的 GPS 接收机同时于历元 t_1 和 t_2 观测卫星 S^j 和 S^k,

基准站 T_0 对两颗卫星的载波相位观测量(共 4 个)由数据链实时发送给用户站 T_i。于是用户站就可获得 8 个载波相位观测量方程:

$$
\begin{aligned}
\varphi_0^j(t_1) &= \frac{f}{c}\rho_0^j(t_1) + f[\delta t_0(t_1) - \delta t^j(t_1)] - N_0^j(t_0) + \frac{f}{c}[\Delta_{0,I_p}^j(t_1) + \Delta_{0,T}^j(t_1)] \\
\varphi_i^j(t_1) &= \frac{f}{c}\rho_i^j(t_1) + f[\delta t_i(t_1) - \delta t^j(t_1)] - N_i^j(t_0) + \frac{f}{c}[\Delta_{i,I_p}^j(t_1) + \Delta_{i,T}^j(t_1)] \\
\varphi_0^k(t_1) &= \frac{f}{c}\rho_0^k(t_1) + f[\delta t_0(t_1) - \delta t^k(t_1)] - N_0^k(t_0) + \frac{f}{c}[\Delta_{0,I_p}^k(t_1) + \Delta_{0,T}^k(t_1)] \\
\varphi_i^k(t_1) &= \frac{f}{c}\rho_i^k(t_1) + f[\delta t_i(t_1) - \delta t^k(t_1)] - N_i^k(t_0) + \frac{f}{c}[\Delta_{i,I_p}^k(t_1) + \Delta_{i,T}^k(t_1)] \\
\varphi_0^j(t_2) &= \frac{f}{c}\rho_0^j(t_2) + f[\delta t_0(t_2) - \delta t^j(t_2)] - N_0^j(t_0) + \frac{f}{c}[\Delta_{0,I_p}^j(t_2) + \Delta_{0,T}^j(t_2)] \\
\varphi_i^j(t_2) &= \frac{f}{c}\rho_i^j(t_2) + f[\delta t_i(t_2) - \delta t^j(t_2)] - N_i^j(t_0) + \frac{f}{c}[\Delta_{i,I_p}^j(t_2) + \Delta_{i,T}^j(t_2)] \\
\varphi_0^k(t_2) &= \frac{f}{c}\rho_0^k(t_2) + f[\delta t_0(t_2) - \delta t^k(t_2)] - N_0^k(t_0) + \frac{f}{c}[\Delta_{0,I_p}^k(t_2) + \Delta_{0,T}^k(t_2)] \\
\varphi_i^k(t_2) &= \frac{f}{c}\rho_i^k(t_2) + f[\delta t_i(t_2) - \delta t^k(t_2)] - N_i^k(t_0) + \frac{f}{c}[\Delta_{i,I_p}^k(t_2) + \Delta_{i,T}^k(t_2)]
\end{aligned}
\tag{3-121}
$$

对两接收机 T_0、T_i 在同一历元观测同一颗卫星的载波相位观测量相减,可得到 4 个单差方程:

$$
\begin{aligned}
\Delta\varphi^j(t_1) &= \frac{f}{c}[\rho_i^j(t_1) - \rho_0^j(t_1)] + f[\delta t_i(t_1) - \delta t_0(t_1)] - [N_i^j(t_0) - N_0^j(t_0)] \\
\Delta\varphi^k(t_1) &= \frac{f}{c}[\rho_i^k(t_1) - \rho_0^k(t_1)] + f[\delta t_i(t_1) - \delta t_0(t_1)] - [N_i^k(t_0) - N_0^k(t_0)] \\
\Delta\varphi^j(t_2) &= \frac{f}{c}[\rho_i^j(t_2) - \rho_0^j(t_2)] + f[\delta t_i(t_2) - \delta t_0(t_2)] - [N_i^j(t_0) - N_0^j(t_0)] \\
\Delta\varphi^k(t_2) &= \frac{f}{c}[\rho_i^k(t_2) - \rho_0^k(t_2)] + f[\delta t_i(t_2) - \delta t_0(t_2)] - [N_i^k(t_0) - N_0^k(t_0)]
\end{aligned}
\tag{3-122}
$$

单差方程中已经消去了卫星钟钟差,并且大气层延迟影响的单差是微小项,可略去。

将两接收机 T_0、T_i 同时观测两颗卫星 S^j、S^k 的载波相位观测量的站际单差相减,可得到 2 个双差方程:

$$
\left.
\begin{aligned}
\nabla\Delta\varphi^k(t) &= \frac{f}{c}\{[\rho_2^k(t_1) - \rho_1^k(t_1)] - [\rho_2^j(t_1) - \rho_1^j(t_1)]\} + N_0^k(t_0) - N_0^j(t_0) + N_i^j(t_0) - N_i^k(t_0) \\
\nabla\Delta\varphi^k(t) &= \frac{f}{c}\{[\rho_2^k(t_2) - \rho_1^k(t_2)] - [\rho_2^j(t_2) - \rho_1^j(t_2)]\} + N_0^k(t_0) - N_0^j(t_0) + N_i^j(t_0) - N_i^k(t_0)
\end{aligned}
\right\}
\tag{3-123}
$$

双差方程中消去了基准站和用户站的 GPS 接收机钟差 δt_0、δt_i。双差方程右端的初始整周模糊度 $N_0^k(t_0)$、$N_i^k(t_0)$、$N_0^j(t_0)$、$N_i^j(t_0)$ 通过初始化过程进行解算。

因此,在 RTK 定位过程中,要求用户所在的实时位置,因此它的计算程序是:

(1)用户 GPS 接收机静态观测若干历元,并接收基准站发送的载波相位观测量,采用静态观测程序,求出整周模糊度,并确认此整周模糊度正确无误。这一过程称为初始化。

(2)将确认的整周模糊度代入双差方程式(3-122)。由于基准站的位置坐标是精确测定的已知值,两颗卫星的位置坐标可由星历参数计算出来,故双差方程中只包含用户在协议地球系中的位置坐标 X_i,Y_i,Z_i 为未知数,此时只需要观测 3 颗卫星就可以进行求解。

由以上分析可见,测相伪距修正法与伪距差分法原理相同,是准 RTK 技术;载波相位求差法,通过对观测方程进行求差来解算用户站的实时位置,才是真正的 RTK 技术。

上述所讨论的单基准站差分 GPS 系统结构和算法简单,技术上较为成熟,主要适用于小范围的差分定位工作。对于较大范围的区域,则应用局部区域差分技术,对于一国家或几个国家范围的广大区域,应用广域差分技术。

3.2 多基准站差分

3.2.1 局部区域差分

在局部区域中应用差分 GPS 技术,应该在区域中布设一个差分 GPS 网,该网由若干个差分 GPS 基准站组成,通常还包含一个或数个监控站。位于该局部区域中的用户,接收多个基准站所提供的修正信息,采用加权平均法或最小方差法进行平差计算求得自己的修正数,从而对用户的观测结果进行修正,获得更高精度的定位结果。这种差分 GPS 定位系统称为局域差分 GPS 系统,简称 LADGPS。

LADGPS 系统构成包括多个基准站,每个基准站与用户之间均有无线电数据通信链。用户站与基准站之间的距离一般在 500 km 以内才能获得较好的精度。

3.2.2 广域差分

广域差分 GPS 的基本思想是:对 GPS 观测量的误差源加以区分,并单独对每一种误差源分别加以模型化,然后将计算出的每种误差源的数值通过数据链传输给用户,以对用户 GPS 定位的误差加以改正,达到削弱这些误差源、改善用户 GPS 定位精度的目的。GPS 误差源主要表现在三个方面:星历误差、大气延迟误差、卫星钟差。

广域差分 GPS 系统就是为削弱这三种误差源而设计的一种工程系统,简称 WADGPS。该系统的一般构成包括一个中心站、几个监测站及其相应的数据通信网络,覆盖范围内的若干用户。其工作原理是:在已知坐标的若干监测站上跟踪观测 GPS 卫星的伪距、相位等信息,监测站将这些信息传输到中心站;中心站在区域精密定轨计算的基础上,计算出三项误差改正模型,并将这些误差改正模型通过数据通信链发送给用户站;用户站利用这些误差改正模型信息改正自己观测到的伪距、相位、星历等,从而计算出高精度的 GPS 定位结果。

WADGPS 将中心站、基准站与用户站间距离从 100 km 增加到 2 000 km,且定位精度无明显下降;对于大区域内的 WADGPS 网,需要建立的监测站很少,具有较大的经济效益;WADGPS 系统的定位精度分布均匀,且定位精度较 LADGPS 高;其覆盖区域可以扩展到远洋、沙漠等 LADGPS 不易作用的区域;WADGPS 使用的硬件设备及通信工具昂贵,软件技术复杂,运行维持费用较 LADGPS 高得多,且可靠性和安全性可能不如单个的 LADGPS。

目前,我国已经建立了北京、拉萨、乌鲁木齐、上海 4 个永久性的 GPS 监测站,还计划增设武汉、哈尔滨两站,并拟定在北京或武汉建立数据处理中心和数据通信中心。

3.2.3 连续运行参考站技术

连续运行参考站系统(Continuously Operating Reference Station—CORS)可以定义为一个或若干个固定的、连续运行的 GPS 参考站,利用现代计算机、数据通信和互联网(LAN/WAN)技术组成的网络,实时地向不同类型、不同需求、不同层次的用户自动地提供经过检验的不同类型的 GPS 观测值(载波相位、伪距),各种改正数、状态信息,以及其他有关 GPS 服务项目的系统。

CORS 系统彻底改变了传统 RTK 测量作业方式,其主要优势体现在:改进了初始化时间、扩大了有效工作的范围;采用连续基站,用户随时可以观测,使用方便,提高了工作效率;用户不需架设参考站,真正实现单机作业;使用固定可靠的数据链通信方式;提供远程 INTERNET 服务,实现了数据的共享;扩大了 GPS 在动态领域的应用范围,为建设数字化城市提供了新的契机。自 1998 年深圳市建立我国第一个连续运行参考站系统(SZ-CORS)以来,CORS 的应用得到迅速发展。截至 2015 年 5 月,全国各省和直辖市都已经建成 CORS。连续运行参考站系统代表了未来 GPS 发展的方向。目前,应用于 GPS 网络 RTK 数据处理的方法有:虚拟参考站法(Virtual Reference Station——VRS)、区域改正数法(FKP)和主辅站技术(MAX),其各自的数学模型和定位方法有一定的差异,但是基准站架设和改正模型的建立方面的基本原理是相同的。

3.2.3.1 虚拟参考站(VRS)技术

如图 3-10 所示,虚拟参考站法的实施将使一个地区的测绘工作成为一个有机的整体,同时它使 GPS 技术的应用更为广泛,精度和可靠性得到进一步的提高,成本反而降低了很多。所有参考站与控制中心相连接,控制中心的计算机运行 GPS - Network 的软件,它也是整个概念的神经中枢。GPS - Network 连接网络中所有的接收机,它将执行以下重要任务:导入原始数据并进行质量检查;存储和压缩 RINEX 数据;改正天线相位中心(IGS 模式);系统误差的模型化及估算;产生数据,为流动站接收机创建虚拟基站位置;产生流动站在位置上的 RTK 改正数据流;发送 RTK 改正数据到野外的流动站。

RTK 数据将以 RTCM 或 Trimble CMR 格式传播。GPS - Network 将使用这些参数重新计算所有 GPS 数据、内插到与流动站相匹配的位置,流动站可以位于网络中任何地点。这样,RTK 的系统误差就被相应的消除掉。可以看出,VRS 系统实际上是一种多基站技术。它在处理上利用了多个参考站的联合数据。

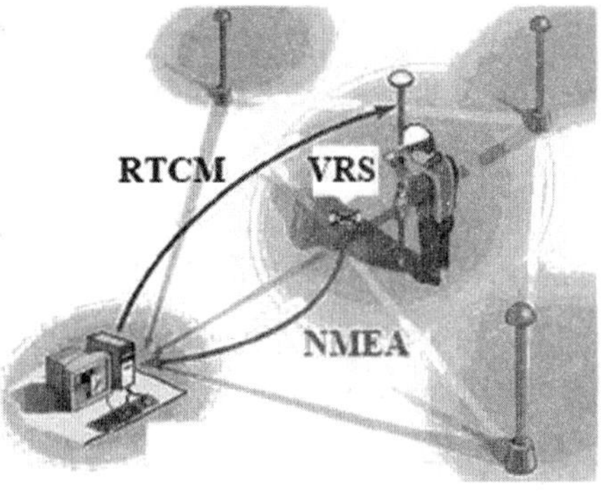

图 3-10 虚拟参考站

与传统的 RTK 相比,VRS 系统的优势有以下几点:

(1)VRS 系统的覆盖范围大:VRS 网络可以有多个站,但最少需要 3 个。若按边长 70

km 计算,一个三角形可覆盖面积大约为 2 200 km^2。

(2)相对传统 RTK,提高了精度:传统的 RTK 随着测量距离的增加,误差会随之增大,而在 VRS 系统的网络控制范围内,精度始终可以保持在 1 ~2 cm。

(3)可靠性也随之提高:采用了多个参考站的联合数据,大大提高可靠性。

(4)更广的应用范围:可适用于城市规划、市政建设、交通管理、机械控制、气象、环保、农业以及所有在室外进行的勘测工作。

VRS 技术的出现,标志着高精度 GPS 的发展进入了一个新的阶段。这种网络 RTK 技术应用了最先进的多基站 RTK 算法,是 GPS 技术的突破。它将使 GPS 的应用领域极大的扩展,代表着 GPS 发展的方向。

3.2.3.2 区域改正数法(FKP)技术

FKP 法要求所有参考站将每一个观测瞬间所采集的未经差分处理的同步观测值实时地传输给中心控制站,通过中心参考站的实时处理,产生一个称为 FKP 的空间误差改正参数,然后将这种 FKP 参数通过扩展的 RTCM 信息,发送给所有服务区内的流动站。系统传输的 FKP 参数能够比较理想地支持流动站的应用软件,但是流动站系统必须知道有关的数学模型,才能利用 FKP 参数生成相应的改正数。

3.2.3.3 主辅站技术(MAX)

主辅站技术是基于最新多基站、多系统、多频(L_1、L_2、L_5)和多信号非差处理算法,其基本概念是将所有相关的代表整周未知数水平的观测数据作为网络的改正数播发给流动站,它本质上是区域改正数法(FKP)的一种优化,选择距离流动站最近的一些有效参考站作为单元进行网解,发送主站差分改正数和辅站与主站改正数的差值给流动站,对流动站进行加权改正,最后得到精确坐标。其数据传输过程如图 3-11 所示。

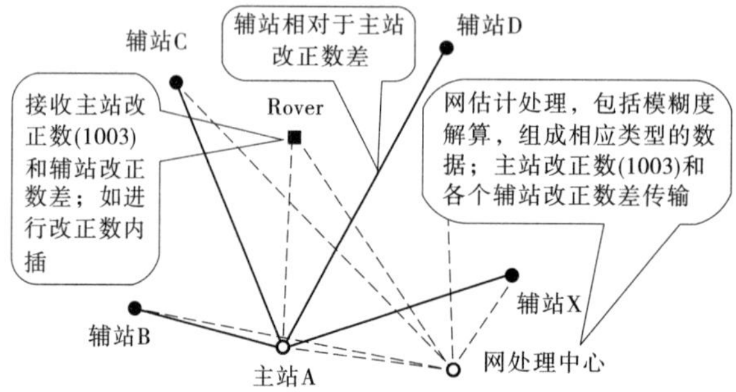

图 3-11 主辅站技术

在图 3-11 中,5 个基准站(A,B,C,D,X)组成一个网络单元,其中 A 为主站,其他为辅站,一个数据处理中心和一个流动站。整个处理过程为:数据处理中心首先进行基准网的数据处理,如模糊度解算,辅站相对于主站改正数差的计算,然后把主站改正数和辅站与主站改正数差发送给流动站。主辅站技术可以使用单向数据通信和双向数据通信两种方式。单向数据通信方式下的主辅站技术 LEICA(徕卡)称为 MAX 技术,双向数据通信方式下的主辅站技术称为 i – MAX 技术。MAX 技术中同一个网络单元中发播同一组数据。i – MAX 技术与 VRS 技术一样,流动站必须播发自己的概略位置给数据处理中心,数据处理中心根据其位置计算出流动站的改正数,再以标准差分协议格式发播给流动站,流动站可以是各种支持标准差分协议格式的接收机。目前,江苏省 CORS 系统使用的是主辅站技术。

3.2.3.4 CORS 在各种测绘工程中的应用

当前全国各地众多测绘任务中,测区控制点的收集相对比较麻烦,有了 CORS,无需再联测已知控制点,只要申请相关时段的 CORS 数据即可。所以,基于 CORS 的 GNSS 工程控制网所取得的成果可满足规范的要求。同时,CORS 的优势和重要性还体现在以下几个方面:

(1)可以大大提高测绘精度、速度与效率,降低测绘劳动强度和成本,省去测量标志保护与修复的费用,节省各项测绘工程实施过程中约 30% 的控制测量费用。连续运行参考站系统能够全年 365 天,每天 24 小时连续不间断地运行,全面取代常规大地测量控制网。用户只需一台 GNSS 接收机即可进行毫米级、厘米级、分米级、米级的实时、准实时的快速定位或事后定位。全天候地支持各种类型的 GNSS 测量、定位、变形监测和放样作业。

(2)可以对工程建设进行实时、有效、长期的变形监测。CORS 系统将为城市诸多领域,如气象、车船导航定位、物体跟综、公安消防、测绘、建筑、GIS 应用等提供精度达厘米级的动态实时 GPS 定位服务,将极大地加快该城市基础地理信息的建设。

(3)CORS 将是城市信息化的重要组成部分,并由此建立起城市空间基础设施的三维、动态、地心坐标参考框架,从而从实时的空间位置信息面上实现城市真正的数字化,能使更多的部门和更多的人使用 GPS 高精度服务,其必将在城市经济建设中发挥重要作用。

3.2.3.5 如何申请使用 CORS 系统

(1)程序。行政相对人申请→××省测绘局行政服务中心受理→局成果处审核→主管局长批准→局 CORS 管理中心按有关规定提供使用。

(2)条件。①填写《××省首次申请使用基础测绘成果注册登记表》,同时提供单位注册登记证书、测绘资质证书副本、组织机构代码证原件和复印件及法人代表身份证复印件;②持《××省测绘成果资料使用证明函》,到所在省辖市国土资源局(测绘局)或本系统测绘成果归口管理单位办理;③填写《××省卫星定位连续运行参考系统数据使用申请审批表》;④经办人的有效身份证件及复印件;⑤相关证明材料,即能够证明确需使用该区域 CORS 数据的有关材料。

学习指导

本章介绍 GPS 测量原理,内容包括 GPS 定位方法分类、GPS 观测量、动态绝对定位、静态绝对定位、动态相对定位、静态相对定位以及差分定位。教学目的是使学生掌握 GPS 定位的基本原理,为学习 GPS 测量误差、GPS 接收机选购与检验、GPS 网的设计、GPS 选点、观测和数据处理打下理论基础。

本章内容的特点是概念多、理论多、公式多,不涉及技能训练。学习时重点掌握 GPS 定位的基本原理、GPS 定位方法分类、GPS 观测量、绝对定位、精度衰减因子、整周未知数、整周跳等基本概念，测码伪距动态绝对定位和测相伪距动态绝对定位、静态绝对定位、相对定位、RTK、网络RTK等基本原理。对于教材中的公式推导过程不要求掌握，但对公式推导的结论应当理解并熟练掌握。如观测方程和定位精度评价公式，应能结合误差传播定律从中看出影响定位精度的各种因素，并能通过以后章节学习，掌握相应的测量方法和减弱各种误差影响以提高测量精度的措施。

习题3

3-1 用文字配合公式和图形说明GPS定位的基本原理。

3-2 GPS定位方法有哪些？各种方法适合于何种测量工作？

3-3 什么叫几何距离？什么叫伪距？什么叫码相位观测和载波相位观测？什么叫测码伪距和测相伪距？码相位观测和载波相位观测的精度如何？

3-4 简述码相位观测和载波相位观测的基本原理。

3-5 试解释测码伪距观测方程和测相伪距观测方程中各符号的意义，结合误差传播定律说明影响定位精度的因素有哪些。

3-6 什么叫绝对定位？绝对定位方法分哪几种？各种绝对定位方法的精度如何？

3-7 简述测码伪距动态绝对定位的基本原理。

3-8 什么叫精度衰减因子？各种精度衰减因子的表达式如何？

3-9 什么叫整周未知数？什么叫整周跳？为避免整周跳，在选点和观测时应注意些什么？

3-10 什么叫相对定位？什么叫单差、双差、三差？它们能消除或减弱哪些误差？为什么双差模型应用最广泛？

3-11 什么叫差分定位？差分定位的方法分哪几种？各种方法的精度如何？

3-12 CORS的优势和重要性体现在哪几个方面？

第四章　GPS 测量的误差影响及其对策

在进行 GPS 测量时，观测量中存在着系统误差和偶然误差。其中，系统误差影响尤其显著。本章将在讲述了 GPS 测量基本原理的基础上，对 GPS 测量的误差进行系统分析，并介绍消除和减弱各项误差影响的方法和措施。以便更好地发挥 GPS 技术优势，为 GPS 测量生产实践提供理论基础和技术指导。

第一节　GPS 测量误差的来源及分类

1　GPS 测量误差的来源

GPS 测量是接收卫星播发的信息来确定点三维坐标。影响测量结果的误差来源于 GPS 卫星、卫星信号传播过程和地面接收设备。在高精度的 GPS 测量中，还应考虑与地球整体运动有关的地球潮汐、相对论效应等，如图 4-1 所示。在研究误差对 GPS 测量的影响时，往往将误差换算为卫星至观测站的距离，以相应的距离误差表示，称为等效距离误差。GPS 测量误差来源及各项等效距离误差影响范围列于表 4-1。

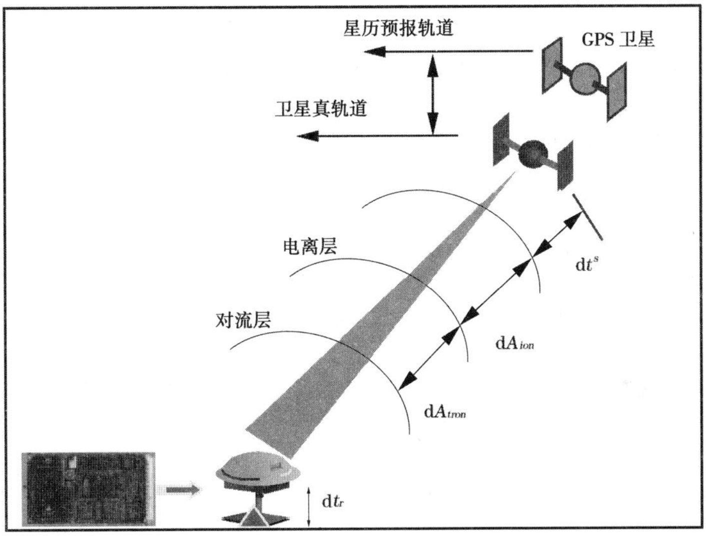

图 4-1　GPS 测量误差主要影响因素

2　GPS 测量误差的分类

我们在利用 GPS 进行定位时，会受到来自上述误差来源的各种各样因素的影响。影响 GPS 定位精度的误差按误差来源可分为表 4-2 所示的 6 大类。

表 4-1　GPS 测量误差来源及对距离测量的影响

误差来源	对距离测量影响(m)
与卫星有关的误差	1.5～15
与信号传播有关的误差	1.5～15
与接收机有关的误差	1.5～5
其他有关的误差	1.0

表 4-2　GPS 测量误差按来源分类

误差源分类	误差影响 1	误差影响 2	误差影响 3
与卫星有关的误差	卫星星历误差	卫星时钟误差	地球自转影响、相对论效应
与信号传播有关的误差	电离层折射误差	对流层大气折射误差	多路径传播误差
与接收机有关的误差	接收机钟误差	观测误差	天线相位中心的位置误差
与基准站有关的误差	基准站已知坐标误差	基准站载波修改值误差	基准站载波相位误差
与无线数据链有关的误差	差分信号调制解调误差	外界环境干扰影响	
与流动站及其观测作业有关的误差	RTK 天线姿态误差	坐标系统转换误差	大地水准面差距内插误差

表 4-2 所述误差源,后三项为动态相对定位特有的误差源。

按误差性质可分为系统误差与偶然误差两类。偶然误差主要包括信号的多路径效应、天线姿态误差等,系统误差主要包括卫星的星历误差、卫星钟差、接收机钟差以及大气折射的误差等。其中系统误差无论从误差的大小还是对定位结果的危害性讲都比偶然误差要大得多,它是 GPS 测量的主要误差源。同时,系统误差有一定的规律可循,可采取一定的措施加以消除。如建立误差改正模型对观测值进行改正,或选择良好的观测条件,采用恰当的观测方法等。

下面分别讨论 GPS 测量中卫星本身、信号传播及信号接收等误差以及与动态定位有关的误差对定位的影响及其对策。

第二节　与 GPS 卫星有关的误差

1　卫星星历误差

GPS 卫星星历误差是指卫星星历所提供的卫星空间位置与实际位置的偏差。由于卫星的空间位置是由地面监测系统根据卫星测轨结果计算而得,因此也称卫星轨道误差。卫星星历是 GPS 卫星定位中的重要数据, 卫星星历误差将严重影响单点定位的精度,也是精密相对定位中的主要误差来源之一。

1.1　星历误差的来源

GPS 卫星星历的数据有广播星历(预报星历)和精密星历(实测星历)两种。在进行

GPS 定位时，计算在某时刻 GPS 卫星位置所需的卫星轨道参数都是通过这两类星历提供的，但不论采用哪种类型的星历，所计算出的卫星位置都会与其真实位置有所差异，这就是所谓的星历误差。以下分别介绍广播星历的误差和精密星历的误差来源。

1.1.1 广播星历的误差

广播星历是卫星导航电文中所携带的卫星空间位置信息。它是根据美国 GPS 控制中心跟踪站的观测数据进行外推预算，由地面注入站发送给 GPS 卫星，再通过 GPS 卫星向地面发播的一种预报星历。由于卫星在运行中受到多种摄动力的影响，目前单靠地面监测站尚不能精确可靠地测定作用在卫星上的各种摄动力因素的大小及变化规律，所以预报数据中存在着较大的误差。

1.1.2 精密星历的误差

精密星历是根据实测资料进行拟合处理而直接得出的星历。它需要在一些已知精确位置的参考站点上跟踪卫星来计算观测瞬间的卫星真实位置，从而获得精确可靠的精密卫星轨道参数。由于精密卫星星历是由跟踪实测 GPS 卫星求定的，所以精密星历误差来源于不可避免的实测误差。这种星历需要在观测后 1 ~2 个星期才可以向美国国家大地测量局（NGS）购买到，这对导航和动态定位无任何意义，但是在静态精密定位中具有重要作用。

1.2 星历误差的特征及影响

在一个观测时间段内，卫星星历误差属于系统性误差，广播星历的误差对相对定位影响为 1×10^{-6}。即对于长度为 10 km 的基线会产生 10 mm 的误差，对于 1 000 km 的基线，将产生 1 m 的误差。从中可以看到，对于长基线，广播星历误差将是影响定位精度的重要原因。当前采用全球均匀分布的跟踪网进行测轨和预报，从卫星电文中解译出来的星历参数共 17 个，每小时更换一次。由这 17 个星历参数确定的卫星位置精度为 5 ~10 m。目前采用 NGS 提供的精密星历，其相对定位精度可达 $(1\sim0.4)\times10^{-7}$。这样可满足建立国家控制网、地壳运动监测及高精度的测量工程要求。

1.2.1 星历误差对单点定位的影响

在 GPS 单点定位中，卫星被作为空间的已知点，卫星星历被作为已知的起算数据。这样，星历误差必将以某种方式传递给测站坐标，从而产生定位误差。在 GPS 绝对定位中，广播星历误差对测站坐标的影响可达几十米。

1.2.2 星历误差对相对定位的影响

在 GPS 相对定位中，卫星星历误差对两个相邻测站的影响具有极强的相关性，所以，可以利用两个相邻测站上星历误差的相关性，采用相位观测量求差的方法来削弱或消除星历误差的影响，从而获得高精度的相对坐标。因此，星历误差对相对定位的影响远小于对单点定位的影响。星历误差对相对定位的影响通常采用下式来进行估计：

$$\frac{1}{10}\frac{d\rho}{\rho}<\frac{dD}{D}<\frac{1}{4}\frac{d\rho}{\rho} \tag{4-1}$$

式中 ρ——卫星到观测站的几何距离；

$d\rho$——卫星的星历误差；

D——基线向量长度；

dD——由于卫星星历误差引起的基线误差。

在广播星历误差达 100 m 时，若取卫星运行高度为 20 000 km，则基线向量相对误差 dD/D 在$(1.3\sim0.1)\times10^{-6}$之间。这一精度可满足绝大部分测量工程需求。但随着基线距离增加，卫星星历误差引起的基线误差将不断增大。因此，对于长距离、高精度的 GPS 测量，需要采用精密星历。

1.3 削弱星历误差的对策

1.3.1 建立卫星跟踪网独立测轨

GPS 卫星是高轨卫星，区域性的跟踪网也能获得很高的定位精度。所以许多国家和组织都在建立自己的 GPS 卫星跟踪网开展独立的定位工作。建立用户自己的 GPS 卫星跟踪网，进行独立测轨，这不仅可以使我国的用户在非常时期不受美国政府有意降低卫星星历精度的影响，而且可向实时动态定位用户提供无人为干扰的预报星历，向静态定位用户提供高精度的后处理星历。

为了提高 GPS 定位精度，我国 GPS 测量专家在 1988 年就提出以国内已有的 VLBI/SLR 站为基准建立卫星测轨网的基本方案。目前，已在上海、武汉、长春、乌鲁木齐和昆明建立了我国的 GPS 跟踪网。通过跟踪监测 GPS 卫星信号解算精密星历。为满足 1 000 km基线相对定位精度 1×10^{-8}的要求，精密星历的精度要求能达到 0.25 m。

1.3.2 采用轨道改进法

这种方法的基本思想是在平差模型中将星历中给出的卫星轨道参数作为未知参数纳入平差模型，通过平差同时求得测站位置及轨道偏差改正数。常采用的轨道改进法有半短弧法和短弧法。

(1)半短弧法。它是将摄动力影响较大的轨道切向、径向及法向三个改正数作为未知参数，同测站坐标一并求解。该方法计算工作量较小，可明显削弱轨道误差的影响。根据有关资料介绍，经该法改正后的轨道误差在 10 m 以内。

(2)短弧法。它是将 6 个轨道参数作为未知参数，在数据处理中同测站坐标及其他未知参数一并解出。这种方法有效地削弱了轨道误差的影响，明显地提高了定位精度，但其计算工作量较大。

轨道改进法也有一定的局限性，因此它不宜作为 GPS 定位中的一种基本方法而只能作为在无法获得精密星历情况下的补救措施。

1.3.3 同步求差法

此方法是根据星历误差对距离不太远(20 km 以内)的两个测站的影响基本相同的特点，在两个或多个测站上同步观测同一颗卫星所得的观测量求差，以减弱星历误差的影响。由于同一卫星的位置误差对不同观测站同步观测量的影响具有系统性，因此可通过上述求差的方法，将两站的共同误差消除，其残余误差可由公式(4-1)来计算。若取 $D=5$ km，$\rho=20\ 000$ km，$d\rho=50$ m，则有 $1.3\ \text{mm}<dD<3\ \text{mm}$。由此可见，采用同步求差法可有效减弱星历误差的影响。

2 卫星钟误差

卫星钟误差是 GPS 卫星上所安装的原子钟的钟面时间与 GPS 标准时间之间的误差。

由于卫星的位置是随时间变化的，所以 GPS 测量是以精密测时为基础的。当测定了卫星信号由卫星传播到观测站的时间，即可得到站、星间的距离。由此可见，GPS 测量精度与时钟误差有着密切的关系。

2.1 卫星钟误差的来源

在 GPS 卫星上配备有高精度的原子钟（铯钟和铷钟），在 GPS 测量中，无论是码相位观测或载波相位观测，均要求卫星钟和接收机钟保持与 GPS 时间系统严格同步。尽管 GPS 卫星均设有高精度的原子钟，但与理想的 GPS 时之间仍存在着偏差或漂移。

2.2 卫星钟误差的特征及影响

在一个观测时间段内，卫星钟误差属于系统性误差，在 GPS 卫星上配备的高精度原子钟（铯钟和铷钟），其稳定度为 10^{-13}；12 h 的运行误差为 4.3 m，相当距离误差 ±1.3 m。

卫星钟的钟差包括钟差、频偏、频漂等产生的误差，也包含钟的随机误差。这些偏差的总量在 1 ms 以内，由此引起的等效距离误差约达 300 km，显然无法满足定位精度的要求。

2.3 削弱卫星钟误差的对策

2.3.1 采用钟差改正法

GPS 定位系统通过地面监控站对卫星的监测，测试卫星钟的偏差。用二项式模拟卫星钟的变化，即

$$\delta t = a_0 + a_1(t - t_{oe}) + a_2(t - t_{oe})^2 \tag{4-2}$$

式中 t_{oe}——卫星钟修正的参考历元；

a_0、a_1、a_2——卫星钟的钟差、钟速、钟速变化率。

这些参数可以从卫星导航电文中得到。因此，卫星钟的偏差可用二阶多项式的形式加以表示。

应用二项式模拟卫星钟的误差只能保证卫星钟与标准 GPS 时间同步在 20 ns 之内。由此引起的等效偏差不会超过 6 m。

2.3.2 采用差分技术

要想进一步削弱用二阶多项式改正后剩余的卫星钟残差，可以通过对观测量的差分技术来进行处理，则在接收机间求一次差分方法来进一步消除。若动态相对定位采用载波相位差分法将基准站的载波相位发送给流动站，通过对观测值在接收机间求差解算基线向量，进行求差解算坐标，可以消除卫星钟差的影响。因而，在基准站和流动站两测站同步观测的相对定位求出的坐标差中大大消除了卫星时钟误差的影响。

3 地球自转的影响

3.1 地球自转影响的产生

GPS 定位采用的坐标是协议地球坐标系，若某一时刻该卫星从该瞬时空间位置向地面发射信号，当地面接收机接收到卫星信息时，与地球固连的协议坐标系相对卫星发射瞬间的位置已产生了旋转（绕 z 轴旋转）。这样，接收到的信号会有时间延迟，这个延迟与地球自转速度有关，故称为地球自转的影响。

3.2 地球自转的影响特征

若地球自转速度为 ω，δt 时间内旋转角度为 $\Delta\alpha$，则

$$\Delta\alpha = \omega\delta t \tag{4-3}$$

由此而引起的卫星坐标变化为：

$$\begin{bmatrix} \Delta x_s \\ \Delta y_s \\ \Delta z_s \end{bmatrix} = \begin{bmatrix} 0 & -\sin\Delta\alpha & 0 \\ -\sin\Delta\alpha & 0 & 0 \\ 0 & 0 & 0 \end{bmatrix} \begin{bmatrix} x_s \\ y_s \\ z_s \end{bmatrix} \tag{4-4}$$

式中 x_s、y_s、z_s——卫星瞬时坐标。

由于卫星信号传播速度很快，所以 $\Delta\alpha$ 很小，只有 1.5″，因此式(4-3)可只取一阶项，即为

$$\begin{bmatrix} \Delta x_s \\ \Delta y_s \\ \Delta z_s \end{bmatrix} = \begin{bmatrix} 0 & \Delta\alpha & 0 \\ -\Delta\alpha & 0 & 0 \\ 0 & 0 & 0 \end{bmatrix} \begin{bmatrix} x_s \\ y_s \\ z_s \end{bmatrix}$$

这项改正只在高精度定位中才考虑。

4 相对论效应影响

在高精度的 GPS 测量中，还应考虑相对运动所带来的时间误差。相对论效应是由于卫星钟和接收机钟所处的状态(运动速度和引力位)差异而引起卫星钟和接收机钟之间产生相对钟误差的现象。

4.1 相对论效应影响的产生

根据狭义相对论，一个频率为 f 的振荡器安装在飞行的载体上，由于载体的运动，对于地面的观测者将产生频率偏移，所以地面上频率为 f_0 的时钟安设在以速度为 v_s 的运动卫星上，钟频将发生变化，见下式：

$$\Delta f_s = -\frac{v_s^2}{2c^2} \cdot f_0 \tag{4-5}$$

式中 c——光速。

4.2 相对论效应的特征及影响

相对论效应主要取决于卫星的运动速度和重力位，并且是以卫星钟的误差这一形式表现的。从式(4-5)中可见，在狭义相对论影响下，时钟安装在卫星上会变慢。卫星运行速度可用式(4-6)计算。

$$v_s^2 = g a_m \frac{a_m}{R_s} \tag{4-6}$$

所以

$$\Delta f_1 = -\frac{g a_m}{2c^2}\left(\frac{a_m}{R_s}\right) f_0 \tag{4-7}$$

式中 g——地面重力加速度；

a_m——地球平均半径；

R_s——卫星轨道平均半径。

另外,根据广义相对论,处于不同等位面的振荡器,其频率 f_0 将由于引力位不同而产生变化,这种现象称为引力频移,见下式。

$$\Delta f_2 = \frac{\Delta\omega}{c^2} f_0 \tag{4-8}$$

式中 $\Delta\omega$——不同等位面的位差。

$$\Delta\omega = g a_m \left(1 - \frac{a_m}{R_s}\right) \tag{4-9}$$

此时,卫星钟引力频移由式(4-10)求得。

$$\Delta f_2 = \frac{g a_m}{c^2}\left(1 - \frac{a_m}{R_s}\right) f_0 \tag{4-10}$$

在广义相对论和狭义相对论的综合影响下,卫星钟频率变化由式(4-11)求得。

$$\Delta f = \Delta f_1 + \Delta f_2 = \frac{g a_m}{c^2}\left(1 - \frac{3a_m}{2R_s}\right) f_0 \tag{4-11}$$

卫星钟标准频率为:$f_0 = 10.23$ MHz;$\Delta f = 0.005$ Hz。这说明卫星钟比地面钟快,每秒差 0.5 ns,

但是,由于地球运动、卫星轨道高度变化及地球重力场变化, Δf 不是常数,其残差对卫星钟差的影响为:

$$\delta t = -4.443 \times 10^{-10} e_s \sqrt{a_s} \sin E_s \tag{4-12}$$

式中 e_s——轨道偏心率;

a_s——轨道长半轴;

E_s——轨道偏近点角。

对卫星钟速度影响为:

$$\delta t = -4.443 \times 10^{-10} e_s \sqrt{a_s} \frac{n \cos E_s}{1 - e_s \cos E_s} \tag{4-13}$$

相对论残差影响 GPS 时间最大可达 70 ns,对卫星钟速影响可达 0.01 ns/s,这一项在高精度定位中是应考虑的。

4.3 削弱相对论效应的对策

依据相对论效应,在卫星钟标准频率 $f_0 = 10.23$ MHz 下,卫星钟比地面钟快 0.5 ns 这一系统性误差特征,使一台钟放到卫星上去后频率比在地面时增加 $4.449 \times 10^{-10} f$。所以解决相对论效应的最初方法就是在制造卫星钟时预先把频率降为 $4.449 \times 10^{-10} f$。卫星钟的标准频率为 10.23 MHz,所以厂家在生产时应把频率降为 10.23 MHz $\times (1 - 4.449 \times 10^{-10}) = 10.229\,999\,995\,45$ MHz。这样,当这些卫星钟进入轨道受到相对论效应的影响后,频率正好变为标准频率 10.23 MHz。

应当说明,上述讨论的是卫星在 $R_s = 26\,500$ km 的圆形轨道下做匀速运动的情况。事实上,卫星轨道是一椭圆,卫星运行速度也随时间发生变化,相对论效应影响并非常数,所以经上述改正后仍存在着残差,它对 GPS 时的影响最大可达 70 m,对精密定位仍不可完全忽略。

第三节　与卫星信号传播有关的误差

与卫星信号传播有关的误差包括信号穿越大气电离层和对流层时所产生的误差以及信号反射产生的多路径效应误差。

1　电离层折射误差

由于地球周围的电离层对电磁波的折射效应，使得 GPS 信号的传播速度发生变化，从而导致卫星至接收机间的几何距离偏差。这种偏差叫电离层折射误差。

1.1　电离层折射误差的产生

所谓电离层，指地球上空距地面高度在 50 ~ 1 000 km 之间的大气层。电离层中的气体分子由于受到太阳等天体各种射线辐射的影响，产生强烈的电离，形成大量的自由电子和正离子。当 GPS 信号通过电离层时，如同其他电磁波一样，信号的路径会发生弯曲，传播速度也会发生变化，这种变化称为电离层延迟。所以用信号的传播时间乘上真空中光速而得到的距离就会不等于卫星至接收机间的几何距离。从而产生电离层折射误差。

1.2　电离层折射的特征及影响

电磁波所受电离层折射的影响与电磁波的频率以及电磁波传播途径上电子总含量有关。在电磁波传播中，会产生延迟单一频率的电磁波的相位，传播速度为相速度 v_p，多种频率叠加为群波，其传播速度为群速度 v_g，根据电磁场理论，群速度与相速度分别满足式(4-14)和式(4-15)。

$$v_g = v_p - \lambda \frac{\partial v_p}{\partial \lambda} \tag{4-14}$$

$$n_g = n_p + f \frac{\partial n_p}{\partial f} \tag{4-15}$$

式中　λ——电磁波通过大气层的波长；

n_g——群折射率；

n_p——相折射率。

GPS 载波为单一频率，其传播速度为相速度；伪随机码是多种波的叠加，其传播速度为群速度。

大气物理学给出了在电离层中的折射公式(4-16)。

$$n = \sqrt{1 - \frac{N_e e_1^2}{4\pi^2 f^2 \varepsilon_0 m_e}} \tag{4-16}$$

式中　N_e——电子密度单位，电子数/m^3；

ε_0——真空中介电常数，$\varepsilon_0 = 8.851\ 88 \times 10^{-12}$ F/m；

m_e——电子质量，$m_e = 9.109\ 389\ 7 \times 10^{-31}$ kg；

e_1——电荷量，$e_1 = 1.602\ 177\ 33 \times 10^{-19}$ C。

式(4-16)计算只取一次项时，为：

$$n_p = 1 - 40.28\left(\frac{N_e}{f^2}\right) \tag{4-17}$$

从式(4-17)可见,电离层折射率与大气中电子密度成正比,与电磁波频率成反比。式(4-17)即为相折射率。

$$\frac{\mathrm{d}n_p}{\mathrm{d}f} = 80.56\left(\frac{N_e}{f^3}\right) \tag{4-18}$$

将式(4-18)代入式(4-15),则群折射率为

$$n_g = 1 + 40.28\left(\frac{N_e}{f^2}\right) \tag{4-19}$$

从式(4-17)和式(4-19)可见,在电离层中,相折射率与群折射率是不同的。

电磁波经过电离层时由于折射率的变化将引起传播路径的延迟 δ_I。

$$\delta_I = \int (n-1)\,\mathrm{d}s = \frac{-40.28}{f^2}\int N\mathrm{d}s \tag{4-20}$$

令

$$N_\Sigma = \int N\mathrm{d}s$$

式中 N_Σ——电磁波传播路径上的电子总量。

则

$$\delta_I = -40.28\left(\frac{N_\Sigma}{f^2}\right) \tag{4-21}$$

其相位延迟为 δ_φ,可由式(4-22)求出。

$$\delta_\varphi = \frac{\delta_I f}{c} = -1.3436\times 10^{-7}\left(\frac{N_\Sigma}{f}\right) \tag{4-22}$$

时间延迟为:

$$\delta_t = \frac{\delta_I}{f} = -1.3436\times 10^{-7}\left(\frac{N_\Sigma}{f^2}\right) \tag{4-23}$$

相应的群折射率引起的传播距离延迟(δ_{Ig})及相位($\delta_{I\varphi}$)和时间延迟(δ_{tg})由式(4-24)求出。

$$\left.\begin{aligned} \delta_{Ig} &= 40.28\left(\frac{N_\Sigma}{f^2}\right) \\ \delta_{I\varphi} &= 1.3436\times 10^{-7}\left(\frac{N_\Sigma}{f}\right) \\ \delta_{tg} &= 1.3436\times 10^{-7}\left(\frac{N_\Sigma}{f^2}\right) \end{aligned}\right\} \tag{4-24}$$

很显然,电磁波在电离层中产生的各种延迟都与电磁波传播路径上的电子总量 N_Σ 有关。电离层中的电子密度是变化的,它将与太阳黑子活动状况、地球上地理位置的不同(见图4-2)、季节变化和时间有关。据有关资料分析,电离层电子密度白天约为夜间的5倍(见图4-3);一年中,冬季为夏季的4倍;太阳黑子活动最激烈时可为最小时的10倍。另外,电磁波传播延迟还与电磁波传播到GPS天线的方位有关。当电磁波传播方向偏离天线顶时,电子总量会明显增加,倾角为 h 的方向上电子总数用式(4-25)计算:

$$\Omega = \frac{N_{\Sigma}}{\sinh} \tag{4-25}$$

天顶方向延迟可达 50 m;水平方向可达 150 m。水平方向比天顶方向延迟最大可差 3 倍。

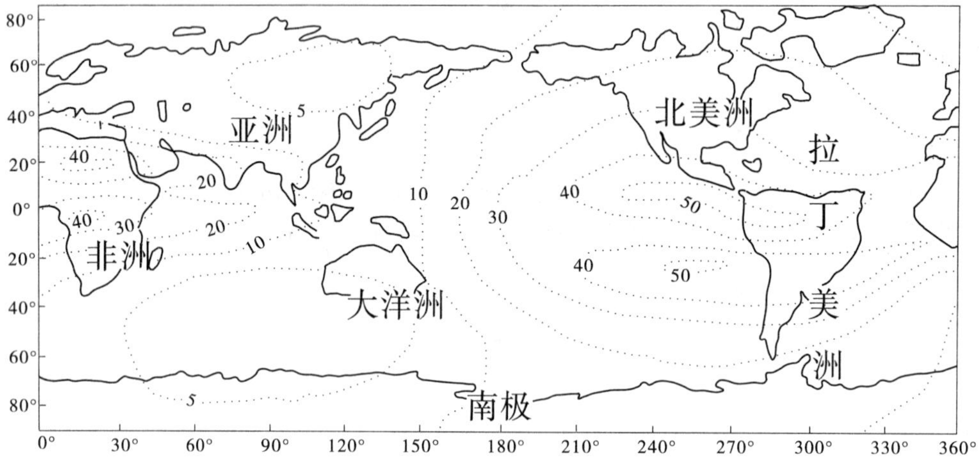

图 4-2 电子密度影响与地理位置的关系

注:图中等值线表示太阳活动高峰年的天顶方向上月平均时延值(ns)。

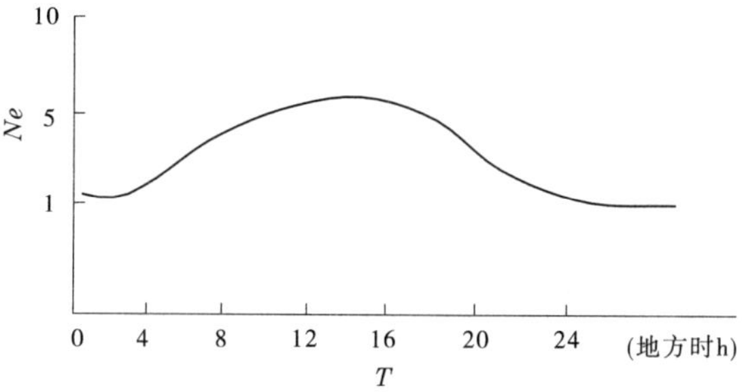

图 4-3 电子密度影响与时间的关系

1.3 削弱电离层折射影响的对策

对于电离层折射的影响,可以通过以下解决途径削弱。

1.3.1 利用电离层模型加以改正

在导航电文中提供电离层改正模型,该模型一般用于单频接收机,用目前所提供的模型可将电离层延迟影响减少 75% 。

这种模型是把白天的电离层延迟看成是余弦波中正的部分,而把晚上的电离层延迟看成是一个常数,如图 4-4 所示,其中晚间的电离层延迟量(DC)及余弦波的相位项(T_P)均按常数来处理。而余弦波的振幅 A 和周期 P 则分别用一个三阶多项式来表示,即任一时刻 t 的电离层延迟 T_g:

$$T_g = DC + A\cos\frac{2\pi}{P}(t - T_P) \tag{4-26}$$

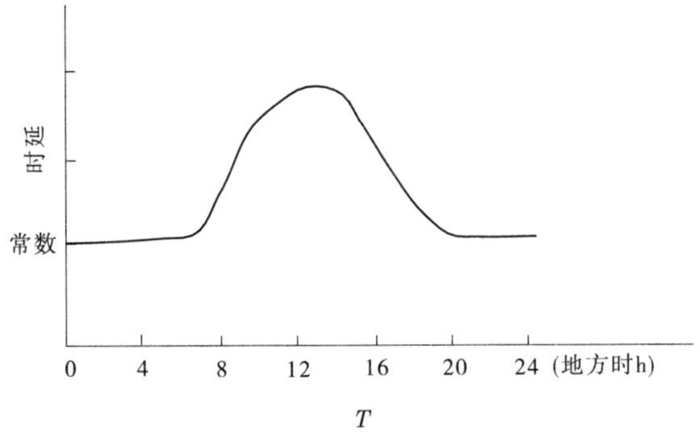

图 4-4　电离层延迟与时间的关系

式中　$DC=5$ ns；

$T_P=14$ h(地方时)。

若令 $x=\frac{2\pi}{P}(t-t_P)$，将 $\cos x=1-\frac{x^2}{2}+\frac{x^4}{24}$代入式(4-26)，最后可得实用公式：

$$T_g=\begin{cases} DC & |x|\geqslant\frac{\pi}{2} \\ DC+A(1-\frac{x^2}{2}+\frac{x^4}{24}) & |x|<\frac{\pi}{2} \end{cases} \tag{4-27}$$

而
$$A=\sum_{n=0}^{3}\alpha_n\varphi_m \quad P=\sum_{n=0}^{3}\beta_n\varphi$$

式中，α_n 和 β_n 是主控站根据一年中的第 n 天(共有 37 组反映季节变化的常数)和前 5 天太阳的平均辐射流量(共有 10 组数)总计 370 组常数中进行选择的。α_n 和 β_n 被编入导航电文向单频用户传播。

其他量：

$$\left.\begin{aligned} t&=UT+\frac{\lambda'_P}{15} \\ \varphi_m&=\varphi'_P+11.6\cos(\lambda'_P-291^\circ) \end{aligned}\right\} \tag{4-28}$$

式中　UT——观测时刻的世界时；

φ'_P、λ'_P——P'的地心经纬度。

利用式(4-27)求得的 T_g 是信号从天顶方向来时的电离层延迟。当卫星的天顶距不等于零时，电离层延迟 $T_{g'}$ 显然应为天顶方向的电离层 T_g 的 $1/\cos Z$，即

$$T_{g'}=(\frac{1}{\cos Z})\cdot T_g=\left[1+2\left(\frac{96-E}{90}\right)^3\right]\cdot T_g \tag{4-29}$$

式中　E——卫星的高度角。

上述公式在推导过程中均作了近似处理，使计算较为简便。估算结果表明，上述近似不会损失结果的精度。但由于影响电离层折射的因素很多，机制又较复杂，所以无法建立严格的数学模型。从系数 α_i 和 β_i 的选取方法知，上面介绍的电离层改正模型基本上是一种经验估算公式。加之全球统一采用一组系数，因而这种模型只能大体上反映全球的平均状况，与各地的实际情况必然会有一定的差异。实测资料表明，采用上述改正模型大

体上可消除电离层折射的75%左右。

目前,为进行高精度卫星导航和定位,普遍采用双频技术,可有效地减弱电离层折射的影响,但在电子含量很大、卫星的高度角又较小时求得的电离层延迟改正中的误差有可能达几厘米。为了满足更高精度GPS测量的需要,Fritzk、Brunner等提出了电离层延迟改正模型。该模型考虑了折射率 n 中的高阶项影响以及地磁场的影响,并且是沿着信号传播路径来进行积分。计算结果表明,无论在何种情况下,精密的改进电离层延迟改正模型的精度均优于2 mm。

1.3.2 利用双频观测减少电离层延迟

由于电离层的电子密度分布受到多种因素的影响,单频接收机用户无法通过电离层模型完全消除电离层传播误差。但是,对于双频接收机用户,则可利用双频观测量色散效应有效地削弱电离层传播误差。即电磁波通过电离层所产生的折射改正数与电磁波频率 f 的平方成反比。如果用双频接收机接收GPS卫星发射的 L_1 和 L_2 两个载波频率($f_1=1\ 575.42$ MHz和 $f_2=1\ 226.60$ MHz)信号,这两个不同频率的信号就将沿着同一路径到达接收机。虽然无法准确知道电磁波经过电离层时由于折射率的变化将引起传播路径的延迟 $\delta_I=\int(n-1)\mathrm{d}s$,但对这两个不同频率来讲都是相同的。若令式(4-20)中 $-40.28\int N\mathrm{d}s=A$,则 $\delta_I=A/f^2$。卫星至接收机的真正距离为:

$$\left.\begin{aligned}S_1&=\rho_1+\frac{A}{f_1^2}\\S_2&=\rho_2+\frac{A}{f_2^2}\end{aligned}\right\}\tag{4-30}$$

$$\Delta\rho=\rho_1-\rho_2=\frac{A}{f_1^2}-\frac{A}{f_2^2}=\frac{A}{f_1^2}\left(\frac{f_1^2-f_2^2}{f_2{}^2}\right)$$

将两式相减有

$$\delta_{I1}\cdot\left[\left(\frac{f_1}{f_2}\right)^2-1\right]=0.646\ 9\delta_{I1}\tag{4-31}$$

所以

$$\left.\begin{aligned}\delta_{I1}&=1.545\ 73(\rho_1-\rho_2)\\\delta_{I2}&=2.545\ 73(\rho_1-\rho_2)\end{aligned}\right\}\tag{4-32}$$

由于用调制在两个载波上的P码测距时,除电离层折射的影响不同外,其余误差影响都相同,所以 $\Delta\rho$ 实际就是两个载波上的P码 P_1 和 P_2 测得的伪距之差,即 $\Delta\rho=(\tilde{\rho}_1-\tilde{\rho}_2)$,所以若用户采用双频接收机进行伪距测量,就能利用电离层折射和信号频率有关的特性,从两个伪距观测值中求得电离层折射改正量,最后得:

$$\left.\begin{aligned}S_1&=\rho_1+\delta_{I1}=\rho_1+1.545\ 73(\tilde{\rho}_1-\tilde{\rho}_2)\\S_2&=\rho_2+\delta_{I2}=\rho_2+2.545\ 73(\tilde{\rho}_1-\tilde{\rho}_2)\end{aligned}\right\}\tag{4-33}$$

双频载波相位测量观测值 φ_1 和 φ_2 的电离层折射改正与上述分析方法相似,但和伪距测量的改正有两点不同:一是电离层折射改正的符号相反;二是要引入整周未知数 N_0。

1.3.3 利用两个观测站同步观测量求差

用两台接收机在基线的两端进行同步观测并取其观测量之差，可以减弱电离层折射的影响。当两台 GPS 接收机天线相距不太远时，由于卫星至两观测站电磁波传播路程上的大气状况很相似。因此，通过同步观测量的求差，可以削弱电离层延迟的影响。这种方法对于短基线（例如小于 20 km）的效果尤为明显，这时经电离层折射改正后基线长度的残差一段为 1×10^{-6}。例如两点距 10 km 之内，求差后测定基线长度残差为 1×10^{-6}，所以在 GPS 测量中，对于短距离的相对定位，使用单频接收机也可达到相当高的精度。当基线距离越长，或太阳黑子活动越激烈，电离层延迟影响就增大，其精度随之明显降低。因此，一般单频 GPS 接收机只用于 15 km 之内的基线测量。

1.3.4 选择有利观测时段

由于电离层的影响与信号传播路径上的电子总数有关，因此选择最佳观测时段（一般为晚上，这时，大气不受太阳光的照射，大气中的离子数目减少），从而可达到削弱电离层影响的目的。

2 对流层折射误差

由于地球周围的对流层对电磁波的折射效应，使得 GPS 信号的传播速度发生变化，这种变化称为对流层延迟。从而导致卫星至接收机间的几何距离偏差。这种偏差叫对流层折射误差。

2.1 对流层折射误差的产生

对流层是高度为 40 km 以下的大气底层，大气层中质量 99% 都集中在此层中。这一层也是气象现象主要出现的地区。其大气密度比电离层更大，大气状态也更复杂。对流层与地面接触并从地面得到辐射热能，其温度随高度的上升而降低，GPS 信号通过对流层时，也使传播的路径发生折射弯曲，从而使测量距离产生偏差。

2.2 对流层折射的特征及影响

电磁波在对流层中的传播速度与频率无关，只与大气的折射率有关。对流层大气折射率与大气压力、温度和湿度有关，一般将对流层中大气折射率分为干分量和湿分量两部分。大气折射率干分量 N_d 与大气的温度和气压有关，湿分量 N_w 与信号传播路径上的大气湿度和温度有关，见下式。

$$N_0 = N_d + N_w \tag{4-34}$$

$$\left.\begin{aligned} N_d &= 77.6\left(\frac{p}{T_k}\right) \\ N_w &= 3.73\times10^5\left(\frac{e_0}{T_k^2}\right) \end{aligned}\right\} \tag{4-35}$$

式中 p——大气压力，mbar；

T_k——绝对温度，$T_k = T_c + 273.16$，K；

e_0——水气分压，mbar。

电磁波从天顶方向传播路径差为：

$$\delta_T = \delta_{Td} + \delta_{Tw} \tag{4-36}$$

其中，干分量传播路径差 δ_{Td} 与地面大气压力和温度有关，湿分量传播路径差 δ_{Tw} 与电磁波传播路径上的大气状况有关。

$$\left.\begin{aligned}\delta_{Td} &= 10^{-6}\int_0^{H_d} N_d \mathrm{d}H \\ \delta_{Tw} &= 10^{-6}\int_0^{H_w} N_w \mathrm{d}H\end{aligned}\right\} \tag{4-37}$$

根据理论分析，大气折射率干分量与高程 H 有以下关系：

$$N_d = N_{d_0}\left[\frac{(H_d - H)}{H_d}\right]^4 \tag{4-38}$$

式中　N_{d0}——地面大气折射率干分量。

由于 H_d 无法精确测定，常用经验公式，其中有霍普菲尔德根据全球高空气象探测资料分析推荐的公式：

$$H_d = 40\ 136 + 148.72(T_k - 273.16) \tag{4-39}$$

大气折射率湿分量由于与地理纬度、季节和大气状况有关，难以建立模型。若参照式(4-38)可将大气折射率湿分量写成下式：

$$N_w = N_{w_0}\left[\frac{(H_w - H)}{H_w}\right]^4 \tag{4-40}$$

式中　N_{w0}——按式(4-35)计算的地面大气折射率的分量。

将式(4-37)两端积分，

则

$$\left.\begin{aligned}\delta_{Td} &= 1.552 \times 10^{-5}\left(\frac{p}{T_k}\right)H_d \\ \delta_{Tw} &= 7.465\ 12 \times 10^{-2}\left(\frac{e_0}{T_k^2}\right)H_w\end{aligned}\right\} \tag{4-41}$$

将霍普菲尔德经验公式代入并设大气折射率湿分量高程平均值 $H_w = 11\ 000$ m，则式(4-41)为

$$\left.\begin{aligned}\delta_{Td} &= 1.552 \times 10^{-5}\left(\frac{p}{T_k}\right)[40\ 136 + 148.72(T_k - 273.16) - H_T] \\ \delta_{Tw} &= 7.465\ 12 \times 10^{-2}\left(\frac{e_0}{T_K^2}\right)(11\ 000 - H_T)\end{aligned}\right\} \tag{4-42}$$

式中　H_T——测站高程，m。

式(4-42)是电磁波沿天顶方向传播引起的距离变化。当卫星处于天顶方向时，对流层干分量对距离观测值的影响约占对流层影响的90%，其影响量可利用地面的大气资料计算，对距离的影响值可达 20 m。湿分量的影响量值较小，但无法靠地面观测站来确定传播路径上的大气参数，因而湿分量也无法精确测定，从而成为高精度基线测量的主要误差之一。

电磁波在对流中的传播速度还与电磁波传播方向有关。若卫星信号不是从天顶方向，而是沿着高度角为 β 的方向传播，则可用式(4-43)计算：

$$\left.\begin{aligned}\delta_{T_{\beta d}}&=\frac{\delta_{Td}}{\sin\beta}\\ \delta_{T_{\beta w}}&=\frac{\delta_{Tw}}{\sin\beta}\end{aligned}\right\}\tag{4-43}$$

用式(4-43)计算,当$\beta>10°$时,对流层延迟的估算误差可达0.5 m。

许多学者都在研究改进模型,其中有一种比较精确的改进模型为:

$$\left.\begin{aligned}\delta_{T_{\beta d}}&=\frac{\delta_{Td}}{\sin\sqrt{\beta^2+2.5^2}}\\ \delta_{T_{\beta w}}&=\frac{\delta_{Tw}}{\sin\sqrt{\beta^2+1.5^2}}\end{aligned}\right\}\tag{4-44}$$

目前利用模型只能校正90%～95%。

2.3 削弱对流层折射影响的对策

削弱对流层折射对电磁波延迟影响主要措施有:

(1)利用上述对流层模型加以改正。实测地区气象资料利用模型改正,能减少对流层对电磁波延迟达92%～93%。

(2)利用同步观测量求差。当两个测站相距不太远(<20 km),基线较短时,气象条件较稳定,两个测站的气象条件一致,由于信号通过对流层的路径相似,所以利用基线两端同一卫星的同步观测量求差,可以明显地减弱对流层折射的影响。目前,短基线、精度要求不很高的基线测量,只用相对定位即可达到要求。因此,这一方法在精密相对定位中被广泛应用。但是,随着同步观测站之间的距离增大,求差法的有效性也将随之降低。当距离大于100 km时,对流层折射的影响是制约GPS定位精度提高的重要因素。

(3)引入描述对流层影响的附加待估参数,在数据处理中一并求得。

3 多路径误差

在GPS测量中,如果测站周围的反射物所反射的卫星信号(反射波)进入接收机天线,这就将和直接来自卫星的信号(直接波)产生干涉,从而使观测值偏离真值产生所谓的“多路径误差”。这种由于多路径的信号传播所引起的干涉时延效应叫作多路径效应。

多路径效应是GPS测量中一种重要的误差源,将严重损害GPS测量的精度。严重时还将引起信号的失锁,下面简要介绍产生多路径效应的原因及实际工作中如何避免或减弱这些误差。

3.1 多路径效应产生的原因

GPS卫星信号从20 200 km高空向地面发射,若接收机天线周围有高大建筑物或水面,建筑物和水面等对于电磁波具有强反射作用。接收机天线接收的信号不但有直接从卫星发射的信号,还有从反射体反射的电磁波,这两种信号叠加作为观测量,将引起天线相位中心位置的迁移,从而引起观测值偏离真值,产生多路经误差,如图4-5所示。而这种误差随天线周围反射面的性质而异,无法控制。根据试验资料表明,在一般环境下,多路径效应对测码伪距影响可达米级。若处于高反射环境中,不仅其影响量值显著增大,而且会导致接收的卫星信号失锁,使载波相位观测量发生周跳。多路径效应对伪距测量影响要比对载波相位观测量影响大得多，试验证明多路径效应对 P 码测量的最大影响可达 10 m 以上。因此，多路径效应是 GPS 测量中重要的误差来源之一。

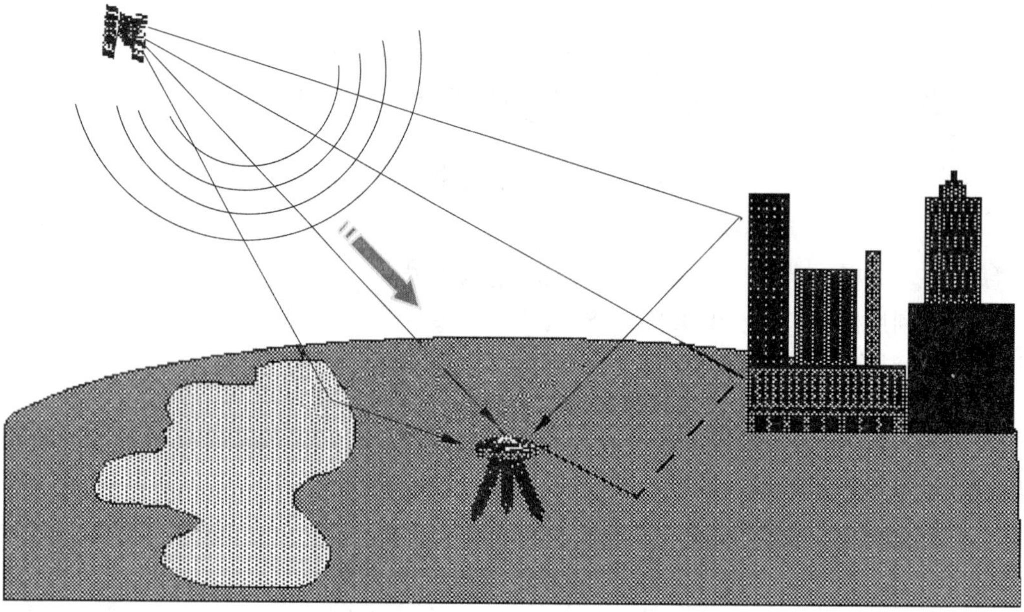

图 4-5　多路径效应的产生

3.2　多路径误差的特征及影响

多路径误差随天线周围反射面的性质而异，无法控制。如图 4-6 所示，GPS 天线接收到的信号是直接波和反射波产生干涉后的组合信号。天线 *A* 同时收到来自卫星的直接信号 S 和经地面反射后的反射信号 S′。显然这两种信号所经过的路径长度是不同的。反射信号多经过的路径长度称为程差，用 Δ 表示，从图 4-6 中可以看出：

$$\left.\begin{aligned} s_1 &= \frac{D}{\cos\theta} \\ s_2 &= s_1\cos(2\theta) \end{aligned}\right\} \tag{4-45}$$

延迟量为 $s = s_1 + s_2$。

反射波与直接波叠加矢量图如图 4-7 所示，B 为直接波，A 为反射波。两个波合成为：

$$\varphi = \arctan[A\sin\theta/(B + A\cos\theta)] \tag{4-46}$$

式中　θ——反射波相对于直接波相移。

从式(4-46)中可见，合成波的相位变化与无线电波入射角有关，与反射介质有关，如玻璃、赛璐珞反射比木材要弱，金属材料反射强，水面反射很强。所以，在水面上作业或水边作业时，应特别注意多路径效应影响。

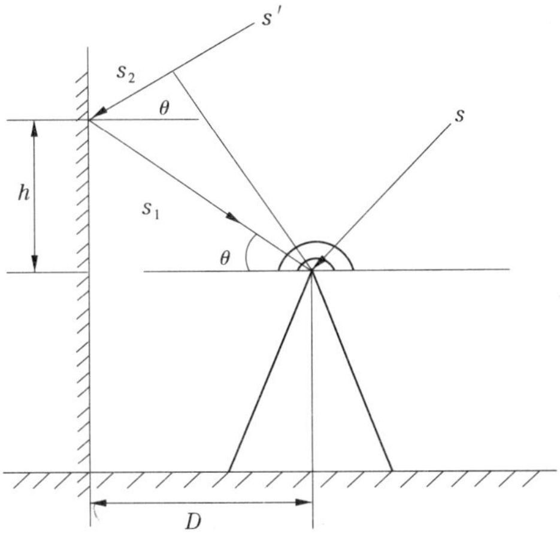

图 4-6　多路径程差

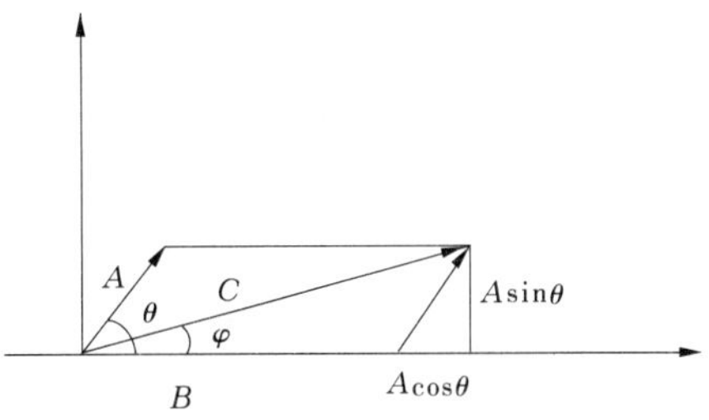

图 4-7　多路径误差分析

由于电磁波在大气中传播会衰减，衰减公式为：

$$I = I_{0e} - D \cdot a \tag{4-47}$$

式中　I_{0e}——入射能量；

I——反射到天线的能量；

D——光程；

a——衰减系数。

当取 $a=0.23$ 时，相距 10 m，信号衰减 1/10，相距 20 m，信号衰减 1/100。所以，电磁波的变化还与反射物距天线距离有关。为减少多路径效应影响，在安置天线时，尽量避开强反射物，如水面、平坦光滑地面和平整的建筑物。另外，为减弱多路径影响，可采取选用防多路径效应的天线，多路径效应对 GPS 定位影响可达分米级。在城市等高反射环境下，对于静态定位，单次的伪距定位精度会降低 10 m，对载波相位测量会产生厘米级的误差。多路径效应严重损害 GPS 测量的精度，是 GPS 精密定位的一种重要的误差源。

3.3　削弱多路径效应的措施

多路径效应的影响一般包括常数部分和周期性部分，常数部分在同一地点将会日复一日地重复出现。多路径效应不仅与卫星信号方向、反射系数有关，而且与反射物离测站远近有关，至今尚无法建立改正模型。下面介绍几种减弱多路径效应影响的主要措施。

3.3.1　选择合适的站址

(1)测站应远离大面积平静的水面。灌木丛、草地和其他地面植被能较好地吸收微波信号的能量，是较为理想的设站地址。翻耕后的土地和其他粗糙不平的地面反射能力也较差，亦可选站。

(2)测站不宜选择在山坡、山谷和盆地中，以避免反射信号从天线抑径板的上方进入天线，产生多路径误差。

(3)测站应远离高层建筑物。观测时，汽车的停放不要离测站过近。

3.3.2　选择合适的接收机天线

(1)选择在天线中设置抑径板，观测中应当使用水平极化板半径较大的所谓抑径天线。为了减弱多路径误差，接收机天线下应配置抑径板。由图4-8可见，抑径板的半径 r、高度角 $Z_{限}$ 和抑径板高度 h 之间的关系为：

$$r = h/\tan Z_{限} \tag{4-48}$$

若接收机天线相位中心至抑径板的高度 $h = 70$ mm，截止高度角 $Z_{角} = 15°$，则抑径板的半径 r 必须大于 70 mm/tan15° = 261 mm。

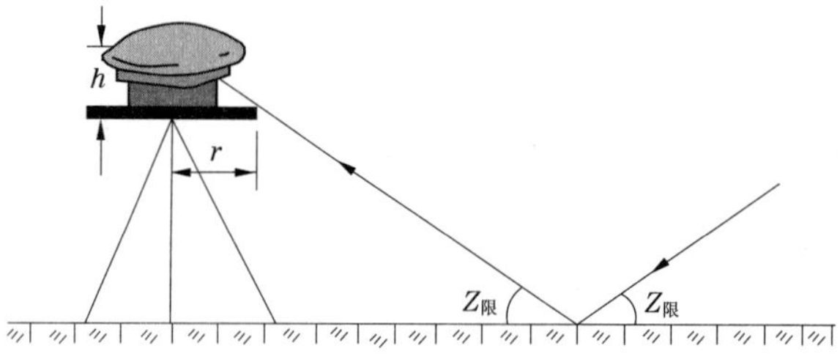

图4-8　天线抑径板

(2)选择对极化特性不同的反射信号有较强抑制作用的接收机天线。

(3)由于多路径误差是时间的函数，所以在静态定位中经过较长时间的观测后，多路径误差的影响可大为削弱。

第四节　与接收机有关的误差

与接收机有关的误差包括接收机钟差所产生的误差、观测误差、天线相位中心位置误差以及接收机软件和硬件造成的误差。

1　接收机钟差所产生的误差

接收机钟差是GPS接收机所使用的钟的钟面时与GPS标准时之间的差异。一般GPS接收机内时标采用的是石英晶体振荡器。其稳定度为 $(1 \sim 5) \times 10^{-5}$，若采用温补电路，能达到 $(1 \sim 0.5) \times 10^{-6}$。若要精度更高，可采用恒温晶体振荡器，但也只能达到 $(1 \sim 0.5) \times 10^{-9}$。但其体积大，耗电量大，并且要长时间预热。早期GPS接收机采用恒温晶体振荡器，目前都用温补晶体振荡器。比卫星钟的稳定度低得多。如果卫星钟与地面接收机钟同步误差为1 μs (1×10^{-6}s)，则由此引起的等效距离误差约为300 m。这是我们不能接受的，减少接收机钟差的方法有：

(1)在单点定位时，将接收机钟差作为独立的未知数在数据处理中求解。

(2)在载波相位相对定位中，同步观测5颗以上卫星，采用对观测值的求差(星间单差、星站间双差)的方法，可以有效地消除接收机钟差。

(3)在高精度定位时，可采用外接频标的方法，为接收机提供高精度时间标准，如外接铯钟、铷钟等。这种方法常用于固定站。

2　观测误差

观测误差与仪器硬件和软件对卫星信号观测能达到的分辨率有关。

2.1 卫星信号分辨误差

一般认为,卫星信号观测能达的分辨误差为信号波长的1%,各种不同观测误差如表4-3所示。

表4-3 观测误差

信 号	波 长	观测误差
P码	29.3 m	0.3 m
C/A码	293 m	2.9 m
载波 L_1	19.05 cm	2.0 mm
载波 L_2	2.5 cm	2.5 mm

2.2 天线安置误差

观测误差还与天线的安置精度有关,即天线对中误差、天线整平误差及量取天线高的误差。例如天线高2.0 m,天线整平时,即圆水准气泡略偏一格,对中影响为5 mm。所以,在精密定位中,应注意整平天线,仔细对中。

3 接收机天线相位中心偏差

接收机天线相位中心偏差是GPS接收机天线的标称相位中心与其真实的相位中心之间的差异。在GPS测量中,其伪距和相位观测值都是测量卫星到接收机天线相位中心间的距离。而天线对中都是以天线几何中心为准。所以,要求天线相位中心应与天线几何中心保持一致。但是,天线相位中心的瞬时位置会随信号输入的强度和方向不同发生变化,所以观测时,相位中心的瞬时位置(称为视相位中心)与理论上的相位中心会不一致。天线视相位中心与几何中心的差称为天线相位中心的偏差,这个偏差会造成定位误差,这种偏差的影响可达数毫米至数厘米。所以,如何减少相位中心的偏移是天线相位设计中的一个重要问题。在天线设计时,应尽量减少这一误差(一般控制在5 mm之内),并且要求在天线盘上指定指北方向。这样,在相对定位时,可以通过求差削弱相位中心偏差的影响。

所以,在实际工作中,如果使用同一类型的天线,在相距不远的两个或多个观测站上同步观测了同一组卫星,便可以通过观测值的求差来削弱相位中心偏移的影响。在野外观测时,要求天线要严格对中、整平,同时还要将各观测站的天线盘上附有的方位标指北定向。通常定向偏差应保持在3°~5°之内。

4 整周未知数的误差

载波相位观测法是最精密的观测方法,它可精确地测定卫星至观测站的距离。然而,接收机只能测定载波相位非整周的小数部分以及从某一起始历元至观测历元间载波相位变化的整周数,而无法直接测定载波相位在起始历元上的整周数。因而,在测相伪距观测中必然存在着整周未知数的影响。这也是载波相位观测法的主要弱点。

5　接收机软件和硬件造成的误差

在进行 GPS 定位时，定位结果还会受到诸如数据处理与控制软件和硬件等的影响。包括 GPS 控制部分或计算机造成的影响和数据处理软件的算法不完善对定位结果的影响。

此外，载波相位观测过程中可能产生整周跳变问题。当接收机对卫星信号进行跟踪时，载波信号的整周数则可由接收机自动计数。但当卫星信号被阻挡或接收机软件和硬件受到干扰时，则接收机的跟踪可能中断（失锁）。而当卫星信号被重新锁定后，被测载波相位的小数部分是连续的，但此时的整周数不再是连续的，即称为周跳现象。在载波相位测量中经常出现，它对距离观测的影响相似于整周未知数，在精密定位中是一个非常重要的问题。

第五节　与动态差分定位有关的误差

1　与无线数据链有关的误差

目前，实施动态差分 GPS 定位技术时可选择的便携电台分为两类：一类为直接传输，包括甚高频（VHF）、超高频（UHF），作用距离达 20 ~ 100 km；另一类为地波传输，包括低频（LF）和中频（MF），这种电台信号能沿地球表面传播，能绕过建筑物和山丘，作用距离可达 1 000 ~ 2 000 km，但电台价格昂贵。由于传输信道内部噪声及其造成的符号间干扰，不可避免地会产生差错，使得 RTK 流动接收机接收误码的信息，影响 RTK 定位结果的正确性。

1.1　差分信号调制解调误差

1.1.1　*差分信号调制误差*

调制就是利用调制信号（即指差分改正信号）去改变载波的某一参数的过程。常用的载波为正弦波，表征正弦波的参数为振幅、调频频率和初相位。调制是对这三个参量之一进行调制，形成调幅、调频和调相。一般 DGPS 系统选择数字调幅、数字调频、数字调相。

RTK 技术选择高斯滤波的最小频移键控 MSK，即 GMSK，波特率为 9 600 bit/s。在信号调制之前，采用高斯滤波器对基带进行滤波处理，将基带信号形成高斯脉冲，再进行最小频移键控（MSK）。GMSK 调制器原理如图 4-9 所示。

图 4-9　GMSK 调制器框图

为使输出频谱密集，调制前高斯滤波器 LPF 应当具有以下特性：

（1）窄带和锐截止特性，以保证高频分量的抑制。

(2)脉冲响应过冲量小,以防止过大的瞬时频偏。

(3)保持滤波器输出脉冲响应曲线下的面积对应于$\frac{\pi}{2}$的相移,保证调制指数为$\frac{1}{2}$。

高斯滤波器频率传输函数为:

$$H(f) = \exp(-a^2 f^2) \tag{4-49}$$

邻道干扰是产生误码、导致调制误差的主要原因。邻道干扰是指在两个信道频率间隔 Δf 一定时,落在邻道中的带外辐射功率与所需信道总功率的比值。根据计算机模拟,图 4-10 给出 GMSK 的邻道干扰。图中纵轴为邻道干扰(dB),横轴是归一化的信道间隔 $\Delta f T_b$,以 $B_b T_b$ 为参变量。当 $B_b T_b = 1$ 时为理想矩形带通信道。当 $B_b T_b$ 一定时,即已调波总功率一定时,信道间隔 $\Delta f T_b$ 越大,则邻道干扰越小,反之则大。当 $\Delta f T_b$ 一定时,$B_b T_b$ 越小,即已调波功率越小时,则邻道干扰越小。

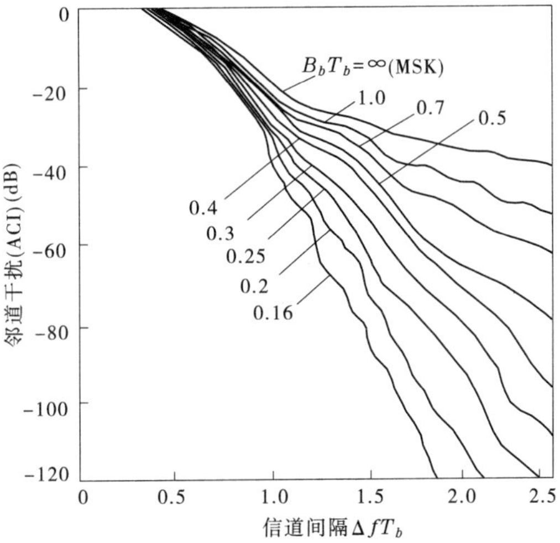

图 4-10　GMSK 的邻道干扰

测试分析证明,当已知输入数据率 $r_b = 16$ kbit/s, $\Delta f = 25$ kHz,则 $\Delta f T_b = 1.56$, $B_i T_b = 1$,即 $B_i = 16$ kHz。如果在载波没有漂移情况下,只要选择 $B_i T_b = 0.28$ 就可以保证邻道干扰在 −60 dB 以下。如果载波有 $\Delta f_c = \pm 1.5$ kHz 的频漂,也就是说,在最坏情况下的信道间隔只有 $(\Delta f - \Delta f_c) T_b = (25 - 3) T_b = 1.375$。这时需要选择 $B_i T_b = 0.2$,才能保证邻道干扰在 −60 dB 以下。

在高信噪比条件下,GMSK 调制方式的误码率可近似表示为:

$$P_{\mathrm{GMSK}} = \frac{1}{2} erfc\left[\frac{d_{\min}}{2\sqrt{n_0}}\right] \tag{4-50}$$

式中　n_0——加性高斯白噪声的单边功率谱密度;

$erfc()$——互补误差函数,可由式(4-51)表示。

$$erfc(x) = \frac{2}{\sqrt{\pi}} \int_x^{\infty} \exp(-U^2)\,\mathrm{d}U \tag{4-51}$$

GMSK 由于存在着符号间干扰,含有误码率特性。

1.1.2 差分信号解调误差

解调是调制的相反过程,即从已调制载波中解调出用户感兴趣的信号——差分改正数等。

实现相反过程的重要问题是恢复载波和时钟信号。这将参考载频率锁定在中心频率 f_c 上,称为中心频率锁定方式。研究表明,由于调制前高斯滤波器造成符号间干扰的影响,这些时刻上存在相位值与线性相位路径偏差。

常用 RTK 数据链技术性能指标见表 4-4。

表 4-4 RTK 数据链技术性能指标

型号	调制方式	带宽(kHz)	信道间隔(kHz)	灵敏度(dBm)	纠错	误码率
PCC	GMSK	25	12.5	-117	FEC 向前纠错	$<10^{-12}$
SCORPI O6000	GMSK	25	12.5	-111		$<10^{-12}$
MDS	CPFSK	12.5	6.25			$<10^{-6}$

综合分析可知,RTK 数据链 GMSK 调制解调器误码与信道频率间隔等参数有关,信道带宽一定时,信道频率间隔越小,则邻道干扰越大。可通过选择或调整调制解调器相关参数,将误码率控制在最小范围之内;另外,RTK 选用较高采样率,采样的历元个数必须保证在 5 ~ 10 以上,采用误差统计理论,进行误码定位和删除。采取以上措施,可将误差控制在 10^{-9} 数量级。

1.2 外界环境干扰影响

数据在传输过程中,由于传输外部信道不可避免地受外界环境的噪声干扰,使传输数据产生差错,使得接收机接收错误的信息。造成可能因错误数据而不被 GPS 接收机所接受,也可能 GPS 接收后产生错误的结果。因此,必须进行差错控制。而差错控制的核心是纠错编码。

RTK 数据链均采用了传输纠错编码技术,它是提高数字传输可靠性的一项技术,是正确传输差分 GPS 改正信号的重要手段。

差错控制方式的基本思想有两类:一类是接收端发现传送的数据有错时,接收端译码器自动纠错;另一类是接收端发现错误后,通过反馈信道传送一个应答信号,要求发送端重新发送此信号,达到纠错的目的。DGPS 中采用的数据链差错控制基本类型如图 4-11 所示。

图 4-11 中各差错控制类型介绍如下:

(1)FEC——前向纠错方式。

这种方式是发送端将数据信息按一定规则附加多余码元,组成具有纠错能力的码。接收端收到后,按预先的规则进行译码,以确定接收码组中有无错误。若有错,则确定其位置并进行纠正。FEC 结构如图 4-12 所示。

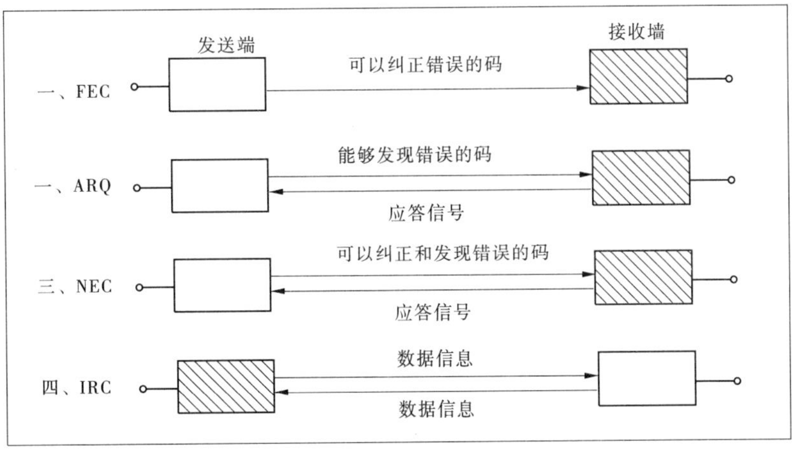

(斜线方框表示纠错单元)

图 4-11　差错控制的基本类型

图 4-12　FEC 结构

前向纠错方式的主要优点是:不需要反馈信道,能用于单向通信,因而适用于差分 GPS 系统中的一个基准站和多个用户站的情况。这种方式的译码设备比较复杂。为了纠正比较多的错误,要求附加很多的多余码元,通常需要 25% ~50% 的多余码元,因而传输效率较低。随着编码理论以及大规模集成电路的发展,译码器做得越来越简单,成本越来越低,这种方式正在 RTK 数据链中得到日益广泛的应用。

(2) ARQ——检错重传。

检错重传又称为判决反馈或反馈纠错。发送端对数据信息进行分组编码,加入一定的多余码元,使之具有一定的检错能力。接收端接收到码组后,按一定规则对其进行有无错误的判别,并将判别结果(应答信号)通过反馈信道回送给发送端。发送端根据应答信号把接收端认为有错的那组数据再次传输。重发的码组经接收端检验仍然有错,继续重发数据,以此反复,直至该数据码组经接收端检验无错。

ARQ 的主要优点是:只需要少量的多余码元(一般为总码元的 5% ~20%)即可获得极低的输出误码率,并对不同信道具有一定自适应能力。再者 ARQ 的检错译码器结构简单、成本低廉。这种检错方式用于专用差分 GPS 定位系统,只能允许一对差分基准站和流动站工作。

(3)NEC——混合差错控制。

混合差错控制方式是 FEC 与 ARQ 方式的结合。发送端发送同时具有自动纠错和检错能力的码组,接收端接收到码组后,检查差错情况,如果差错在码的纠错能力以内,则自动纠正。如果信道的干扰很严重,错误很多,超过了码的纠错能力,但能检测出来,则经反馈信道请求发送端重发这组数据。因此,NKC 方式具有 FEC 和 ARQ 方式的优点,避免了 FEC 方式所需的复杂译码器及不能适应信道差错变化的缺点,又克服了 ARQ 方式信息连贯性差、有时通信效率低的缺点。当然,这种方式限于一对差分 GPS 基准站和流动站的应用。

(4)IRQ——信息反馈。

信息反馈方式也称为回程校验方式。接收端把收到的数据原封不动地通过反馈信道送回到发送端。发送端比较收发数据,如发现有错,再重发一次,直到完全无误。

这种方式的优点是不需要纠错、检错编译码器,控制设备和检测设备均非常简单。缺点在于本来在前向信道中传输无错,而在反馈信道传输时产生了差错,仍导致发送端判断接收端有错而重发,造成不必要的重复。同时,当接收数据中某一码元内“1”错为“0”,而在反馈时碰巧又将其“0”错为“1”,从而使发送端发现不了错误,造成误码输出。这种方式也只适用于一对差分 GPS 基准站和流动站的情况。

根据国内外文献资料,前三种纠错方式均能保证在试验条件下,误码率小于0.001%。因此,RTK 需要选择可靠性高的数据链。另外,RTK 作业应尽量避开外界环境电磁波干扰,采集足够历元的数量,用多余观测数据增加 RTK 数据链的抗差能力。特别是在有干扰的环境中,要适当延长观测时间。

2　与流动站及其观测作业有关的误差

RTK 动态作业时载体瞬时姿态改正精度将是一项重要的误差来源。进行动态观测作业时,在待定点 P 上无法实时确定天线动态瞬时姿态,如图 4-13 所示,地面坡度或天线对中杆倾斜姿态角 α 使 P 点铅垂方向 A 偏移 B,即引起平面和高程误差,如果姿态改正分别为 ΔP 和 Δh,α 很小时,可按图 4-13 列出两项误差改正模型:

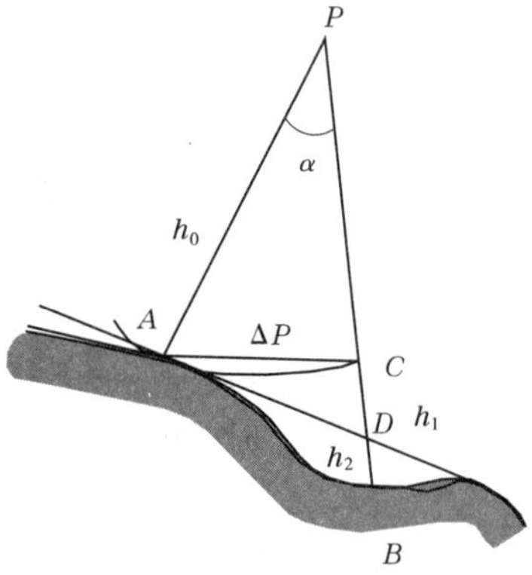

图 4-13　载体姿态对点位影响

$$\Delta P = h_0 \sin\alpha \tag{4-52}$$

$$\begin{aligned}\Delta h &= h_1 + h_2 \\ &= h_0(\sec\alpha - 1) + h_2\end{aligned} \tag{4-53}$$

式中　ΔP——姿态角即坡度引起的平面误差;

　　Δh——姿态角即坡度引起的高程误差。

当取 $h_0 < 2$ m、$\alpha \leq 5°$时,姿态角即坡度引起的平面误差 ΔP 如表 4-5 所示。

表 4-5　当取 $h_0 < 2$ m、$\alpha \leqslant 5°$时，姿态角引起的平面误差 ΔP

h_0(m)	ΔP(m)		
	$\alpha = 1°$	$\alpha = 3°$	$\alpha = 5°$
1	0.017	0.087	0.052
1.5	0.026	0.130	0.078
2	0.035	0.174	0.105

分析表 4-5 可看出，姿态角即坡度引起的平面误差 ΔP 随姿态角和天线高度的增大而迅速增加。实际 RTK 作业时，应尽量在待定点上以静态或准动态方式置平对中和确定控制天线高度在 1.5 m 以下。那么这项误差可望控制在 ±1 cm 左右。

一般来自地面本身的不规则起伏应在 3 cm 以内，当取 $h_0 < 2$ m、$\alpha \leqslant 5°$、$h_2 = 0.030$ m 时，姿态角即坡度引起的高程误差 Δh 如表 4-6 所示。

表 4-6　取 $h_0 < 2$ m、$\alpha \leqslant 5°$、$h_2 = 0.030$ m 时，姿态角引起的高程误差 Δh

h_0(m)	Δh(m)		
	$\alpha = 1°$	$\alpha = 3°$	$\alpha = 5°$
1	0.030	0.031	0.034
1.5	0.030	0.032	0.036
2	0.030	0.033	0.038

分析表 4-6 可看出，姿态角即坡度引起的高程误差 Δh 主要受来自地面本身的不规则起伏变化影响。实际 RTK 作业时，应尽量在待定点上以静态或准动态方式置平对中和确定控制天线高度在 1.5 m 以下。那么这项误差可望控制在 1 cm 以内。

学习指导

本章介绍 GPS 测量误差的影响及其对策，内容包括：GPS 测量误差来源、GPS 测量误差分类、与 GPS 卫星有关的误差、与卫星信号传播有关的误差、与接收机有关的误差、与动态差分 GPS 定位有关的误差。教学目的是使学生掌握 GPS 测量误差的基本原理，了解各类 GPS 测量误差的特征及其影响，学习削弱 GPS 测量误差的各种对策与措施。为 GPS 接收机选购与检验、GPS 网的设计、GPS 选点、观测和数据处理打下理论基础。

本章内容的特点是概念多、理论分析多、措施方法多，不涉及技能训练。学习时应重点掌握各类 GPS 测量误差的特征及其影响、削弱 GPS 测量误差的各种对策与措施。对于教材中的公式推导过程不要求掌握，但对公式推导的结论应当理解并熟练掌握运用。如电离层和对流层折射误差修改模型，应能结合 GPS 测量误差产生的原因从中看出影响定位精度的各种因素，并能通过以后章节学习，掌握相应的减弱各种误差影响以提高测量精度的措施。

习题 4

4-1 GPS 测量中出现的误差来源于哪几个方面?

4-2 试述 GPS 测量定位中误差的种类,并说明产生的原因。

4-3 什么是星历误差? 它是怎样产生的? 如何削弱或消除其对 GPS 测量定位所带来的影响?

4-4 电离层误差、对流层误差是怎样产生的? 你认为采用何种方法对削弱 GPS 测量定位所带来的影响最为有效,为什么?

4-5 在 GPS 测量定位中,多路径效应是怎样产生的? 如何削弱和消除多路径效应对 GPS 测量定位所带来的影响?

4-6 与接收机有关的误差包括哪几种? 怎样削弱其影响?

4-7 与动态差分 GPS 定位有关的误差包括哪几种? 怎样减弱各种误差的影响?

第五章　GPS 定位的坐标系统及时间系统

GPS 测量技术是通过安置于地球表面的 GPS 接收机，接收 GPS 卫星信号来测定地面点位置。观测站固定在地球表面，其空间位置随地球自转而变动，而 GPS 卫星围绕地球质心旋转且与地球自转无关。因此，在卫星定位中，需建立两类坐标系统和统一的时间系统，即天球坐标系与地球坐标系。天球坐标系是一种惯性坐标系，其坐标原点及各坐标轴指向在空间保持不变，用于描述卫星运行位置和状态。地球坐标系则是与地球相关联的坐标系，用于描述地面点的位置。并寻求卫星运动的坐标系与地面点所在的坐标系之间的关系，从而实现坐标系之间的转换。

本章主要介绍几种天球坐标系和地球坐标系，坐标系之间的转换模型，以及 GPS 时间系统。

第一节　GPS 测量的坐标系统

1　概述

由 GPS 定位的原理可知，GPS 定位是以 GPS 卫星为动态已知点，根据 GPS 接收机观测的星、站距离来确定接收机或测站的位置。而位置的确定离不开坐标系。GPS 定位所采用的坐标系与经典测量的坐标系相同之处甚多，但也有其显著特点，主要有以下几点：

(1)由于 GPS 定位以沿轨道运行的 GPS 卫星为动态已知点，而 GPS 卫星轨道与地面点的相对位置关系是时刻变化的，为了便于确定 GPS 卫星轨道及卫星的位置，须建立与天球固连的空固坐标系。同时，为了便于确定地面点的位置，还须建立与地球固连的地固坐标系。因而，GPS 定位的坐标系既有空固坐标系，又有地固坐标系。

(2)经典大地测量是根据地面局部测量数据确定地球形状、大小，进而建立坐标系的，而 GPS 卫星覆盖全球，因而由 GPS 卫星确定地球形状、大小，建立的地球坐标系是真正意义上的全球坐标系，而不是以区域大地测量数据为依据建立的局部坐标系，如我国 1980 年国家大地坐标系。

(3)GPS 卫星的运行是建立在地球与卫星之间的万有引力基础上的，而经典大地测量主要是以几何原理为基础的，因而 GPS 定位中采用的地球坐标系的原点与经典大地测量坐标系的原点不同。经典大地测量是根据本国的大地测量数据进行参考椭球体定位，以此参考椭球体中心为原点建立坐标系，称为参心坐标系。而 GPS 定位的地球坐标系原点在地球的质量中心，称为地心坐标系。因而进行 GPS 测量，常需进行地心坐标系与参心坐标系的转换。

(4)对于小区域而言，经典测量工作通常无须考虑坐标系的问题，只需简单地使新点与已知点的坐标系一致便可，而 GPS 定位中，无论测区多么小，也涉及 WGS—84 地球坐标系与当地参心坐标系的转换问题。这就对从事简单测量工作的技术人员提出了较高的要求——必须掌握坐标系的建立与转换的知识。

由此可见,GPS 定位中所采用的坐标系比较复杂。为便于读者学习掌握,可将 GPS 定位中所采用的坐标系进行分类,如表 5-1 所示。

表 5-1　GPS 测量坐标系分类

坐标系分类	坐标系特征
①空固坐标系与地固坐标系	空固坐标系与天球固连,与地球自转无关,用来确定天体位置较方便;地固坐标系与地球固连,随地球一起转动,用来确定地面点位置较方便
②地心坐标系与参心坐标系	地心坐标系以地球的质量中心为原点,如 WGS—84 坐标系和 ITRF 参考框架均为地心坐标系;而参心坐标系以参考椭圆体的几何中心为原点,如北京"54"坐标系和"80"国家大地坐标系
③空间直角坐标系、球面坐标系、大地坐标系及平面直角坐标系	经典大地测量采用的坐标系通常有两种:一是以大地经纬度表示点位的大地坐标系;二是将大地经纬度进行高斯投影或横轴墨卡托投影后的平面直角坐标系。在 GPS 测量中,为进行不同大地坐标系之间的坐标转换,还会用到空间直角坐标系和球面坐标系
④国家统一坐标系与地方独立坐标系	我国国家统一坐标系常用的是"80"国家大地坐标系和北京"54"坐标系,采用高斯投影,分 6°带和 3°带,而对于诸多城市和工程建设来说,因高斯投影变形以及高程归化变形而引起实地上两点间的距离与高斯平面距离有较大差异,为便于城市建设和工程的设计、施工,常采用地方独立坐标系,即以通过测区中央的子午线为中央子午线,以测区平均高程面代替参考椭圆体面进行高斯投影而建立的坐标系

2　协议天球坐标系

2.1　天球的概念

以地球质心 M 为球心,以任意长为半径的假想球体称为天球。天文学中常将天体沿天球半径方向投影到天球面上,再根据天球面上的参考点、线、面来确定天体位置。天球面上的参考点、线、面如图 5-1 所示。

(1)天轴与天极:地球自转轴的延伸直线为天轴,天轴与天球面的交点称为天极,交点 P_n 为北天极,位于北极星附近,P_s 为南天极。位于地球北半球的观测者,因地球遮挡不能看到南天极。

(2)天球赤道面与天球赤道:通过地球质心 M 且垂直于天轴的平面称为天球赤道面,与地球赤道面重合。天球赤道面与天球面的交线称为天球赤道。

(3)天球子午面与天球子午圈:包含天轴的平面称为天球子午面,与地球子午面重合。天球子午面与天球面的交线为一大圆,称为天球子午圈。天球子午圈被天轴截成的两个半圆称为时圈。

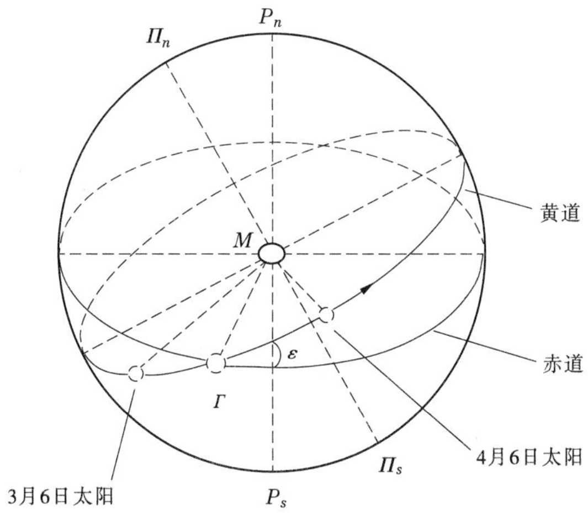

图 5-1　天球的概念

(4)黄道:地球绕太阳公转的轨道面称为黄道面。黄道面与赤道面的夹角 ε 称为黄赤交角,约为 23.5°。黄道面与天球面相交成的大圆叫黄道,也就是地球上的观测者见到的太阳在天球面上的运行轨道。由于地球自转,对于地面上的观测者来说,天球赤道面不动而黄道面每日绕天轴旋转一周。又由于地球绕太阳公转,直观上看,太阳在黄道上每日自西向东运行约 1°,每年运行一周。而斗柄在天球上的指向每年自东向西旋转一周。由于黄赤交角的缘故,在地球自转与公转的共同作用下产生了一年四季的变化。

(5)黄极:通过天球中心且垂直于黄道面的直线与天球面的两个交点称为黄极,靠近北天极 P_n 的交点 Π_n 称为北黄极,靠近 P_s 的交点 Π_s 称为南黄极。

(6)春分点:当太阳在黄道上从天球南半球向北半球运行时,黄道与天球赤道的交点称为春分点,也就是春分时刻太阳在天球上的位置,如图 5-1 中的 Γ。春分之前,春分点位于太阳以东。春分过后,春分点位于太阳以西。春分点与太阳之间的距离每日改变约 1°。

2.2　天球坐标系

常用的天球坐标系有天球空间直角坐标系和天球球面坐标系,如图 5-2 所示。

天球空间直角坐标系的坐标原点位于地球质心。z 轴指向北天极 P_n,x 轴指向春分点 Γ,y 轴垂直于 xMz 平面,与 x 轴和 z 轴构成右手坐标系,即伸开右手,大拇指和食指伸直,其余三指曲 90°,大拇指指向 z 轴,食指指向 x 轴,其余三指指向 y 轴。在天球空间直角坐标系中,任一天体的位置可用天体的三维坐标 (x,y,z) 表示。

天球球面坐标系的坐标原点也位于地球质心。天体所在天球子午面与春分点所在天球子午面之间的夹角称为天体的赤经,用 α 表示;天体到原点 M 的连线与天球赤道面之间的夹角称为赤纬,用 δ 表示;天体至原点的距离称为向径,用 r 表示。这样,天体的位置也可用三维坐标 (α,δ,r) 唯一地确定。

天体的天球空间直角坐标系和球面坐标系是同一天体位置的不同表达方式。两种表达方式可通过下面的式(5-1)或式(5-2)进行转换。

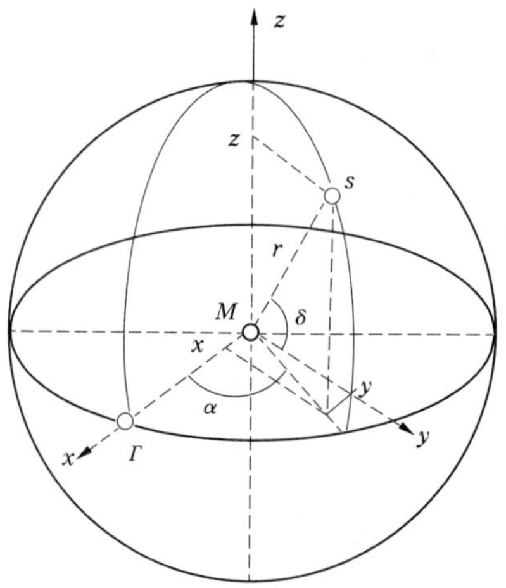

图 5-2　天球空间直角坐标系与天球球面坐标系

$$\begin{pmatrix} x \\ y \\ z \end{pmatrix} = r \begin{pmatrix} \cos\delta \cdot \cos\alpha \\ \cos\delta \cdot \sin\alpha \\ \sin\delta \end{pmatrix} \tag{5-1}$$

$$\left.\begin{aligned} r &= \sqrt{x^2 + y^2 + z^2} \\ \alpha &= \arctan \frac{y}{x} \\ \delta &= \arctan \frac{z}{\sqrt{x^2 + y^2}} \end{aligned}\right\} \tag{5-2}$$

2.3　岁差与章动的影响

地球绕自转轴旋转，在无外力矩作用时，其旋转轴指向应该不变。但由于日月对地球赤道隆起部分的引力作用，使得地球自转受到外力矩作用而发生旋转轴的进动现象，即从北天极上方观察时，北天极绕北黄极在圆形轨道上沿顺时针方向缓慢运动，致使春分点每年西移 50. 2″，25 800 年移动一周。这种现象叫岁差（见图 5-3）。在岁差影响下的北天极称为瞬时平北天极，相应的春分点称为瞬时平春分点。瞬时平北天极绕北黄极旋转的圆称为岁差圆。

事实上，由于月球轨道和月、地距离的变化，使实际北天极沿椭圆形轨道绕瞬时平北天极旋转，这种现象叫章动（见图 5-3），周期为 18. 6 年。在章动影响下，实际的北天极称为瞬时北天极，相应的春分点称为真春分点。瞬时北天极绕瞬时平北天极旋转的椭圆叫章动椭圆，长半径约为 9. 2″。

2.4　协议天球坐标系

由上述可知，北天极和春分点是运动的，这样，在建立天球坐标系时，z 轴和 x 轴的指向也会随之而运动，给天体位置的描述带来不便。为此，人们通常选择某一时刻作为标准历元，并将标准历元的瞬时北天极和真春分点作章动改正，得 z 轴和 x 轴的指向，这样建立的坐标系称为协议天球坐标系。国际大地测量学协会（IAG）和国际天文学联合会（IAU）决定，从 1984 年 1 月 1 日起，以 2000 年 1 月 15 日为标准历元。也就是说，目前使

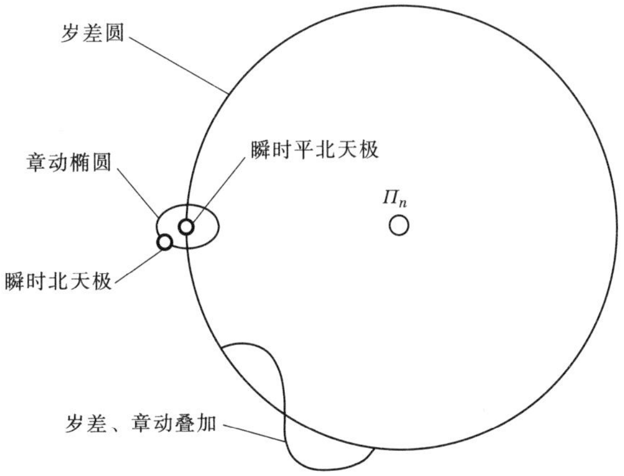

图 5-3　岁差与章动

用的协议天球坐标系，其 z 轴和 x 轴分别指向 2000 年 1 月 15 日的瞬时平北天极和瞬时平春分点。为了便于区别，z 轴和 x 轴分别指向某观测历元的瞬时平北天极和瞬时平春分点的天球坐标系称为平天球坐标系，z 轴和 x 轴分别指向某观测历元的瞬时北天极和真春分点的天球坐标系称为瞬时天球坐标系。

为了将协议天球坐标系的坐标转换为瞬时天球坐标系的坐标，须经过如下两个步骤的坐标转换。

(1)将协议天球坐标系的坐标转换为瞬时平天球坐标系的坐标。

以 $(x,y,z)^{\mathrm{T}}_{Mt}$ 和 $(x,y,z)^{\mathrm{T}}_{CIS}$ 分别表示天体在瞬时平天球坐标系和协议天球坐标系中的坐标，因两坐标系原点同为地球质心，所以只要将协议天球坐标系的坐标轴旋转三次，便可转换为瞬时平天球坐标系的坐标，转换公式如下：

$$\begin{pmatrix} x \\ y \\ z \end{pmatrix}_{Mt} = R_z(-z)R_y(\theta)R_z(-\zeta)\begin{pmatrix} x \\ y \\ z \end{pmatrix}_{CIS} \tag{5-3}$$

式中　ζ、θ、z——坐标系绕 z 轴和 x 轴旋转的角度，其值由观测历元与标准历元之间的时间差计算，“ - ”号表示旋转向量与该坐标轴方向相反，无“ - ”号表示旋转向量与该坐标轴方向相同；

$R_z(-z)$、$R_y(\theta)$、$R_z(-\zeta)$——坐标变换矩阵。

(2)将瞬时平天球坐标系的坐标转换为瞬时天球坐标系的坐标。

以 $(x,y,z)^{\mathrm{T}}_{t}$ 表示瞬时天球坐标系的坐标，则转换公式如下：

$$\begin{pmatrix} x \\ y \\ z \end{pmatrix}_{t} = R_x(-\varepsilon-\Delta\varepsilon)R_z(-\Delta\psi)R_x(\varepsilon)\begin{pmatrix} x \\ y \\ z \end{pmatrix}_{Mt} \tag{5-4}$$

式中　ε——观测历元的平黄赤交角；

$\Delta\psi$、$\Delta\varepsilon$——黄经章动和交角章动。

2.5　GPS 卫星的轨道平面坐标系

GPS 卫星的位置是根据星历计算的，而由星历不能直接计算卫星在协议天球坐标系中的坐标。为便于根据星历确定卫星的位置,需要建立卫星轨道平面坐标系。

如图 5-4 所示,在卫星运行的轨道平面内,以地球质心 M 为原点,以地心与升交点连线为 x_0 轴,y_0 轴与 x_0 轴垂直,这样建立的坐标系称为轨道平面坐标系。如果由卫星星历求得某观测历元卫星 s 的升交距角 $u=V+\omega$ 和向径 r,便可很容易地得到卫星在轨道平面坐标系中的坐标。

$$\begin{pmatrix} x_0 \\ y_0 \\ z_0 \end{pmatrix} = r \begin{pmatrix} \cos u \\ \sin u \\ 0 \end{pmatrix} \tag{5-5}$$

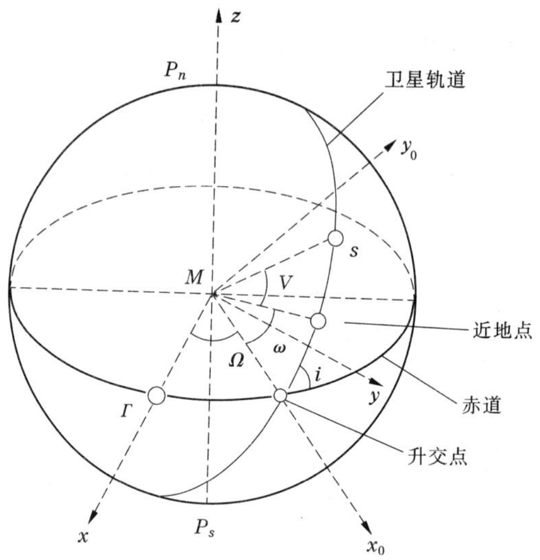

图 5-4 轨道平面坐标系

要将卫星在轨道平面坐标系中的坐标转换为天球坐标系中的坐标,因两坐标系的原点均在地球质心,所以只要将轨道平面坐标系依次绕 x_0 轴旋转轨道面倾角 i 和绕 $z(z_0)$ 轴旋转升交点赤经 Ω 即可。转换公式为:

$$\begin{pmatrix} x \\ y \\ z \end{pmatrix} = R_z(-\Omega) R_x(-i) \begin{pmatrix} x_0 \\ y_0 \\ z_0 \end{pmatrix} \tag{5-6}$$

3 协议地球坐标系

3.1 地球的形状和大小

在地球表面,陆地约占总面积的 29%,海洋约占 71%。陆地最高峰珠穆朗玛峰高出海平面8 848.13 m,马里亚纳海沟最深处低于海平面 11 034 m,与地球半径相比均很小。因此,海水面就成为描述地球形状大小的重要参照。但静止海水面受海水中矿物质、海水温度及海面气压的影响,其表面复杂,不便使用。在大地测量中常借助于以下几种与静止海水面很接近的曲面来描述地球的形状大小。

3.1.1 水准面

水准面也叫重力等位面，就是重力位相等的曲面。重力位是引力位与离心力位之和，即

$$W = V + Q = G \cdot \int_M \frac{\mathrm{d}m}{D} + \frac{\omega^2}{2} r^2 \cos^2 \varphi \tag{5-7}$$

式中 V——地球引力位；

Q——地球离心力位；

G——万有引力常数；

M——地球总质量；

$\mathrm{d}m$——将地球质量分割成的无穷多个微小的单元质量；

D——地球单元质量 $\mathrm{d}m$ 到被吸引点的距离；

r——被吸引点的地心向径；

φ——被吸引点的地心纬度；

ω——地球自转角速度。

由水准面定义可知，同一水准面上各点的重力位相等，当给出不同的重力位数值时，可得不同的水准面，如 62.5 $\mathrm{km^2/s^2}$、62.6 $\mathrm{km^2/s^2}$、62.7 $\mathrm{km^2/s^2}$，等等。因此，水准面有无穷多个。水准面有以下特性：

(1)因重力位是由点位唯一确定的，因此在同一点上，不可能出现两个以上的重力位值，故水准面不相交、不相切。

(2)水准面是连续的、不间断的封闭曲面。

(3)水准面是光滑的、无棱角的曲面。

(4)由式(5-7)知，重力位的数值不仅取决于地球总质量 M 和被吸引点的位置，而且还取决于地球内部物质分布及地面起伏。由于地球内部物质分布不均匀及地面起伏的不规则性，决定了水准面是不规则曲面。

(5)将物体沿水准面移动时，重力不做功，故水准面与重力线即铅垂线正交。

(6)两水准面间不平行。

事实上，将单位质量的物体由一个水准面移到无穷接近的另一水准面，不论该物体位于什么位置，重力做功 $\mathrm{d}w$ 都是相等的，而重力做功与移动距离之间的关系为

$$\mathrm{d}h = -\frac{\mathrm{d}w}{g} \tag{5-8}$$

由于各点的重力加速度 g 不等，故 $\mathrm{d}h$ 也不等，即水准面不平行。

3.1.2 大地水准面

如前所述，水准面有无穷多个，其中通过平均海水面的水准面称为大地水准面。由大地水准面所包围的形体叫大地体。因为大地水准面是水准面之一，故大地水准面具有水准面的所有特性。

研究大地水准面的形状是大地测量学的重要任务之一。由于地球内部物质分布的复杂性和地面高低起伏的不规则性，决定了大地水准面的不规则性。为便于研究，将地球看作规则的椭球体，并将其分成许多圈层，假定同一圈层内物质密度相同，所有圈层的质量

之和等于地球总质量。在这样假设的前提下得到的重力位面称为正常重力位面。然后设法求得大地水准面与正常重力位面之差,按此差值对正常重力位面进行改正,得大地水准面。目前世界上还没有精确的适合全球的大地水准面模型。因此,世界各国根据本国的具体情况使用不同的大地水准面。我国是在青岛设立黄海验潮站,求得黄海平均海水面,将过此平均海水面的水准面作为大地水准面。换言之,我国的大地水准面上任一点处的重力位与黄海验潮站平均海水面的重力位相等。

3.1.3 总地球椭球面与参考椭球面

大地水准面作为高程起算面解决了高程测量基准问题。由于其不规则性,对于平面测量和三维空间位置测量很不方便。为此,用一个形状大小与大地体非常接近的椭球体代替大地体。

3.1.3.1 总地球椭球

在卫星大地测量中用总地球椭球代替大地体来计算地面点位。总地球椭球的定义包括如下四个方面:

(1)椭球的形状大小参数采用国际大地测量与地球物理联合会的推荐值。如 WGS—84 坐标系采用 1979 年第 17 届国际大地测量与地球物理联合会的推荐值:长半径 $a = 6\ 378\ 137$ m,由相关数据算得扁率为 $\alpha = 1/298.257\ 223\ 563$。

(2)椭球中心位置位于地球质量中心。

(3)椭球旋转轴与地球自转轴重合。

(4)起始大地子午面与起始天文子午面重合。

3.1.3.2 参考椭球

在天文大地测量与几何大地测量中用参考椭球代替大地体来计算地面点位。参考椭球定义如下:

(1)形状大小采用国际组织推荐值或采用天文大地测量和几何大地测量的计算值。如 1980 年国家大地坐标系采用 1975 年第 16 届国际大地测量与地球物理联合会推荐值,长半径 $a = 6\ 378\ 140$ m,由相关参数算得扁率 $\alpha = 1/298.257$。北京“54”坐标系采用 1940 年克拉索夫斯基椭球参数,$a = 6\ 378\ 245$ m,$\alpha = 1/298.3$。

(2)椭球旋转轴与地球自转轴重合。

(3)起始大地子午面与起始天文子午面重合。

(4)椭球体与大地体之间满足垂线偏差及大地水准面差距的平方和最小。这样定位的参考椭球体其中心位置不在地球质量中心。

3.2 地球坐标系

确定卫星位置用天球坐标系比较方便,而确定地面点位则用地球坐标系比较方便。最常用的地球坐标系有两种:一种是地球空间直角坐标系,另一种是大地坐标系。

如图 5-5 所示,地球空间直角坐标系的坐标原点位于地球质心(地心坐标系)或参考椭球中心(参心坐标系),z 轴指向地球北极,x 轴指向起始子午面与地球赤道的交点,y 轴垂直于 xoz 面并构成右手坐标系。

大地坐标系是用大地经度 L、大地纬度 B 和大地高 H 表示地面点位的。过地面点 P 的子午面与起始子午面间的夹角叫 P 点的大地经度。由起始子午面起算,向东为正,叫东经(0°～180°),向西为负,叫西经(0°～－180°)。过 P 点的椭球法线与赤道面的夹角叫 P 点的大地纬度。由赤道面起算,向北为正,叫北纬(0°～90°),向南为负,叫南纬(0°～－90°)。从地面点 P 沿椭球法线到椭球面的距离叫大地高。

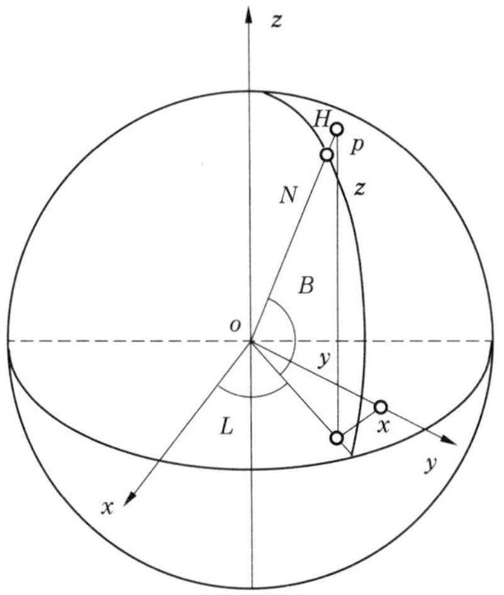

图 5-5　地球空间直角坐标系与大地坐标系

同一地面点在地球空间直角坐标系中的坐标和在大地坐标系中的坐标可用如下两组公式转换。

$$\left.\begin{aligned} x &= (N+H)\cos B\cos L \\ y &= (N+H)\cos B\sin L \\ z &= [N(1-e^2)+H]\sin B \end{aligned}\right\} \tag{5-9}$$

$$\left.\begin{aligned} L &= \arctan\frac{y}{x} \\ B &= \arctan\frac{z+Ne^2\sin B}{\sqrt{x^2+y^2}} \\ H &= \frac{z}{\sin B}-N(1-e^2) \end{aligned}\right\} \tag{5-10}$$

式中　e——子午椭圆第一偏心率,可由长、短半径按式 $e^2=(a^2-b^2)/a^2$ 算得;

　　N——法线长度,可由式 $N=a/\sqrt{1-e^2\sin^2 B}$ 算得。

式(5-10)第二式中的 B 必须用迭代的方法求解。

3.3　地极移动与协议地球坐标系

由于地球不是刚体,在地幔对流以及其他物质迁移的影响下,地球自转轴相对于地球体发生移动,这种现象叫地极移动,简称极移。在建立地球坐标系时,如果使 z 轴指向某一观测时刻的地球北极,这样的地球坐标系称为瞬时地球坐标系。显然,瞬时地球坐标系并未与地球固连,因而地面点在瞬时地球坐标系中的位置也是变化的。

为了比较简明地描述地极移动规律,国际纬度局根据 1900～1905 年期间 5 个国际纬度站的观测结果取平均,定义了协议原点(CIO)。过 CIO 作地球切平面,并以 CIO 为原点建立平面直角坐标系,其中 x_p 轴指向格林尼治方向,y_p 轴指向西经 90°方向。某一观测时刻的地极位置可用瞬时地极坐标 x_p 和 y_p 表示。国际地球自转服务组织(IERS)定期公布瞬时地极坐标和各年度的平均地极坐标,如图 5-6 所示为 1995 ~ 1998 年的地极移动情况。

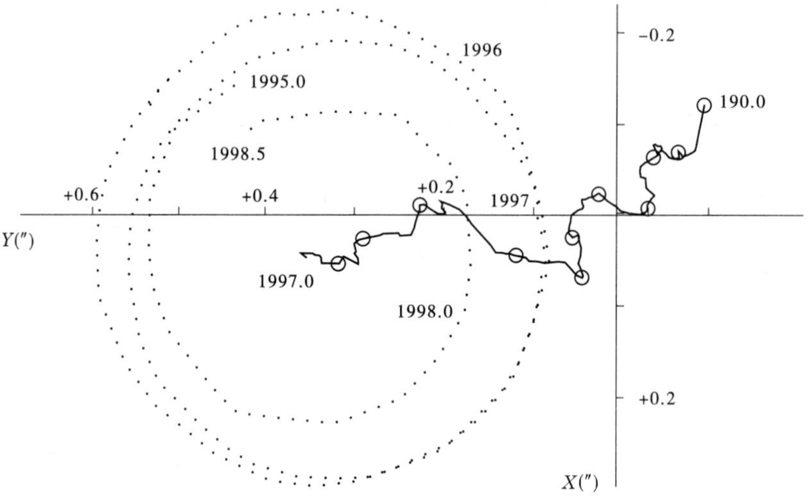

图 5-6　1995 ~ 1998 年地极移动轨迹

以 CIO 为参照,国际时间局(BIH)等其他国际组织也根据观测数据定义了不同的协议地极,如 BIH84.0 等。

z 轴指向协议地球北极的地球坐标系称为协议地球坐标系。瞬时地球坐标系与协议地球坐标系之间的坐标可通过式(5-11)转换。

$$\begin{pmatrix} x \\ y \\ z \end{pmatrix}_{协议} = \begin{pmatrix} 1 & 0 & x_p \\ 0 & 1 & -y_p \\ -x_p & y_p & 1 \end{pmatrix} \begin{pmatrix} x \\ y \\ z \end{pmatrix}_{瞬时} \tag{5-11}$$

在 GPS 测量中,为确定地面点的位置,需要将 GPS 卫星在协议天球坐标系中的坐标转换为协议地球坐标系中的坐标,转换步骤为:协议天球坐标系—瞬时平天球坐标系—瞬时天球坐标系—瞬时地球坐标系—协议地球坐标系。其中除第三步由瞬时天球坐标系转换为瞬时地球坐标系外,其他步骤的转换方法前已述及,此处只介绍第三步的转换。

瞬时天球坐标系与瞬时地球坐标系的坐标原点相同,z 轴指向相同,只是两坐标系的 x 轴在赤道上有一夹角,角值为春分点的格林尼治恒星时。因此,只需将瞬时天球坐标系绕 z 轴旋转春分点的格林尼治恒星时时角 GAST 即可。计算公式如下:

$$\begin{pmatrix} x \\ y \\ z \end{pmatrix}_{瞬地} = \begin{pmatrix} \cos(GAST) & \sin(GAST) & 0 \\ -\sin(GAST) & \cos(GAST) & 0 \\ 0 & 0 & 1 \end{pmatrix} \begin{pmatrix} x \\ y \\ z \end{pmatrix}_{瞬天} \tag{5-12}$$

4　高斯投影与横轴墨卡托投影

各种测绘图纸都是平面图纸。为了便于绘制测量图件,有必要将椭球形的地球表面投影到平面上。也就是将大地坐标系中的大地经纬度通过一定的投影法则换算为平面直角坐标系的坐标。我国大地测量采用高斯投影，中央子午线投影后长度不变，即投影比为1。其他曲线的长度均变长，即投影比均大于1。离中央子午线越远，长度变形越大。对于6°带分带子午线，其最大相对变形量可达1/730。

为缩小高斯投影的长度变形，世界上大多数国家采用横轴墨卡托投影，即使中央子午线投影比小于1而分带子午线投影比大于1，这就使得长度变形大幅度缩小，从而提高了平面图形的精度。对于6°带，使中央子午线的投影比为0.999 6，在纬度为40°的地点，中央子午线的长度变形为 -0.000 40(1/2 500)，而分带子午线的长度变形为 +0.000 40，这种投影方法称为通用横轴墨卡托投影。对于任意带，可适当选择中央子午线的投影比，使测区的正、负最大投影变形量接近。显然，如果选择中央子午线的投影比为1，则成为高斯投影。可见，高斯投影是横轴墨卡托投影的一个特例。

GPS测量的最终坐标是平面直角坐标和高程，但在计算过程中，为了便于坐标系的转换，也要建立空间直角坐标和大地坐标。

5 高程系统

5.1 正高

所谓正高，是指地面点沿铅垂线到大地水准面的距离。如图5-7所示，B点的正高为：

$$H_{正}^{B} = \sum \Delta H_i$$

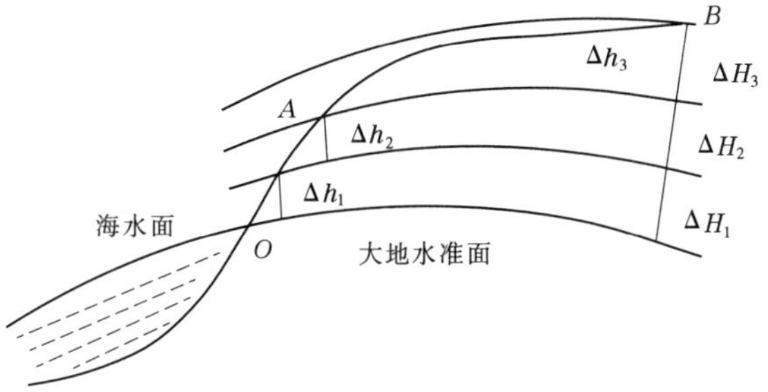

图5-7 正高系统

由于水准面不平行，从O点出发，沿OAB路线用几何水准测量B点高程，显然

$$\sum \Delta h_i \neq \sum \Delta H_i$$

为此，应在水准路线上测量相应的重力加速度g_i，则B点的正高为：

$$H_{正}^{B} = \frac{1}{g_m^B}\int_{OAB} g\mathrm{d}h \tag{5-13}$$

式(5-13)中的g和$\mathrm{d}h$可在水准路线上测得，而g_m^B为B点不同深度处的重力加速度平均值，只能由重力场模型确定，在没有精确的重力场模型的情况下，$H_{正}^{B}$无法求得。

5.2 正常高

在式(5-13)中，用B点不同深度处的正常重力加速度γ_m^B代替实测重力加速度g_m^B，可得B点正常高

$$H_{常}^{B} = \frac{1}{\gamma_m^B}\int_{OAB} g\mathrm{d}h \tag{5-14}$$

从地面点沿铅垂线向下量取正常高所得曲面称为似大地水准面。我国采用正常高系统，也就是说，我国的高程起算面实际上不是大地水准面而是似大地水准面。似大地水准面在海平面上与大地水准面重合，在我国东部平原地区，两者相差若干厘米，在西部高原地区相差若干米。

5.3 大地高

地面点沿椭球法线到椭球面的距离叫该点的大地高，用 H 表示。大地高与正常高有如下关系

$$\left.\begin{aligned} H &= H_{正} + N \\ H &= H_{常} + \xi \end{aligned}\right\} \tag{5-15}$$

式中 N——大地水准面差距；

ξ——高程异常。

6 GPS 测量中的常用坐标系

当涉及坐标系的问题时，有两个相关概念应当加以区分。一是大地测量的坐标系，它是根据有关理论建立的，不存在测量误差。同一个点在不同坐标系中的坐标转换也不影响点位。二是大地测量基准，它是根据测量数据建立的坐标系，由于测量数据有误差，所以大地测量基准也有误差，因而同一点在不同基准之间转换将不可避免地要产生误差。通常，人们对两个概念都用坐标系来表达，不加严格区分。如 WGS—84 坐标系和北京“54”坐标系实际上都是大地测量基准。

6.1 WGS—84 坐标系

WGS—84 坐标系是美国根据卫星大地测量数据建立的大地测量基准，是目前 GPS 所采用的坐标系。GPS 卫星发布的星历就是基于此坐标系的，用 GPS 所测的地面点位，如不经过坐标系的转换，也是此坐标系中的坐标。WGS—84 坐标系定义如表 5-2 所示。

表 5-2 WGS—84 坐标系定义

坐标系类型	WGS—84 坐标系属地心坐标系
原点	地球质量中心
z 轴	指向国际时间局定义的 BIH1984.0 的协议地球北极
x 轴	指向 BIH1984.0 的起始子午线与赤道的交点
参考椭球	椭球参数采用 1979 年第 17 届国际大地测量与地球物理联合会推荐值
椭球长半径	a = 6 378 137 m
椭球扁率	由相关参数计算的扁率：α = 1/298.257 223 563

6.2 1954 年北京“54”坐标系

1954 年北京坐标系实际上是苏联的大地测量基准，属参心坐标系，参考椭球在苏联境内与大地水准面最为吻合，在我国境内大地水准面与参考椭球面相差最大为 67 m。

1954 年北京坐标系定义如表 5-3 所示。

表 5-3 1954 年北京坐标系定义

坐标系类型	1954 年北京坐标系属参心坐标系
原点	位于苏联的普尔科沃
z 轴	没有明确定义
x 轴	没有明确定义
参考椭球	椭球参数采用 1940 年克拉索夫斯基椭球参数
椭球长半径	$a = 6\ 378\ 245$ m
椭球扁率	由相关参数计算的扁率：$\alpha = 1/298.3$

1954 年"54"坐标系存在以下问题：

(1)椭球参数与现代精确参数相差很大，且无物理参数；

(2)该坐标系中的大地点坐标是经过局部分区平差得到的，在区与区的接合部，同一点在不同区的坐标值相差 1～2 m；

(3)不同区的尺度差异很大；

(4)坐标是从我国东北传递到西北和西南，后一区是以前一区的最弱部作为坐标起算点，因此有明显的坐标积累误差。

6.3 1980 年国家大地坐标系

1980 年国家大地测量坐标系是根据 20 世纪 50～70 年代观测的国家大地网进行整体平差建立的大地测量基准。椭球定位在我国境内与大地水准面最佳吻合。1980 年国家大地测量坐标系定义如表 5-4 所示。

表 5-4 1980 年国家大地测量坐标系定义

坐标系类型	1980 年国家大地测量坐标系属参心坐标系
原点	位于我国中部——陕西省泾阳县永乐镇
z 轴	平行于地球质心指向我国定义的 1968.0 地极原点(JYD)方向
x 轴	起始子午面平行于格林尼治平均天文子午面
参考椭球	椭球参数采用 1975 年第 16 届国际大地测量与地球物理联合会的推荐值
椭球长半径	$a = 6\ 378\ 140$ m
椭球扁率	由相关参数计算的扁率：$\alpha = 1/298.257$

相对于 1954 年北京坐标系而言，1980 年国家大地坐标系的内符合性要好得多。

1954 年北京坐标系和 1980 年国家大地坐标系中大地点的高程起算面是似大地水准面，是二维平面与高程分离的系统。而 WGS—84 坐标系中大地点的高程是以"84"椭球作为高程起算面的，所以是完全意义上的三维坐标系。

6.4 ITRF 国际参考框架

国际地球自转服务组织(IERS)每年将其所属全球站的观测数据进行综合处理分析，

得到一个 ITRF 框架,并以 IERS 年报和 IERS 技术备忘录的形式发布。自 1988 年起,IERS 已经发布了 ITRF88、ITRF89、ITRF90、ITRF91、ITRF92、ITRF93、ITRF94、ITRF96、ITRF97、ITRF2000 等全球坐标参考框架。各框架在原点、定向、尺度及时间演变基准的定义上有微小差别。

目前 ITRF 参考框架已在世界上得到广泛应用,我国各地建立的网络系统也为用户提供 ITRF 框架的转换服务。

6.5 地方坐标系

6.5.1 投影过程中产生的变形

为了便于绘制平面图形,地面点应沿椭球法线投影到椭球面上,再通过高斯投影将地面点在椭球面上的投影点投影到高斯平面上。地面点的位置最终以平面坐标 x、y 和高程 H 表示。在这一投影过程中会产生以下两种变形。

(1)高程归化变形。由于椭球面上两点的法线不平行,在不同高度上测量两点的两条法线之间的距离也不相同,高度越大,距离越长。如图 5-8 所示,将 A、B 两点沿法线投影到椭球面上,会引起椭球面上的距离 D_{AB} 与地面上的距离 S_{AB} 不等,其差值称为高程归化变形。对于一般工程而言,$(S_{AB}-D_{AB})/D_{AB}$ 应不超过 1/40 000。因 $(S_{AB}-D_{AB})/D_{AB}=H/R$,由此求得 H 应不超过 160 m。在我国东部沿海地区,地面高程一般较小,可以不考虑高程归化变形。而对于中西部地区,地面高程较大,高程归化变形引起的图上长度与实地长度相差过大,不利于工程建设。所以需要用测区平均高程面代替椭球面,将地面点沿法线投影到测区平均高程面上之后,再进行高斯投影。例如,某测区地面到北京"54"椭球的距离为 1 500 ~ 1 800 m。则可选择 1 650 m 的高程面作为测区平均高程面,也就是将北京"54"椭球的长半径由 6 378 245 m 增大到 63 279 895 m,而椭球扁率仍为 1/298.3。

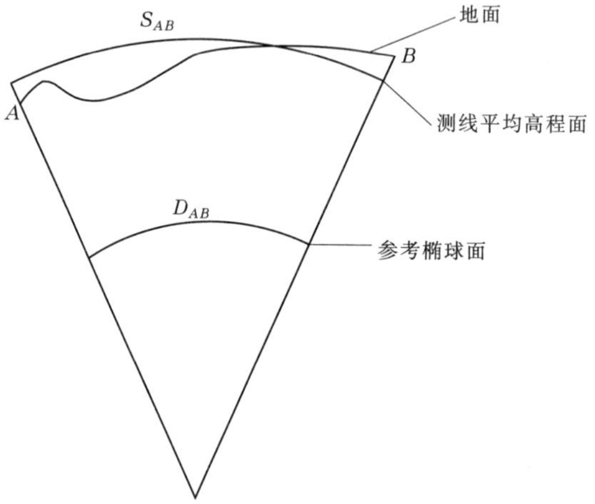

图 5-8 高程归化变形

(2)高斯投影长度变形。在高斯投影时,中央子午线投影后长度不变,离中央子午线越远,长度变形越大。设 A、B 两点在椭球面上的长度为 D_{AB},在高斯平面上的长度为 L_{AB},则

$$\frac{L_{AB}-D_{AB}}{L_{AB}}=\frac{y_m^2}{2R^2}$$

一般工程要求这一变形不超过1/40 000,由此求得 AB 离中央子午线的距离应不超过45 km。对于国家3°带,离中央子午线的最大距离可达167 km。所以,当测区到中央子午线的距离超过 45 km 时,应重新选择中央子午线。例如,某测区经度为 106°12′ ~ 106°30′,则该测区所在3°带中央子午线经度为105°,测区纬度为32°30′ ~ 32°38′,该测区离3°带中央子午线的最大距离为150 km。因此,在高斯投影时应另行选择中央子午线经度为106°21′。

6.5.2 建立地方坐标系的方法

当测区高程大于160 m或离中央子午线距离大于45 km时,不应采用国家统一坐标系而应建立地方坐标系。建立地方坐标系的最简单的方法如下:

(1)选择测区任意带中央子午线经度,使中央子午线通过测区中央,并对已知点的国家统一坐标(x_i,y_i)进行换带计算,求得已知点在该带中的坐标(x_i',y_i');

(2)选择测区平均高程面的高程 h_0,使椭球长半径增大 h_0,或者将已知点在该带中的坐标增量增大$(1+h_0/R)$倍,求得改正后坐标增量($\Delta x'$,$\Delta y'$)。

$$\left.\begin{aligned}\Delta x'=\Delta x\left(1+\frac{h_0}{R}\right)\\ \Delta y'=\Delta y\left(1+\frac{h_0}{R}\right)\end{aligned}\right\}\tag{5-16}$$

(3)选择一个已知点作为坐标原点,使该点坐标仍为该带坐标不变,即

$$\left.\begin{aligned}x''_0=x'_0\\ y''_0=y'_0\end{aligned}\right\}\tag{5-17}$$

或者给原点坐标加一个常数

$$\left.\begin{aligned}x''_0=x'_0+C_x\\ y''_0=y'_0+C_y\end{aligned}\right\}\tag{5-18}$$

或者直接取原点坐标为某值。

(4)其他各已知点坐标按原点坐标和改正后坐标增量计算,即

$$\left.\begin{aligned}x''_i=x''_0+\Delta x'_{0\sim i}\\ y''_i=y''_0+\Delta y'_{0\sim i}\end{aligned}\right\}\tag{5-19}$$

6.5.3 计算实例

【例5-1】 某测区位于东经106°12′ ~ 106°30′,北纬32°30′ ~ 32°38′,地面高程为1 500 ~ 1 800 m,测区有 A、B、C 三个已知点,它们在“54”坐标系中3°带的坐标如表5-5所示。

试建立地方坐标系并求 A、B、C 三点在地方坐标系中的坐标。

解:

(1)选择中央子午线经度为106°21′00.00″,对 A、B、C 三点进行换带计算,求得换带的坐标为:

表 5-5　A、B、C 三个已知点“54”坐标

A 点	x_A	3 597 360. 333 m
	y_A	35 613 557. 185 m
B 点	x_B	3 598 454. 256 m
	y_B	35 619 466. 228 m
C 点	x_C	3 605 432. 018 m
	y_C	35 614 772. 066 m

$$\begin{cases} x'_A = 3\ 596\ 717.064 \text{ m} \\ y'_A = 499\ 832.492 \text{m} \\ x'_B = 3\ 597\ 743.691 \text{ m} \\ y'_B = 505\ 752.578 \text{ m} \\ x'_C = 3\ 604\ 773.136 \text{ m} \\ y'_C = 501\ 138.759 \text{ m} \end{cases}$$

(2)选择测区平均高程面的高程为 $h_0 = 1\ 650$ m,并根据测区纬度求得平均曲率半径为 $R = 6\ 369\ 200$ m,由此求得改正后坐标增量为:

$$\begin{cases} \Delta x'_{AB} = +1\ 026.893 \text{ m} \\ \Delta y'_{AB} = +5\ 921.620 \text{ m} \\ \Delta x'_{AC} = +8\ 058.159 \text{ m} \\ \Delta y'_{AC} = +1\ 306.605 \text{ m} \end{cases}$$

(3)选择 A 点为坐标原点,并取 A 点的地方坐标系坐标为:

$$\begin{cases} x''_A = 50\ 000.000 \text{ m} \\ y''_A = 50\ 000.000 \text{ m} \end{cases}$$

(4)由式(5-19)算得 B、C 两点在地方坐标系中的坐标为:

$$\begin{cases} x''_B = 51\ 026.893 \text{ m} \\ y_B'' = 55\ 921.620 \text{ m} \\ x''_C = 58\ 058.159 \text{ m} \\ y''_C = 51\ 306.605 \text{ m} \end{cases}$$

由于高程归化变形与高斯投影变形的符号相反,所以可将地面长度投影到参考椭球面而不选择测区平均高程面,用适当选择投影带中央子午线的方法抵消高程归化变形。也可使中央子午线与国家统一坐标的中央子午线一致,而通过适当选择高程面来抵消高斯投影变形。这两种建立地方坐标系的方法与前述的第一种方法原理相同,计算方法大同小异,此处不再赘述。

7　坐标系统的转换

GPS 采用 WGS—84 坐标系,而在工程测量中所采用的是北京“54”坐标系或西安

"80"坐标系或地方坐标系。因此,需要将 WGS—84 坐标系转换为工程测量中所采用的坐标系。

7.1　空间直角坐标系的转换

如图 5-9 所示,WGS—84 坐标系的坐标原点为地球质量中心,而北京"54"坐标系和西安"80"坐标系的坐标原点是参考椭球中心。所以在两个坐标系之间进行转换时,应进行坐标系的平移,平移量可分解为 Δx_0、Δy_0 和 Δz_0。又因为 WGS—84 坐标系的三个坐标轴方向也与北京"54"坐标系或西安"80"坐标系的坐标轴方向不同,所以还需将北京"54"坐标系或西安"80"坐标系分别绕 x 轴、y 轴和 z 轴旋转 ω_x、ω_y、ω_z。此外,两坐标系的尺度也不相同,还需进行尺度转换。两坐标系间转换的公式如下。

$$\begin{pmatrix} x \\ y \\ z \end{pmatrix}_{84} = \begin{pmatrix} \Delta x_0 \\ \Delta y_0 \\ \Delta z_0 \end{pmatrix} + (1+m)\begin{pmatrix} 1 & \omega_z & -\omega_y \\ -\omega_z & 1 & \omega_x \\ \omega_y & -\omega_x & 1 \end{pmatrix}\begin{pmatrix} x \\ y \\ z \end{pmatrix}_{54/80} \tag{5-20}$$

式中　m——尺度比因子。

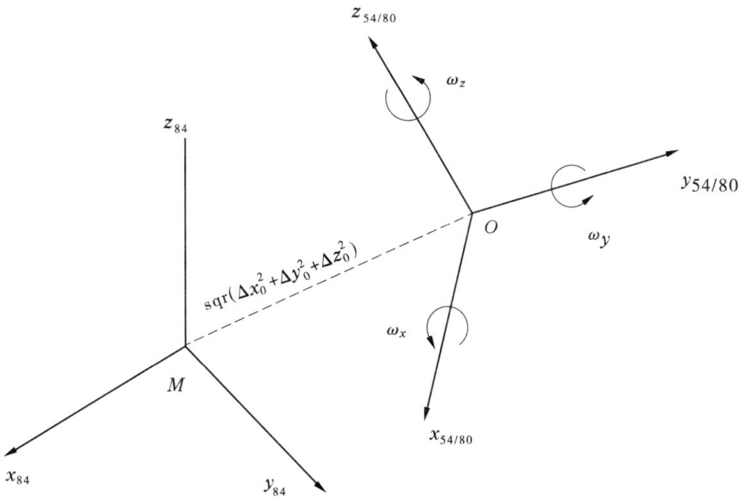

图 5-9　空间直角坐标系的转换

要在两个空间直角坐标系之间转换,需要知道 3 个平移参数(Δx_0,Δy_0,Δz_0),3 个旋转参数(ω_x,ω_y,ω_z)以及尺度比因子 m。为求得 7 个转换参数,在两个坐标系中至少应有 3 个公共点,即已知 3 个点在 WGS—84 中的坐标和在北京"54"坐标系或西安"80"坐标系中的坐标。在求解转换参数时,公共点坐标的误差对所求参数影响很大,因此所选公共点应满足下列条件:①点的数目要足够多,以便检核;②坐标精度要足够高;③分布要均匀;④覆盖面要大,以免因公共点坐标误差引起较大的尺度比因子误差和旋转角度误差。

在 WGS—84 坐标系与北京"54"坐标系或西安"80"坐标系的大地坐标系之间进行转换,除上述 7 个参数外,还应给出两坐标系的两个椭球参数,一个是长半径,另一个是扁率。

以上转换步骤中,计算人员只需输入 7 个转换参数或公共点坐标、椭球参数、中央子

午线经度和 x、y 加常数即可，其他计算工作由软件自动完成。

在 WGS—84 坐标系与地方坐标系之间进行转换的方法与北京"54"坐标系或西安"80"坐标系类似，但有如下三点不同：①地方坐标系的参考椭球长半径是在北京"54"坐标系或西安"80"坐标系的椭球长半径上加上测区平均高程面的高程 h_0；②中央子午线通过测区中央；③平面直角坐标 x、y 的加常数不是 0 和 500 km，而是其地值。

7.2 平面直角坐标系的转换

如图 5-10 所示，在两平面直角坐标系之间进行转换，需要有 4 个转换参数，其中 2 个平移参数（$\Delta x_0, \Delta y_0$），1 个旋转参数 α 和 1 个尺度比因子 m。转换公式如下：

$$\begin{pmatrix} x \\ y \end{pmatrix}_{84} = (1+m)\left[\begin{pmatrix} \Delta x_0 \\ \Delta y_0 \end{pmatrix} + \begin{pmatrix} \cos\alpha & \sin\alpha \\ -\sin\alpha & \cos\alpha \end{pmatrix}\begin{pmatrix} x \\ y \end{pmatrix}_{54/80}\right] \tag{5-21}$$

为求得 4 个转换参数，应至少有两个公共点。

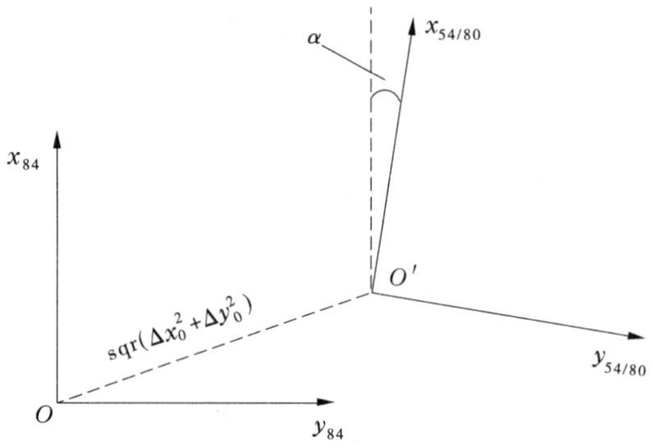

图 5-10　平面直角坐标系的转换

7.3 高程系统的转换

GPS 所测得的地面高程是以 WGS—84 椭球面为高程起算面的，而我国的 1956 年黄海高程系和 1985 年国家高程基准是以似大地水准面作为高程起算面的。所以必须进行高程系统的转换。使用较多的高程系统转换方法是高程拟合法、区域似大地水准面精化法和地球模型法。因目前还没有适合于全球的大地水准面模型，所以此处只介绍前两种方法。

7.3.1 高程拟合法

虽然似大地水准面与椭球面之间的距离变化极不规则，但在小区域内，用斜面或二次曲面来确定似大地水准面与椭球面之间的距离还是可行的。

7.3.1.1 斜面拟合法

由式(5-15)知，大地高与正常高之差就是高程异常 ξ，在小区域内可将 ξ 看成平面位置 x、y 的一次函数，即

$$\xi = ax + by + c \tag{5-22}$$

或

$$H - H_{常} = ax + by + c \tag{5-23}$$

如果已知至少 3 个点的正常高 $H_{常}$ 并测出其大地高 H，则可解出式(5-23)中的系数

a、b、c,然后便可根据任一点的大地高按式(5-23)求得相应的正常高。

$$H_{常} = H - ax - by - c \tag{5-24}$$

7.3.1.2　二次曲面拟合法

二次曲面拟合法的方程式为:

$$H - H_{常} = ax^2 + by^2 + cxy + dx + ey + f \tag{5-25}$$

如已知至少6个点的正常高并测得大地高,便可解出 a、b、…、f 等6个参数,然后根据任一点的大地高便可求得相应的正常高。

7.3.2　区域似大地水准面精化法

区域似大地水准面精化法就是在一定区域内采用精密水准测量、重力测量及GPS测量,先建立区域内精确的似大地水准面模型(见图5-11),然后便可根据此模型快速准确地进行高程系统的转换。精确求定区域似大地水准面是大地测量学的一项重要的科学目标,也是一项极具实用价值的工程任务。我国高精度省级似大地水准面精化工作正在部分省市展开。如青岛、深圳、江苏等省市已建成厘米级的区域似大地水准面模型。在具有如此高精度的似大地水准面模型的地方,用GPS测高程可代替三等水准。

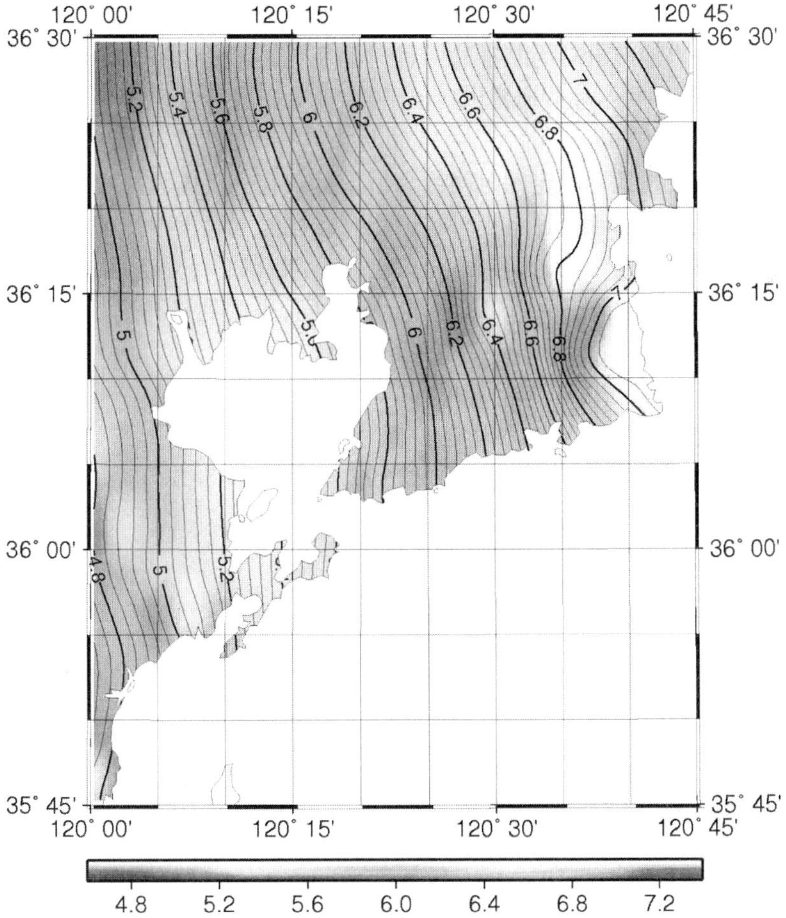

图5-11　区域内精确的似大地水准面模型

第二节 GPS 测量的时间系统

在现代大地测量中，为了研究诸如地壳升降和地球板块运动等地球动力学现象，时间也和描述观测点的空间坐标一样，成为研究点位运动过程和规律的一个重要分量，从而使大地网点成为空间与时间参考系中的四维大地网点。

在 GPS 测量中，时间对点位的精度具有决定性的作用。首先，作为动态已知点的 GPS 卫星的位置是不断变化的，在星历中，除了要给出卫星的空间位置参数以外，还要给出相应的时间参数。其次，GPS 测量是通过接收和处理 GPS 卫星发射的电磁波信号来确定星、站距离进而求得测站坐标的。要精确测定星、站距离，就必须精确测定信号传播时间。其三，由于地球自转的缘故，地面点在天球坐标系中的位置是不断变化的，为了根据 GPS 卫星位置确定地面点位置，就必须进行天球坐标系与地球坐标系的转换。为此也必须精确测定时间。所以，在建立 GPS 定位系统的同时，就必须建立相应的时间系统。

1 世界时系统

世界时系统是以地球自转为基准的一种时间系统。然而，由于观察地球自转运动所选的空间参考点不同，世界时系统又包括恒星时、平太阳时和世界时。

1.1 恒星时(Sidereal Time,ST)

由春分点的周日视运动确定的时间称为恒星时。春分点连续两次经过本地子午线的时间间隔为一恒星日，含 24 个恒星小时。恒星时在数值上等于春分点相对于本地子午圈的时角。在岁差和章动的影响下，春分点分为真春分点和平春分点，相应的恒星时也分为真恒星时和平恒星时。此外，为了确定世界统一时间，也用到格林尼治恒星时。所以，恒星时分为以下四种。

$LAST$——真春分点的地方时角；

$GAST$——真春分点的格林尼治时角；

$LMST$——平春分点的地方时角；

$GMST$——平春分点的格林尼治时角。

四种恒星时有如下关系：

$$\left.\begin{aligned} LAST - LMST = GAST - GMST = \Delta\Psi\cos\varepsilon \\ GMST - LMST = GAST - LAST = \lambda \end{aligned}\right\} \tag{5-26}$$

式中 λ——天文经度；

$\Delta\Psi$——黄经章动；

ε——黄赤交角。

1.2 平太阳时(Mean solar Time,MT)

因地球绕太阳公转的轨道为一椭圆，所以太阳视运动的速度是不均匀的。以真太阳周年视运动的平均速度确定一个假想的太阳，且其在天球赤道上做周年视运动，称为平太阳。以平太阳连续两次经过本地子午圈的时间间隔为一个平太阳日，含 24 个平太阳小时。与恒星时一样，平太阳时也具有地方性，故常称为地方平太阳时或地方平时。

1.3 世界时(Universal Time,UT)

以子夜零时起算的格林尼治平太阳时称为世界时,如以 GAMT 表示平太阳相对于格林尼治子午圈的时角,则世界时 UT 与平太阳时之间的关系为:

$$UT = GAMT + 12(\mathrm{h}) \tag{5-27}$$

在地极移动的影响下,平太阳连续两次经过格林尼治子午圈的时间间隔并不均等。此外,地球自转速度也不均匀,它不仅包含有长期的减缓趋势,而且还含有一些短周期的变化和季节性变化。因此,世界时也不均匀。从 1956 年开始,在世界时中加入了极移改正和地球自转速度的季节性改正,改正后的世界时分别用 UT_1 和 UT_2 表示,未经改正的世界时用 UT_0 表示,其关系为:

$$\left.\begin{aligned} UT_1 &= UT_0 + \Delta\lambda \\ UT_2 &= UT_1 + \Delta TS \end{aligned}\right\} \tag{5-28}$$

式中 $\Delta\lambda$——极移改正;

ΔTS——地球自转速度的季节性变化改正。

世界时 UT_2 虽经过以上两项改正,但仍含有地球自转速度逐年减缓和不规则变化的影响,所以世界时 UT_2 仍是一个不均匀的时间系统。

2 原子时(Atomic Time,AT)

随着科技的发展,人们对时间稳定度的要求不断提高。以地球自转为基础的世界时系统已不能满足要求。为此,从 20 世纪 50 年代起,便建立了以原子能级间的跃迁特征为基础的原子时系统。

原子时秒长定义为:位于海平面上的铯 Cs^{133} 原子基态两个超精细能级间,在零磁场中跃迁辐射振荡 9 192 631 770 周所持续的时间,为一原子秒。原子时的起点定义为 1958 年 1 月 1 日零时的 UT_2(事后发现 AT 比 UT_2 慢 0.003 9 s),国际上用约 100 台原子钟推算统一的原子时系统,称为国际原子时系统(IAT)。

3 协调世界时(Coordinate Universal Time,UTC)

原子时的优点是稳定度极高,缺点是与昼夜交替不一致。为了保持原子时的优点而避免其缺点,从 1972 年起,采用了以原子时秒长为尺度,时刻上接近于世界时的一种折中时间系统,称为协调世界时。

协调世界时秒长等于原子时秒长,采用闰秒的办法使协调世界时的时刻与世界时接近。两者之差应不超过 0.9 s,否则在协调世界时的时刻上减去 1 s,称为闰秒。闰秒的时间定在 6 月 30 日末或 12 月 31 日末,由国际地球自转服务组织(IERS)确定并事先公布。目前几乎所有国家发播的时号,都以 UTC 为基准。

协调时与国际原子时之间的关系可由下式定义:

$$IAT = UTC + 1' \times n \tag{5-29}$$

式中 n——调整参数,其值由 IERS 发布。

为使用世界时的用户得到精度较高的 UT_l 时刻,时间服务部门在播发协调时(UTC)时号的同时,给出 UT_l 与 UTC 的差值。这样用户便可容易地由 UTC 得到相应的 UT_l。

目前，几乎所有国家时号的播发，均以 UTC 为基准。时号播发的同步精度约为 ±0.2 ms。考虑到电离层折射的影响，在一个台站上接收世界各国的时号，其误差将不会超过 ±1 ms。

4 GPS 时间系统(GPST)

为了精确导航和测量的需要，GPS 建立了专用的时间系统。由 GPS 主控站的原子钟控制。

GPS 时属原子时系统，其秒长与原子时相同。原点定义为 1980 年 1 月 6 日零时与协调世界时的时刻一致。GPS 时与国际原子时的关系为：

$$IAT - GPST = 19\ \text{s} \tag{5-30}$$

GPS 时与协调世界时的关系为：

$$GPST = UTC + 1' \times n - 19 \tag{5-31}$$

n 值由国际地球自转服务组织公布。1987 年 $n=23$，GPS 时比协调世界时快 4 s，即 $GPST = UTC + 4\ \text{s}$；2005 年 12 月，$n=32$；2006 年 1 月，$n=33$，所以，2006 年 1 月 GPS 时与协调世界时的关系是：$GPST = UTC + 14\ \text{s}$。

5 北斗时间系统(BDT)

北斗卫星导航系统时间(BDT)也称为北斗“系统时”，是北斗系统定位导航授时(PNT)的基础，是为在授时、定时、时间同步、时间标准化以及定位导航领域广泛使用的时间术语。

2012 年 12 月 27 日中国卫星导航管理办公室发布的北斗卫星导航系统空间信号接口控制文件(ICD 文件)公开服务信号 BII(1.0 版)中是这样陈述 BDT 的：北斗系统的时间基准为北斗时(BDT)。BDT 采用国际单位制(SI)，秒为基本单位，连续累计，不闰秒，起始历元为 2006 年 1 月 1 日，协调世界时(UTC)00 时 00 分 00 秒，该时刻为 BDT 的原点；此刻，国际规定 DTAI = TAI − UTC = 33 s，北斗时与 UTC 同步精度为 ±1 μs。BDT 是(地方)原子时，不作闰秒调整，任何时候都(在整数秒上)与 TAI 相差 33 s，即

$$\text{BDT} \approx \text{UTC} + \text{DTAI} - 33\ \text{s} \tag{5-32}$$

表 5-6 BDT 与其他卫星导航系统时间及与 UTC 的整数秒时差换算 (单位：s)

时间系统	UTC	TAI	GPST	GLOT	GST	BDT
UTC	0	− DTAI	19 − DTAI	0	32 − DTAI	33 − DTAI
TAI	DTAI	0	19	DTAI	32	33
GPST	DTAI − 19	− 19	0	DTAI − 19	13	14
GLOT	0	− DTAI	19 − DTAI	0	32 − DTAI	33 − DTAI
GST	DTAI − 32	− 32	− 13	DTAI − 32	0	1
BDT	DTAI − 33	− 33	− 14	DTAI − 33	− 1	0

注：UTC 为协调世界时，TAI 为国际原子时，GPST 为 GPS(系统)时间，GLOT 为 GLONASS I 系统)时间，GST 为 GALILEO(系统)时间，BDT 为 BeiDou/Compass(系统)时间，DTAI = TAI − UTC。

学习指导

本章第一节介绍GPS测量中常用的坐标系统。由于GPS采用WGS—84坐标系，而我国各地常用的坐标系是1954年北京坐标系、1980年国家大地坐标系和地方坐标系。因此，无论测区范围多小，测量精度等级如何低，都会涉及坐标系统的转换问题。对于天球坐标系和地球坐标系，应掌握基本概念。而对于大地测量基准，包括WGS—84坐标系、1954年北京坐标系、1980年国家大地坐标系、地方坐标系以及高程基准及其转换，由于与相对定位的设计和数据处理以及差分定位的外业操作密切相关，不仅要牢固掌握基本概念，还应能够熟练地进行基准转换。

本章第二节简要介绍了时间系统。读者应重点掌握世界时、原子时、协调世界时和GPS时等时间系统的概念及其相互关系，GPS时间基准北斗时间基准的建立等内容。

习题5

5-1 熟悉下列概念：天球、黄道、黄赤交角、春分点、天球空间直角坐标系、天球球面坐标系、瞬时天球坐标系、瞬时平天球坐标系、协议天球坐标系。

5-2 熟悉下列概念：水准面、大地水准面、参考椭球面、总地球椭球面、地球空间直角坐标系、大地坐标系、瞬时地球坐标系、协议地球坐标系。

5-3 高斯投影与横轴墨卡托投影有何异同？

5-4 熟悉下列概念：似大地水准面、正高、正常高、大地高。

5-5 什么叫大地测量基准？它与大地测量坐标系有何异同？

5-6 熟悉WGS—84、北京“54”、西安“80”等坐标系的椭球参数和定位定向方法。

5-7 在北京“54”坐标系或西安“80”坐标系的基础上建立地方坐标系的步骤如何？

5-8 A、B两点在北京“54”坐标系中的坐标为：

$X_A = 3\ 278\ 012.222$ m，$Y_A = 35\ 608\ 666.666$ m，$X_B = 3\ 286\ 222.286$ m，$Y_B = 35\ 618\ 338.338$ m。

取地方坐标系的中央子午线经度为106°00′00″，投影面高程为1 200 m，原点坐标为：$X_A = 100\ 000.000$ m，$Y_A = 100\ 000.000$ m。

试用测量平差软件或GPS数据处理软件工具计算B点在地方坐标系中的坐标。

5-9 用题5-8的计算结果和A、B两点在北京“54”坐标系中的已知坐标，反求转换参数。

5-10 熟悉下列概念：七参数法、四参数法、转换参数、高程拟合法、区域似大地水准面精化法。

5-11 熟悉下列概念：恒星时、世界时、原子时、协调世界时、GPS时.BD时。

5-12 GPS时与协调世界时和原子时的关系如何？GPS时的时间基准是怎样建立的？

5-13 BD时与协调世界时和原子时的关系如何？BD时的时间基准是怎样建立的？

第六章　GPS测量技术设计

GPS测量同常规测量工作相类似，按照GPS测量实施过程，其工作程序可分为以下几个步骤：技术设计、选点埋石、外业准备、方案设计、外业施测、成果检核和内业数据处理。GPS测量是一项技术复杂、要求严格的工作。尽管GPS测量具有精度高、速度快等优越性，但为了得到可靠的观测成果，也必须有科学的技术设计、严谨的作业管理，并且GPS测量也应遵行统一的规范。本章主要介绍GPS测量的技术设计，外业实施和内业数据处理将分别在第八章和第九章中详细介绍。

第一节　GPS测量的技术设计

GPS测量的技术设计是进行GPS测量定位的最基础性工作，它是根据国家现行的规范、规程，针对GPS控制网的用途及用户要求，提出对GPS测量的网形、精度及基准等的具体设计。

1　GPS控制网的技术设计的依据

GPS控制网技术设计及外业测量的主要技术依据是GPS测量规范（规程）和测量任务书。

1.1　GPS测量规范（规程）

GPS测量规范（规程）是国家测绘管理部门和行业部门所制定的技术标准和法规，目前GPS控制网设计依据的规范（规程）有：

（1）中华人民共和国国家质量监督检验检疫总局、中国国家标准化管理委员会于2009年2月6日发布，2009年6月1日实施的《全球定位系统（GPS）测量规范》（Specifications for global positioning system（GPS）surveys）（GB / T 18314—2009），以下简称《国家规范》；

（2）中华人民共和国住房和城乡建设部在2010年3月15日发布并于2010年10月1日实施的中华人民共和国行业标准《卫星定位城市测量技术规范》（Technical code for urbensurveying using satellite Positioning System）（CJJ/T 73—2010），以下简称《城市规范》。

（3）各部委根据本部门GPS工作的实际情况指定的其他GPS测量规程或细则。

1.2　测量任务书

测量任务书或测量合同是测量施工单位上级主管部门或合同甲方下达的技术要求文件。这种技术文件是指令性的，它规定了测量任务的范围、目的、精度和密度要求，提交成果资料的项目和时间，完成任务的经济指标等。

在GPS测量方案设计时，一般首先依据测量任务书提出的GPS网的精度、点位密度和经济指标，并结合国家标准或其他行业规范（规程），现场具体确定点位及点间的连接方式、各点设站观测的次数、时段长短等布网施测方案。

2 GPS 控制网的精度、密度设计

应用 GPS 定位技术建立的测量控制网称为 GPS 控制网，其控制点称为 GPS 点。GPS 控制网可分为两大类：一类是国家或区域性的高精度 GPS 控制网；另一类是局部性的 GPS 控制网，包括城市或工矿区及各类工程控制网。

2.1 GPS 测量的精度标准及分级

对于 GPS 网的精度要求，主要取决于网的用途和定位技术所能达到的精度。精度指标通常是以 GPS 网相邻点间弦长标准差来表示，即：

$$\sigma = \sqrt{a^2 + (bd)^2} \tag{6-1}$$

式中 σ—— 标准差(基线向量的弦长中误差)，mm；

a——GPS 接收机标称精度中的固定误差，mm；

b——GPS 接收机标称精度中的比例误差系数(1×10^{-6})；

d—— 相邻点间的距离，km。

《国家规范》规定的各级 GPS 测量精度分级如表 6-1 所示；《城市规范》规定的各级 GPS 测量精度分级如表 6-2 所示。

表 6-1 《国家规范》规定的 GPS 测量精度分级

级别	相邻点基线分量中误差		平均距离(km)
	水平分量(mm)	垂直分量(mm)	
A	2	3	由卫星定位连续运行基准站构成
B	5	10	50
C	10	20	20
D	20	40	5
E	20	40	3

表 6-2 《城市规范》规定的 GNSS 测量精度分级

等级	平均边长(km)	异步环或附合线路边数(条)	a (mm)	b (1×10^{-6})	最弱边相对中误差
二等	9	≤6	≤5	≤2	1/120 000
三等	5	≤8	≤5	≤2	1/80 000
四等	2	≤10	≤10	≤5	1/45 000
一级	1	≤10	≤10	≤5	1/20 000
二级	<1	≤10	≤10	≤5	1/10 000

注：表中 a 表示固定误差，b 表示比例误差系数。

由于《国家规范》比《城市规范》出台早，故两规范对导航卫星定位系统的称呼不一样，如《国家规范》称 GPS 单指 GPS 系统，也可选用 GNSS 接收机；而《城市规范》称 GNSS，它包含了 GPS、GLONASS、Compass、Galileo 系统。

《国家规范》将 GPS 卫星定位网按其精度划分为 A、B、C、D、E 五级，如表 6-1 所示。其中 A 级主要用于区域性的地球动力学研究、地壳形变测量；B 级主要用于局部形变监测和各种精密工程测量；C 级主要用于国家大、中城市及工程测量的基本控制网；D、E 级多用于中小城市、城镇及测图、地籍、土地信息、房产、物探、勘测、建筑施工等控制网测量。《国家规范》明确指出 A、B 级可作为建立国家空间大地控制网的基础，C、D、E 级 GPS 控制网的布设可采用快速静态定位测量的方法。

在实际工作中，精度标准的确定还要根据用户的实际需要及人力、物力、财力等情况合理设计，也可参照本部门已有的生产规程和作业经验适当掌握。在布网时可以逐步布设、越级布设或布设同级全面网。

2.2 GPS 定位的密度设计

各种不同的任务要求和服务对象，对 GPS 网的分布有不同的要求。例如，国家 A 级主要用于区域性的地球动力学研究、地壳形变测量，平均距离几百公里。而一般工程测量所需要的网点则应满足测图加密和工程测量，平均边长几公里，甚至更短（几百米以内）。综合以上因素，《国家规范》和《城市规范》对 GPS 网中两相邻点间距离视其需要做出了规定：各级 GPS 相邻点间平均距离应符合表 6-1、表 6-2 中所列数据的要求，相邻点间最小距离可为平均距离的 1/3 ~ 1/2，最大距离可为平均距离的 2 ~ 3 倍。

在特殊情况下，个别点的间距也可结合任务和服务对象，对 GPS 点分布要求做出具体的规定。如《公路勘测规范》规定：路线平面控制点距路线中心线的距离应大于 50 m，宜小于 300 m，每一点至少应有一相邻点通视。特大型构造物每一端应埋设 2 个以上平面控制点。

3 GPS 控制网的基准设计

通过 GPS 测量可以获得地面点间的 GPS 基线向量，它属于 WGS—84 坐标系的三维坐标系。在实际工程应用中，我们需要的是国家坐标系（1954 年北京坐标系或 1980 年西安坐标系）或地方独立坐标系的坐标。因此，对于一个 GPS 网测量工程，在技术设计阶段必须明确 GPS 成果所采用的坐标系统和起算数据，即明确 GPS 网所采用的基准。通常将这项工作称为 GPS 网的基准设计。

GPS 网的基准包括位置基准、方位基准和尺度基准。位置基准一般由 GPS 网中起算点的坐标确定。方位基准一般由给定的起算方位角值确定，也可以将 GPS 基线向量的方位作为方位基准。尺度基准一般由 GPS 网中两起算点间的坐标反算距离确定，也可以利用地面的电磁波测距边确定，或者直接根据 GPS 基线向量的距离确定。因此，GPS 网的基准设计，实质上主要是指确定网的位置基准问题。

在 GPS 网控制的基准设计时，必须考虑以下几个问题：

（1）GPS 测量成果转化到工程所需的地面坐标系中的坐标，应选择足够的地面坐标系的起算数据与 GPS 测量数据重合，或者联测足够的地方控制点，以求得坐标转换参数，用于坐标转换。在选择联测点时既要考虑充分利用旧资料，又要使新建的高精度 GPS 网不受因旧资料精度较低的影响。因此，大中城市 GPS 控制网应与附近的国家控制点联测 3 个以上。小城市或工程控制可以联测 2 ~3 个点。

(2)为保证 GPS 网进行约束平差后坐标精度的均匀性以及减少尺度比误差影响，对 GPS 网内重合的高等级国家点或原城市等级控制网点，除未知点连结图形观测外，对它们也要构成图形。

(3)在布设 GPS 网时，可以采用高精度的激光测距边作为起算边长，激光测距边的数量可在 3 ~5 条。这些边可设在 GPS 网中的任何位置，但激光测距边两端的高差不应过分悬殊。

(4)在布设 GPS 网时，可以引入起算方位，但起算方位不宜太多。起算方位可布设在 GPS 网中任何位置。

(5)GPS 网经三维平差计算后，得到是相对于参考椭球面的大地高程，为求得 GPS 点的正常高程，可根据具体情况联测高程点。联测的高程点需均匀分布于网中，对丘陵或山区联测高程点应按高程拟合曲面的要求进行布设。AA、A 级网应按二等水准逐点联测高程。B 级网应按三等水准或与其相当的方法至少每隔 2 ~3 点联测一点。C 级网应按四等水准或与其相当的方法至少每隔 3 ~6 点联测一点。D、E 级网具体联测宜采用不低于四等水准或与其精度相等的方法进行。GPS 点高程在经过精度分析后可供测图或其他方面使用。

(6)新建 GPS 网的坐标系应尽量与测区过去采用的坐标系统一致。如果采用的是地方独立坐标系或城市独立坐标系，应进行坐标转换，并应具备下列技术参数：

①所采用的参考椭球几何参数；②坐标系的中央子午线经度值；③纵横坐标的加常数；④坐标系的投影面高程及测区平均高程异常值；⑤起算点的坐标值及起算方位。

(7)当 GPS 网的世界大地坐标转换成地方独立坐标系时，应满足投影长度变形不大于 2.5 mm/km。可根据测区所在地理位置和平均高程按下述方法选定坐标系统：

①当长度变形值不大于 2.5 mm/km 时，采用高斯正形投影统一 3°带的平面直角坐标系统；

②当长度变形值大于 2.5 mm/km 时，可以采用投影于抵偿高程面上的高斯正形投影 3°带的平面直角坐标系统；

③当长度变形值大于 2.5 mm/km 时，也可以采用高斯正形投影任意带的平面直角坐标系统，投影面可采用黄海平均海水面或测区平均高程面。

(8)当 GPS 测量的高程值转换为正常高时，其高程系统，应采用 1985 年国家高程基准或沿用 1956 年黄海高程系统、地方高程系统。1985 年国家高程基准青岛原点高程为 72.260 m；1956 年黄海高程系统青岛原点高程为 72.289 m。

4 GPS 控制网图形构成的基本概念和网的特征条件

在进行 GPS 网图形设计前，必须明确有关 GPS 网构成的几个概念，掌握网的特征条件的计算方法。

4.1 GPS 网图构成的几个基本概念

(1)观测时段(Observation Session):测站上开始接收卫星信号进行观测到停止,连续观测的时间间隔。

(2)同步观测(Simultaneous Observation):两台及以上接收机同时对同一组卫星进行的观测。

(3)同步观测环(Simultaneous Observation Loop):三台及以上接收机同步观测获得的基线向量所构成的闭合环。

(4)独立观测环(Independent Observation Loop):由独立观测所获得的基线向量构成的闭合环。

(5)异步观测环(Non - Simultaneous Observation Loop):在构成多边形环路的所有基线向量中,只要有非同步观测基线向量,则该多边形环路叫异步观测环,简称异步环。

(6)独立基线(Independent Baseline):对于 N 台 GPS 接收机构成的同步观测环,有 J 条同步观测基线,其中独立基线数为 $N-1$。

(7)星历(Ephemeris):是不同时刻卫星在轨道上的坐标值。

(8)数据剔除率(Percentage of Data Rejection):删除的观测值个数与应获得的观测值个数的比值。

(9)天线高(Antenna Height):观测时接收机天线平均相位中心到测站中心标志面的高度。

(10)参考站(Reference Station):在一定的观测时间内,一台或几台接收机分别固定在一个或几个测站上,一直保持跟踪观测卫星,其余接收机在这些测站的一定范围内流动设站作业,这些固定站称为参考站。

(11)流动站(Moving Station):在参考站的一定范围内流动作业的接收机设立的测站。

4.2 GPS 网特征条件的计算

假设在一个测区中需要布设 n 个 GPS 点,用 N 台接收机进行观测,在每一个点观测 m 次,则根据 R. A. sany 提出的观测时段数计算公式(6-2),计算 GPS 观测时段数 S:

$$S = \frac{m}{N} \cdot n \tag{6-2}$$

可以计算出所需要 GPS 网特征条件参数如表 6-3 所示。

表 6-3 GPS 网特征条件参数

GPS 网特征条件参数	GPS 网特征条件计算公式	公式编号
总基线数	$B_{总} = S \cdot N \cdot (N-1)/2$	式(6-3)
必要基线数	$B_{必} = n - 1$	式(6-4)
独立基线数	$B_{独} = S \cdot (N-1)$	式(6-5)
多余基线数	$B_{多} = S \cdot (N-1) - (n-1)$	式(6-6)

一个具体 GPS 网图形结构的主要特征，可依据以上公式进行计算。

4.3　GPS 网同步图形构成及独立边选择

根据公式(6-3)，由 N 台 GPS 接收机同步观测可得到的基线(GPS 边)数为：

$$B = N(N-1)/2 \tag{6-7}$$

但其中仅有 $N-1$ 条是独立边，其余为非独立边。图 6-1 给出了当接收机数 N 为 2 ~ 5 时所构成的同步图形。

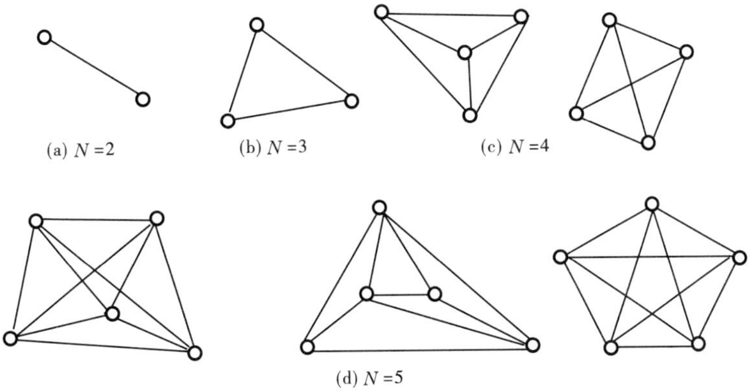

图 6-1　N 台接收机同步观测图形

在图 6-1 中，仅有 $N-1$ 条边是独立的，其余边为非独立边。图 6-2 给出了独立 GPS 边的不同选择形式。

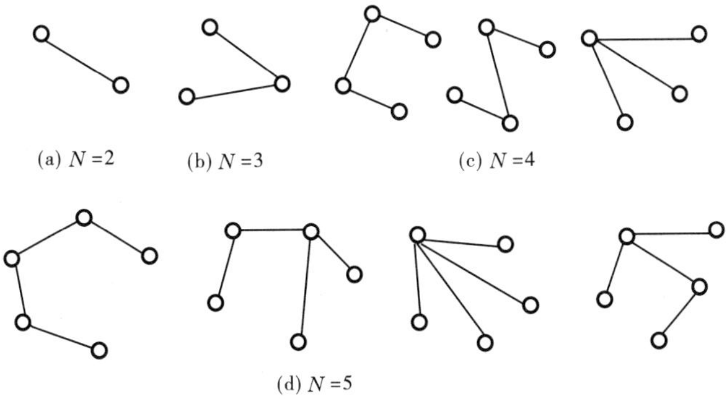

图 6-2　独立 GPS 边的不同选择形式

当同步观测的 GPS 接收机数 $N \geqslant 3$ 时，同步闭合环的最少个数应为：

$$L = B - (N-1) = (N-1)(N-2)/2 \tag{6-8}$$

接收机数 N、GPS 边数 B 和同步闭合环数 L(最少个数)的对应关系如表 6-4 所示。理论上，同步环中各 GPS 边的坐标差分量之和(即坐标闭合差)应为 0，但由于各台 GPS 接收机间并不严格同步，以及模型误差和处理软件内在的缺陷，导致同步闭合环的闭合差并不等于 0。GPS 规范规定了同步闭合差的限差，对于同步较好的情况，应遵守此限差要求。

表 6-4　GPS 接收机数同边数、同步闭合环关系

接收机数 N	2	3	4	5	6
GPS 边数 B	1	3	6	10	15
同步闭合环数 L	0	1	3	6	10

在工程应用中,同步闭合环的闭合差的大小只能说明 GPS 基线向量的解算是否合格,并不能说明 GPS 基线向量的精度高低,也不能发现接受的信号是否受到干扰而含有粗差。

为了确保 GPS 观测效果的可靠性,有效地发现观测成果中的粗差,必须使 GPS 网中的独立边构成一定的几何图形,这种几何图形可以是由数条 GPS 独立边构成的非同步多边形(亦称非同步闭合环),如三边形、四边形、五边形……当 GPS 网中有若干个起算点时,也可以是由两个起算点之间的数条 GPS 独立边构成附合路线。当某条基线进行了两个或多个时段观测时,即形成所谓的重复基线坐标闭合差条件。异步环条件及全部基线坐标条件,是衡量精度、检验粗差和系统差的重要指标。GPS 网的图形设计,也就是根据对所布设的 GPS 网的精度和其他方面的要求,设计出由独立 GPS 边构成的多边形网(或称为环形网)。

对于异步环的构成,一般应按所设计的网图选定,必要时在经技术负责人审定后,也可根据具体情况适当调整。当接收机多于 3 台时,也可按软件功能自动挑选独立基线构成环路。

第二节　GPS 控制网的图形设计及设计原则

由于 GPS 控制网点间不需要通视,并且网的精度主要取决于观测时卫星与测站间的几何图形、观测数据的质量、数据处理方法,与 GPS 网形关系不大。因此,在 GPS 布网时,与常规网相比较为灵活方便,GPS 的布设主要取决于用户的要求和用途。GPS 控制网是由同步图形作为基本图形扩展得到的,采用的连接方式不同,网形结构的形状也不同。GPS 控制网的布设就是如何将各同步图形合理地衔接成一个整体,使其达到精度高、可靠性强、效率高、经济实用的目的。

1　GPS 网的图形设计

根据不同的用途,GPS 网的布设按网的构成形式可分为星形连接、点连式、边连式、网连式及边点混合连接等。选择怎样的网,取决于工程所要求的精度、外业观测条件及 GPS 接收机数量等因素。

1.1　星形网

星形网的几何图形简单,直接观测边之间不构成任何闭合图形,所以检验和发现粗差的能力较差,如图 6-3 所示。这种图形的主要优点是作业中只需要两台 GPS 接收机,作业简单,是一种快速定位作业方式,广泛地应用于精度较低的工程测量、边界测量、地籍测量和地形测图等领域。

1.2 **点连式网形**

点连式是指仅通过一个公共点将两个相邻同步图形连接在一起。点连式布网主要的优点是作业效率高、图形扩展迅速。但点连式布网所构成的图形几何强度很弱，没有或极少有非同步图形闭合条件，所构成的网形抗粗差能力不强。一般在作业中不单独采用。如图 6-4 所示为 3 台接收机同步观测构成的点连式网形。

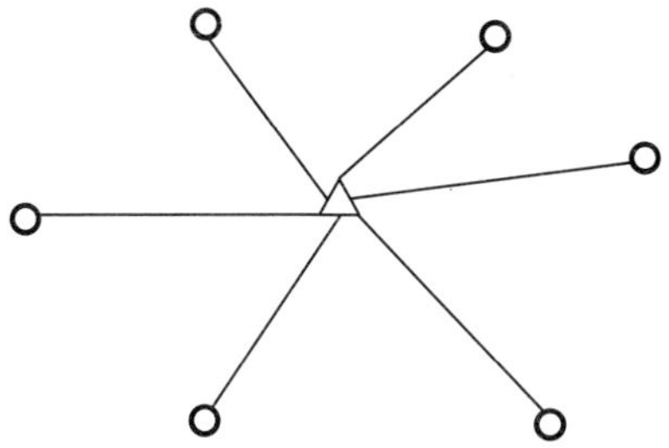

图 6-3　星形网

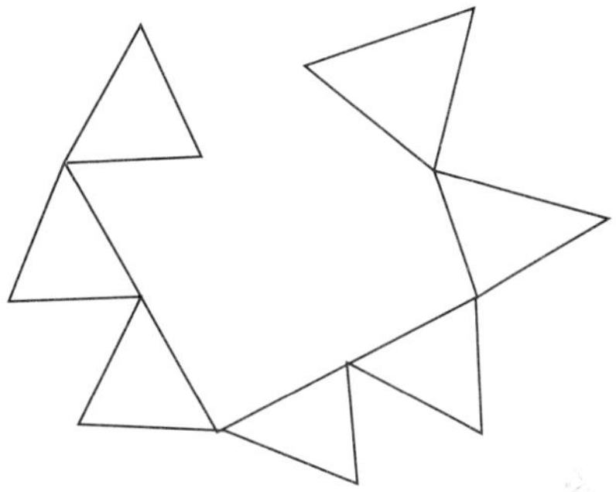

图 6-4　点连式网形

1.3 **边连式网形**

边连式是指通过一条公共边将两个同步图形之间连接起来，如图 6-5 所示。边连式布网有较多的重复基线和独立环，有较好的几何强度。与点连式网形比较，在相同的仪器台数条件下，观测时段数将比点连式大大增加。

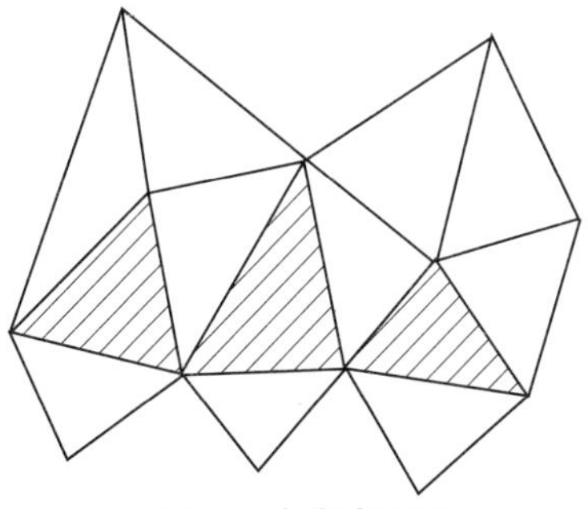

图 6-5　边连式网形

1.4 **网连式**

网连式是指相邻同步图形之间有两个以上的公共点相连接，相邻图形间有一定的重叠。这种作业方法需要 4 台以上的接收机。采用这种布网方式所测设的 GPS 网具有较强的图形强度和较高的可靠性，但作业效率低，花费的经费和时间较多，一般仅适于要求精度较高的控制网测量。

1.5 **边点混合连接式**

在实际作业中，由于上述几种布网方案都存在缺点，因而把点连式与边连式有机地结合起来，组成边点混合连接式网，如图 6-6 所示。混合连接式是实际作业中较常采用的布网方式，能保证网的几何强度，提高网的可靠指标，能有效地发现粗差，这样既减少了外业工作量，又降低了成本。

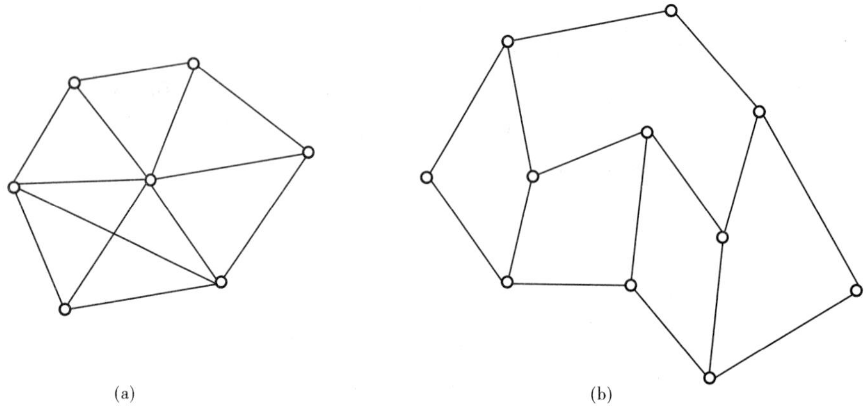

图 6-6　边点混合连接式网形

2　GPS 网的图形设计原则

从不同的构网形式可见，在 GPS 技术设计中应设计出一个比较实用的网形，使其既可以满足一定的精度和可靠性要求，又有较高的经济指标。因此，GPS 网形设计布设应遵循一定的原则：

(1)GPS 网应根据测区实际需要和交通状况进行设计。GPS 网的点与点间不要求通视，但应考虑常规测量方法加密时的应用，每点应有一个以上的通视方向。

(2)在布网设计中应考虑到原有测绘成果资料以及各种大比例尺地形图的沿用，宜采用原有坐标系统。对凡符合 GPS 网布点要求的旧有控制点，应充分利用其标石。

(3)GPS 网应由一个或若干个独立观测环构成，也可采用附合线路形式构成。各等级 GPS 网中每个闭合环或附合线路中的边数应符合表 6-5 和表 6-6 的规定。

非同步观测的 GPS 基线向量边，应按所设计的网图选定，也可按软件功能自动挑选独立基线构成环路。

表 6-5　《国家规范》规定的闭合环或附合线路边数

级 别	A	B	C	D	E
闭合环或附合线路边数	≤5	≤6	≤6	≤8	≤10

表 6-6　《城市规范》规定的闭合环或附合线路边数

等 级	二等	三等	四等	一级	二级
闭合环或附合线路的边数	≤6	≤8	≤10	≤10	≤10

(4)为求得 GPS 点在地面坐标系的坐标，应在地面坐标系中选定起算数据和联测原有地方控制点若干个。

大中城市的 GPS 网应与国家控制网相互连接和转换，并应与附近的国家控制点联测,联测点数不应少于 3 个点。小城市或工程控制网可联测 2 ~3 个点。

(5)为了求得 GPS 网点的正常高,应进行水准测量的高程联测,并应按下列要求实施:①高程联测应采用不低于四等水准测量或其精度相当的方法进行;②平原地区,高程联测点应不少于 5 个点,并应均匀分布于网中;③丘陵或山地,高程联测点应按测区地形特征,适当增加高程联测点,其点数不宜少于 10 个点;④GPS 点高程(正常高)经计算分析后,符合精度要求的可供测图或一般工程测量使用。

第三节　GPS 控制网的基准及精度设计

GPS 控制网的基准设计是实施 GPS 测量的基础性工作,它是在网的精确性、可靠性和经济性方面,寻求 GPS 控制网基准设计的最佳方案。根据 GPS 测量特点分析可知,GPS 网需要以一个点的坐标为定位基准,而此点的精度高低直接影响到网中各基线向量的精度和网的最终精度。同时由于 GPS 网的尺度含有系统误差以及同地面网的尺度匹配问题,所以有必要提供精度较高的外部尺度基准。

1　GPS 控制网基准设计

GPS 控制网的基准包括:GPS 网基线的向量解中位置基准的选择;GPS 网转换到地方坐标系所需的基准设计;GPS 网尺度基准设计。

1.1　位置基准设计

通过实践研究发现,GPS 基线向量解算中作为位置基准的固定点误差是引起基线误差的一个重要因素,使用单点定位坐标值作为起算坐标时,其误差可达数十米以上。因此,在基线解算中必须对网的位置基准进行设计。基线解算所需的起算点坐标应按以下优先顺序采用:

(1)国家 GPS A、B 级网控制点或其他高等级 GPS 网控制点的已有 WGS—84 坐标;

(2)国家或城市较高等级控制点转换到 WGS—84 坐标系后的坐标值;

(3)若网中无任何其他已知起算数据,可采用网中观测条件较好、观测时间较长(不少于 30 min)的单点定位结果的平差值提供的 WGS—84 系坐标。

1.2　尺度基准设计

尽管 GPS 观测的基线向量本身已含有尺度信息,但由于 GPS 网的尺度含有系统误差,为有效地降低或消除这种尺度误差,还需要提供外部尺度基准。尺度基准设计有以下几种方案:

(1)采用外部尺度基准。对于边长小于 50 km 的 GPS 网,可用较高精度的测距仪(10^{-6}或更高)测量 2 ~3 条基线边,作为整网的尺度基准。对于大型长基线网,可采用 SLR 站的相对定位观测值和 VLBI 基线作为 GPS 网的尺度基准。

(2)采用内部尺度基准。在没有外部尺度基准的情况下,在网中选择一条长基线,并对该基线进行长时间多次观测,最后取多次观测时段所得到的基线的平均值,以其边长作为网的尺度基准。由于它是不同时段的平均值,尺度误差基本上可以抵消。因此,它的精度要比网中其他短基线高得多,可以作为尺度基准。

2 GPS 网的精度设计

精度是用来衡量网的坐标参数估值受观测偶然误差影响程度的指标。网的精度设计是根据偶然误差的传播规律,按照一定的精度设计方法,分析网中各未知点平差后预期能达到的精度。一般可用误差椭圆来描述坐标点的精度状况,也可用方位、距离和角度的标准差来定义。

对于 GPS 网的精度,一般用网中点之间的距离误差来表示。然而,对于大多数工程控制网来讲,仅用点位之间距离的相对精度要求还不够,还需要提供 GPS 网中各点点位精度和网中的平均点位精度。GPS 网精度设计可按下列步骤进行:

(1)根据布网目的,进行图上选点,并到野外踏勘选点,以保证所选点满足测量任务要求和野外观测应具备的条件,用图解方法在图上获得各观测测点位的概略坐标。

(2)根据将要使用的接收机台数 N,选取$(N-1)$条独立基线设计网的观测图形,并选定网中可能追加施测的基线。

(3)根据 GPS 控制网测量的精度要求,采用解析—模拟方法,依据精度设计模型,计算将要施测的 GPS 网可达到的各项精度指标值。

(4)采用逐步增减网中独立观测基线,直至精度指标值达到网的所预期的精度指标,并获得最终网形及施测方案。

GPS 网的精度设计可采用程序进行,图 6-7 是 GPS 网精度设计的程序流程框图。

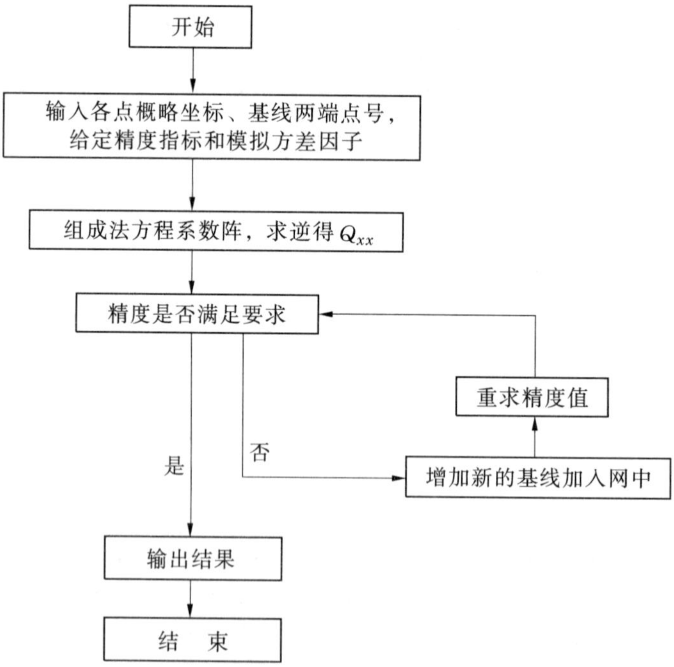

图 6-7 GPS 网的精度设计程序流程

第四节　GPS 观测纲要设计

GPS 测量工程项目在进行具体的外业观测工作之前，应做好施测前的资料收集、器材准备、人员组织、外业观测计划拟订以及技术设计书的编写等工作。观测纲要设计是核心工作，关键做好以下主要任务：①作业接收机数及配置；②测区划分；③观测进程日历；④可视卫星预测；⑤最佳观测时段选择；⑥接收机调度计划。

1　测区踏勘及收集资料

1.1　测区踏勘

接到 GPS 控制网测量任务后，可以依据施工设计图纸进行实地踏勘，调查测区。通过实地踏勘，结合工程项目的任务和目的，主要了解下列情况，以便为编写技术设计、施工设计、成本预算提供依据。测区踏勘的主要任务：

(1)测区的地理位置、范围、控制网的面积。

(2)GPS 控制网的用途和精度等级。

(3)点位分布及点的数量：根据控制网的用途与等级，大致确定控制网的点位分布、点的数量和密度。

(4)交通情况：公路、铁路、乡村便道的分布及通行情况。

(5)水系分布情况：江河、湖泊、池塘、水渠的分布，桥梁、码头及水路交通情况。

(6)植被情况：森林、草原、农作物的分布及面积。

(7)原有控制点的分布情况：三角点、水准点、GPS 点、导线点的等级，坐标系统、高程系统、点位的数量及分布，点位标志的保存状况等。

(8)居民点分布情况：测区内城镇、乡村居民点的分布，食宿及供电情况。

(9)当地风俗民情：民族的分布、习俗、习惯，地方方言以及社会治安情况。

1.2　资料收集

收集资料是进行控制网技术设计的一项重要工作。技术设计前应收集测区或工程有关的各项资料。结合 GPS 控制网测量工作的特点，并结合测区具体情况，需要收集资料的主要内容包括：

(1)各类图件：测区 1∶1 万～1∶10 万比例尺地形图，大地水准面起伏图，交通图。

(2)原有控制测量资料：包括点的平面坐标、高程、坐标系统、技术总结等有关资料，以及国家或其他测绘部门所布设的三角点、水准点、GPS 点、导线点等控制点测量成果，以及相关的技术总结资料。

(3)测区有关的地质、气象、交通、通信等方面的资料。

(4)城市及乡、村行政区划分表。

(5)有关的规范、规程等。

2　器材准备及人员组织

根据技术设计的要求，设备、器材准备及人员组织应包括以下内容：

(1)观测仪器、计算机及配套设备的准备。

(2)交通、通信设施的准备。

(3)准备施工器材、计划油料和其他消耗材料。

(4)组织测量队伍,拟订测量人员名单及岗位,并进行必要的培训。

(5)进行测量工作成本的详细预算。

3 外业观测计划的拟订

外业观测工作是 GPS 测量的主要工作。为了保证外业观测工作能按计划、保质保量顺利完成,必须制定严密的观测计划。

3.1 拟订观测计划的依据

(1)根据 GPS 网的精度要求确定所需的观测时间、观测时段数。

(2)GPS 网规模的大小、点位精度及密度。

(3)观测期间 GPS 卫星星历分布状况,卫星的几何图形强度。

(4)参加作业的 GPS 接收机类型、数量。

(5)测区交通、通信及后勤保障等。

3.2 可视卫星预测

在作业组进入测区观测前,应事先编制 GPS 卫星可见性预报图。可视卫星预测是预报将来某一个观测时间段内,某个测站点上能观测到的卫星数及卫星号。GPS 卫星可见性可利用 GPS 的数据处理软件进行预测,通过可视卫星分布图和可视卫星数分布图展示,如图 6-8、图 6-9 所示。

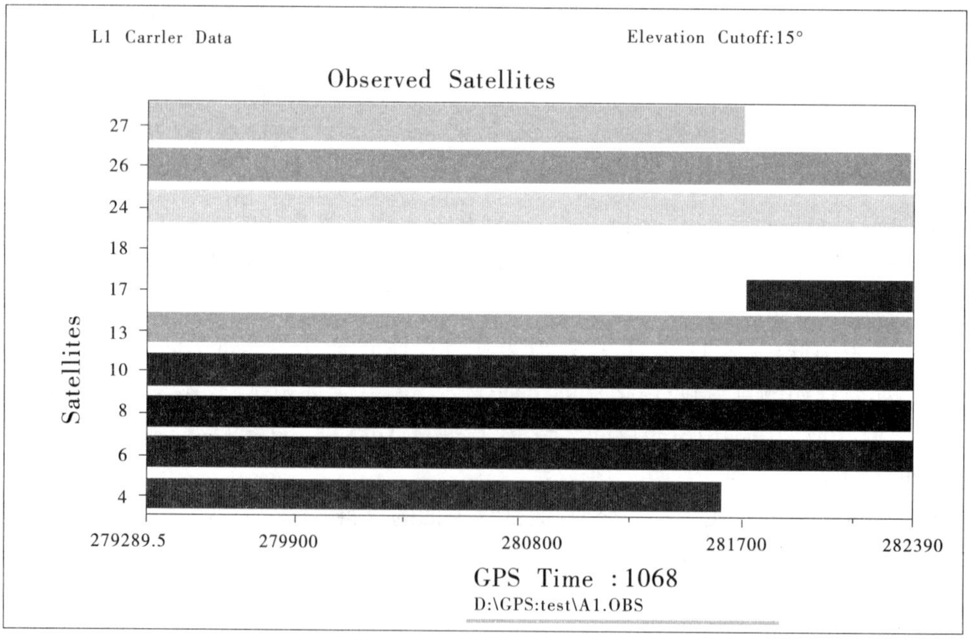

图 6-8 可视卫星分布图

编制预报图所用的概略坐标应采用测区中心位置的经纬度。预报时间应选用作业期

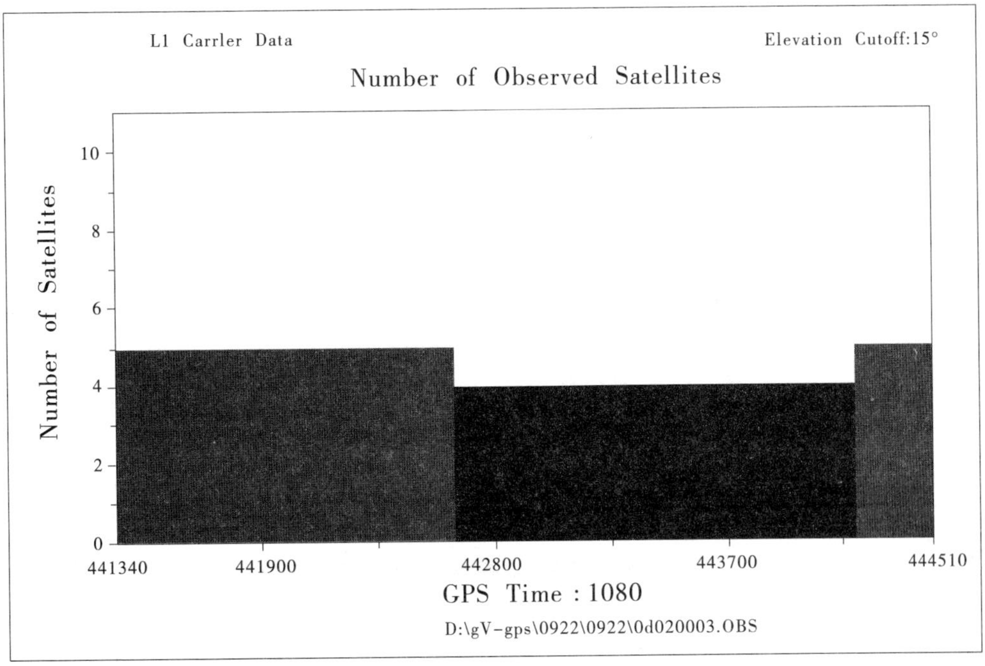

图 6-9 可视卫星数分布图

的中间时间。当测区较大、作业时间较长时,应按不同时间和地区分段预报,编制预报图所用的概略星历龄期不超过 20 天。测区中心位置的概略坐标可通过设计图纸获取,也可利用 GPS 接收机进行单测量获取。概略星历可以将接收机安置到室外观测一段时间即可获得。

编制 GPS 卫星的可见性预报图时,在高度角大于 15°的限制下,根据数据处理软件的提示,输入测区中心位置的概略经纬度值,输入将要预报的日期和时间,星历龄期不超过 20 天的星历卫星文件,即可编制 GPS 卫星的可见性预报图。图 6-10 是用 Ashtech Solution 软件编制的卫星可见性预报图。

3.3 最佳观测窗口与最佳观测时段的选择

GPS 定位精度同卫星与测站构成的图形强度有关,所测卫星与观测站所组成的几何图形,其强度因子可用空间位置因子(*PDOP*)来代表,无论是绝对定位还是相对定位,*PDOP* 值不应大于 6。此时,可视卫星几何分布对应的观测窗口称为最佳观测窗口。

当在进行 GPS 观测时,可观测到卫星数大于 4 颗时,且分布均匀,*PDOP* 值小于 6 的时段就是最佳时段。当卫星高度角大于等于 15°时,某测站上可视卫星的 *PDOP* 随时间变化曲线的例子如图 6-11 所示,它是使用 Ashtech Solution 软件,用测站的概略经、纬度和星历龄期不大于 20 d 的星历所做出的 *PDOP* 值预报,用以选择最佳观测时段。由图可知,在整个作业期间,除 10:15 ~ 11:00 期间,可见卫星数有 5 颗,*PDOP*≥6 外,其余时段的可见卫星数≥5 颗,*PDOP*≤6,均可进行观测。

3.4 观测区域的设计与划分

当 GPS 网的点数较多,网的规模较大,而参与观测的接收机数量有限,交通和通信不便时,可实行分区观测。为了增强网的整体性,提高网的精度,相邻分区应设置公共观测

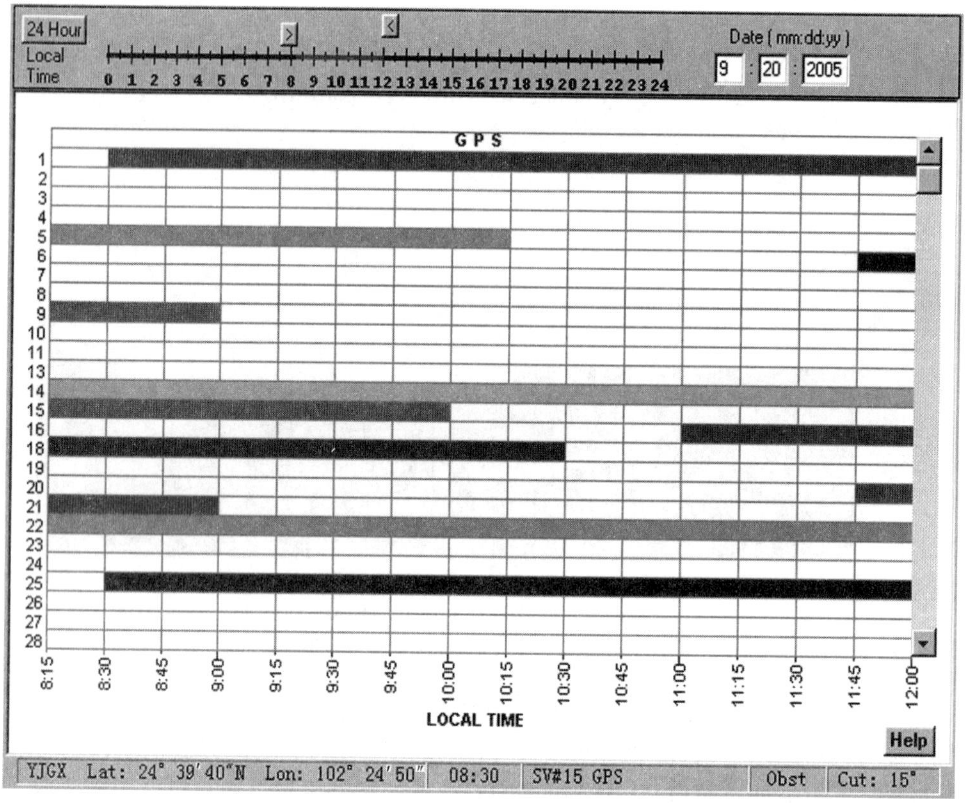

图 6-10 Ashtech Solution 软件编制的卫星可见性预报图

点,且公共点数不得少于 3 个。

3.5 接收机调度计划拟订

作业组在观测前应根据测区的地形、交通状况、控制网的大小、精度的高低、仪器的数量、GPS 网的设计、卫星预报表和测区的天气、地理环境等拟订接收机调度计划和编制作业的调度表,以提高工作效率。调度计划制定遵循以下原则:

(1)保证同步观测;

(2)保证足够重复基线;

(3)设计最优接收机调度路径;

(4)保证最佳观测窗口。

作业调度表包括观测时段、测站号、测站名称及接收机号等。其作业调度表见表 6-7。

表 6-7 GPS 作业调度表

时段编号	观测时间	测站号/名	测站号/名	测站号/名	测站号/名	测站号/名	测站号/名
		机号	机号	机号	机号	机号	机号
1							
2							

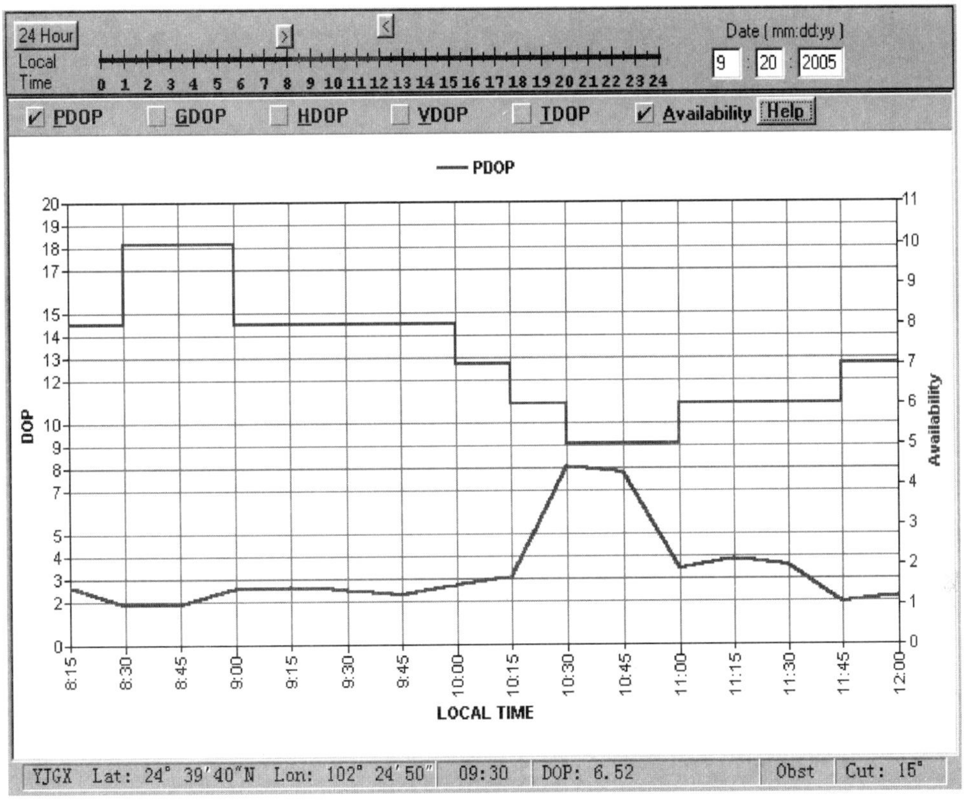

图 6-11　PDOP 值预防及最佳观测时段的选择

若作业仪器台数、观测时段数及测站数较多，在每日出测前应采用外业观测通知单进行调度，如表 6-8 所示。

表 6-8　GPS 测量外业观测通知单

观测日期　　　　　年　　　　　月　　　日
组别：　　　　　　　　操作员：　　　　　接收机号：
点位所在图幅：
测站编号/名：
观测时段：1：　　　　2：
　　　　　3：　　　　4：
　　　　　5：　　　　6：
安排人：　　　　　　　　年　　　月　　　日

例如拟布设如图 6-12 所示 GPS 网 A－B－C－D－E－F－G－H－I，计划采用 3 台接收机（1、2、3）同步观测，编制 GPS 接收机作业调度表如表 6-9 所示。

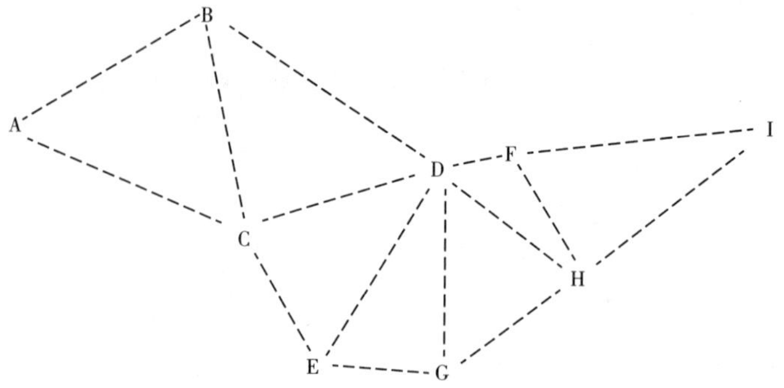

图 6-12　GPS 网 A－B－C－D－E－F－G－H－I

表 6-9　1、2、3 时段 GPS 接收机作业调度表

时段编号	观测时间	测站号/名	测站号/名	测站号/名	测站号/名
		机号	机号	机号	机号
1	8:00～9:00	A	B	C	
		1	2	3	
2	10:00～11:00	D	B	C	
		3	2	1	
3	13:00～14:00	D	E	C	
		3	1	2	

4　技术设计书编写

测区外业踏勘和资料收集完成后，根据测量任务或合同的要求，按照 GPS 测量的设计原则和方法进行 GPS 控制网设计，并编写相应的技术设计书，用于指导 GPS 的外业测量和数据处理。技术设计书是保证 GPS 测量工程任务圆满完成的一项重要的技术文件，其主要内容如下：

（1）项目概述：包括 GPS 项目的来源、性质、用途及意义；项目的总体概况，如工作量等。

（2）测区概况：测区隶属的行政管辖；测区范围的地理坐标、控制面积；测区的交通状况和人文地理测区的地形及气候状况；测区控制点的分布及对控制点的分析、利用和评价。

（3）作业依据：完成该项目所需的所有的测量规范、工程规范、行业标准。

（4）技术要求：根据任务书或合同的要求，或网的用途提出具体的精度指标要求、提交成果的坐标系统和高程系统等。

（5）测区已有资料的收集和利用情况：所收集到的测区资料，特别是测区已有的控制点的成果资料，包括控制点的数量、点名、坐标、高程、等级以及所属的系统，点位的保存状况，可利用的情况介绍。

(6)布网方案：在适当比例尺的地形图上进行 GPS 网的图上设计，包括 GSP 网点的图形、网点数、连接形式，GPS 网结构特征的测算，精度估算和点位图的绘制。

(7)选点与埋标：GPS 的点位基本要求，点位标志的选用及埋设方法，点位的编号等问题。

(8)GPS 网的外业观测：采用的仪器与测量模式，观测的基本程序与基本要求，观测计划的制定。对数据采集提出应注意的问题，包括外业观测时的具体操作规程、对中整平的精度、天线高的量测方法及精度要求，气象元素测量等。

(9)数据处理：数据处理的基本方法及使用的软件，起算点坐标选择；闭合环和重复基线的检验及点位精度的评定指标。

(10)质量保证措施：要求措施具体，方法可靠，能在实际中贯彻执行。

(11)人员配备情况。

(12) 设备配备情况。

(13) 验收与上交成果资料。

学习指南

本章主要讲述 GPS 控制网技术设计的方法与过程。进行 GPS 网设计时，应了解控制网设计的依据，掌握 GPS 控制网的布网形式与布网原则。在设计中要确定 GPS 网的位置基准、方位基准和尺度基准，同时通过精度预算进行 GPS 网的精度设计。

GPS 测量在外业观测工作之前，应做好施测前的收集、器材准备、人员组织、外业观测计划拟订以及技术设计书的编写等工作。这一阶段要进行卫星的可见性预报、最佳观测时段的选择、制定接收机的调度计划。

完成了一个 GPS 控制网的技术设计之后，必须按一定内容和格式的要求编写相应的技术设计书，它是 GPS 作业开展的指导性文件。

在对本章内容学习时，要掌握 GPS 控制网的基准设计内容，结合一定实际，掌握 GPS 网的图形构成的基本概念和网的特征条件等内容。重点掌握 GPS 控制网的图形设计及设计原则，能够进行观测纲要的设计，熟悉技术设计书的编写内容与要求。本章的难点是 GPS 控制网的基准和精度设计问题。

习题 6

6-1 GPS 定位网设计的主要技术依据是什么？

6-2 GPS 控制网位置基准设计的内容是什么？如何设计 GPS 控制网的位置基准？

6-3 GPS 控制网方位基准设计的内容是什么？如何设计 GPS 控制网的方位基准？

6-4 GPS 控制网边长基准设计的内容是什么？如何设计 GPS 控制网的边长基准？

6-5 GPS 网的精度要求是什么？精度指标通常是以什么来表示的？

6-6 简述 GPS 网的精度设计的步骤和方法。

6-7 以 5 台接收机为例，说明 GPS 控制网同步观测图形的构成形式，独立边的选择。

6-8 GPS 控制网的构成形式有哪些？各有哪些优缺点？

6-9 简述 GPS 控制网的图形设计原则。

6-10 GPS 测量进行测区踏勘时应了解哪些情况?

6-11 GPS 测量的技术设计中,应收集哪些资料?

6-12 如何选择最佳观测时段?

6-13 如何编制作业调度计划?

6-14 GPS 技术设计书的内容有哪些?

6-15 名词解释:

观测时段	同步观测	同步观测环
独立观测环	独立基线	星历
数据剔除率	天线高	重复基线

第七章　GPS 测量的外业实施

GPS 测量与常规测量相类似,在实际工作中也可划分为方案设计、外业实施及内业数据处理三个阶段。GPS 测量的技术方案设计已在第六章讲授;内业数据处理的详细内容将在第八章专门讲授。本章主要介绍 GPS 测量的外业实施各阶段的工作。考虑到以载波相位观测量为依据的相对定位法是当前 GPS 测量中普遍采用的精密定位方法,所以在本章中主要讨论局域性城市与工程 GPS 控制网测量工作程序与实施方法。

第一节　GPS 相对测量作业模式

随着 GPS 定位技术的发展,GPS 定位测量已有多种测量作业方案可供选择。这些不同的测量方案,也称为 GPS 测量的作业模式。目前,在 GPS 接收系统硬件和软件的支持下,较为普遍采用的作业模式主要有静态相对定位、快速静态相对定位、准动态相对定位和动态相对定位等。下面就这些作业模式的特点及其适用范围简要介绍如下。

1　静态测量模式

(1)作业方法:采用两台(或两台以上)接收设备,分别安置在一条或数条基线的两个端点同步观测 4 颗以上卫星,每时段长 45 min 至 2 h 或更多。作业布置如图 7-1 所示。

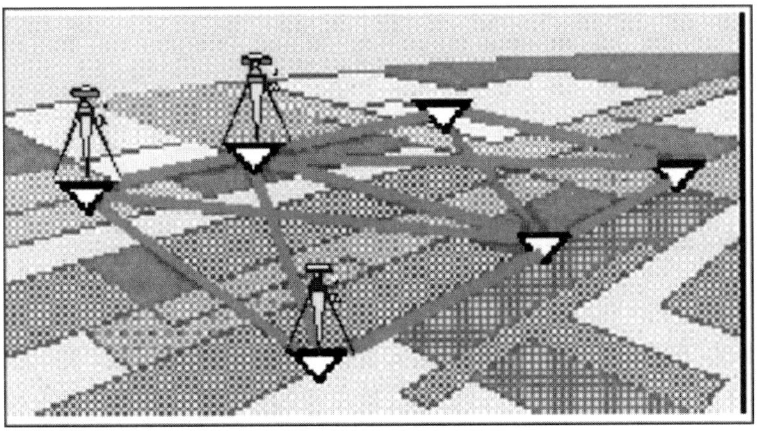

图 7-1　静态测量模式

(2)精度:基线的定位精度可达 $5\ \mathrm{mm} + 1 \times 10^{-6} \cdot D$,$D$ 为基线长度(km)。

(3)特点:基线构成几何图形,检核条件充分,提高了成果可靠性,并且可以通过平差,进一步提高定位精度。

(4)适用范围:建立全球性或国家级大地控制网,建立地壳运动监测网,建立长距离检校基线,进行岛屿与大陆联测、钻井定位及精密工程控制网建立等。

(5)注意事项:所有已观测基线应组成一系列封闭图形(见图 7-1),以利于外业检核。

2 快速静态测量模式

(1)作业方法:在测区中部选择一个基准站,并安置一台接收设备连续跟踪所有可见卫星;另一台接收机依次到各点流动设站,同步观测 4 颗以上卫星,每点观测数分钟。作业布置如图 7-2 所示。

(2)精度:流动站相对于基准站的基线中误差为 5 mm + $1\times10^{-6}\cdot D$。

(3)特点:作业速度快、精度高;流动接收机不需连续跟踪卫星,能耗低;两台接收机工作时,基线不适宜构成几何图形(见图 7-2),检核条件不充分,可靠性较差。

(4)适用范围:控制网的建立及其加密,工程测量,地籍测量,大批相距百米左右的点位定位。

(5)注意事项:在观测时段内应确保有 5 颗以上卫星可供观测;流动点与基准点间距离应不超过 20 km;流动站上的接收机在转移时,不必保持对所测卫星连续跟踪,可关闭电源以降低能耗。

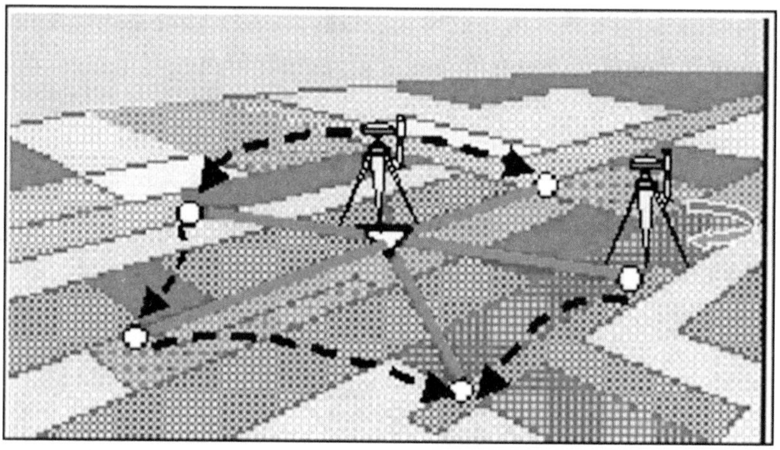

图 7-2 快速静态测量模式

3 准动态测量模式

(1)作业方法。

设置基准站:在测区选择一个基准点,安置接收机连续跟踪观测 5 颗以上可视卫星;

初始化:将另一台流动接收机先置于起始点初始化观测(如图 7-3 所示)观测 3 ~ 5 min;

流动观测:在保持对所测卫星连续跟踪而不失锁的情况下,将流动接收机依次置于待定点同步观测 5 颗以上卫星数秒钟。

(2)精度:基线的中误差为 1 ~ 2 cm。

(3)特点:①流动接收机需连续跟踪 5 颗以上可视卫星;②观测过程中流动接收机失锁,仍能延时 1 ~ 2 min 观测;③基线不适宜构成几何图形(如图 7-3 所示),检核条件不充分,可靠性较差。

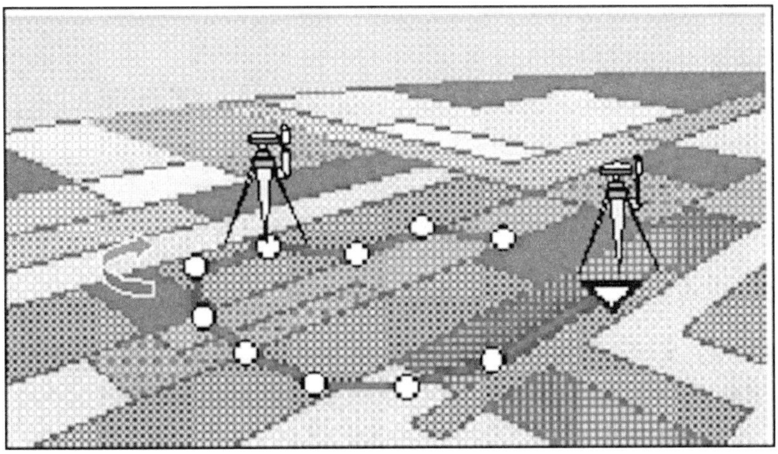

图 7-3 准动态测量模式

(4)应用范围:开阔地区的加密控制测量、工程定位及碎部测量、剖面测量及线路测量等。

(5)注意事项:应确保在观测时段上有 5 颗以上卫星可供观测;流动点与基准点距离不超过 20 km;观测过程中流动接收机不能失锁,否则应在失锁的流动点上延长观测时间 1 ~2 min。

4 动态定位测量模式

(1)作业方法。

设置基准站:建立一个基准点安置接收机连续跟踪所有可见卫星(如图 7-4 所示);

设置流动站:在运动平台上设置接收机, 指定自动定位的时间间隔;

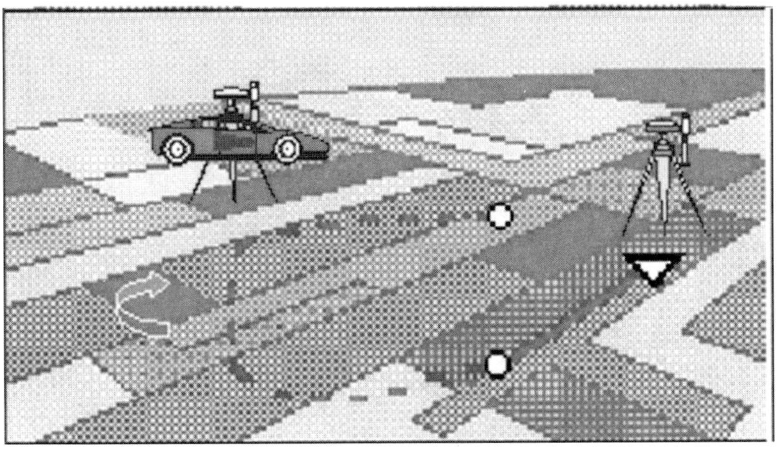

图 7-4 动态定位测量模式

初始化:流动接收机先在出发点上静态观测数分钟,然后流动接收机从出发点开始连续运动,按指定的时间间隔自动测定运动载体的实时位置;

流动观测:初始化后,在保持对卫星连续跟踪观测状态,接收机依预定时间间隔自动同步观测 5 颗以上卫星,一般采样率小于 1 s。

(2)精度:相对于基准点的瞬时点位精度为 1 ~2 cm。

(3)特点:①运动载体连续自动定位;②定位作业速度快;③基线不适宜构成几何图形,检核条件不充分。

(4)应用范围:精密测定运动目标的轨迹、测定道路的中心线、勘界、剖面测量、航道测量、海洋测绘等。

(5)注意事项:需同步观测 5 颗卫星,其中至少 4 颗卫星要连续跟踪;流动接收机连续跟踪卫星失锁需重新初始化 1 ~2 min;流动点与基准点相距不超过 20 km。

5 实时动态定位测量模式(Real Time Kinematic ,简称 RTK)

(1)作业方法:如图 7-5 所示,在基准站上安置 1 台 GPS 接收机,对所有可见 GPS 卫星进行连续观测,并将其观测数据通过无线电传输设备实时地发送给用户观测站。在用户站上,GPS 接收机在接收 GPS 卫星信号的同时,通过无线电接收设备,接收基准站传输的观测数据和改正数据,然后根据相对定位的原理,实时地计算并显示用户站的三维坐标及其精度。目前实时动态测量采用如下两种作业模式:①自由 RTK。首先在某一起始点上静止地进行观测,以便采用快速解算整周未知数的方法实时地进行初始化工作。初始化后,流动的接收机在每一观测站上,静止观测数历元,并连同基准站的同步观测数据,实时地解算流动站的三维坐标。②自动 RTK。首先在某一起始点上静止地观测数分钟,以便进行初始化工作。之后,运动的接收机按预定的采样时间间隔自动地进行观测,并连同基准站的同步观测数据,实时地确定采样点的空间位置。对运动目标来说,可以在卫星失锁的观测点上,静止地观测数分钟,以便重新初始化,或者利用动态初始化(AROF)技术,重新初始化,而对海上和空中的运动目标来说,则只有应用 AROF 技术,重新完成初始化的工作。

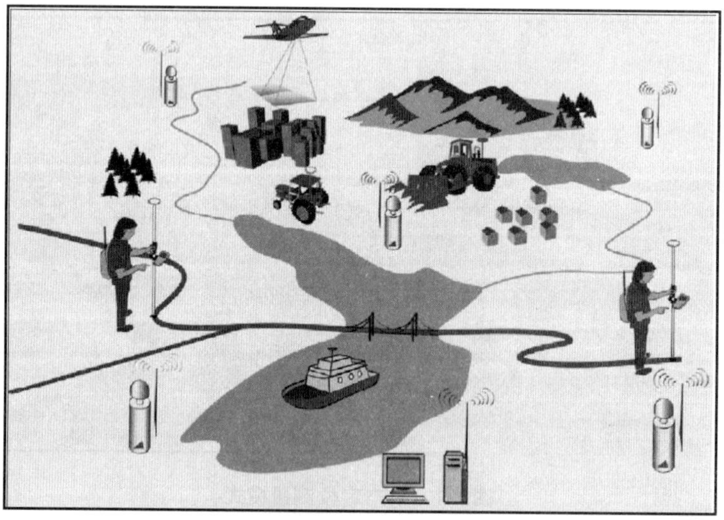

图 7-5　实时动态定位测量模式

(2)精度:相对于基准点的瞬时点位精度为 1 ~2 cm。

(3)特点:实时动态测量技术,是以载波相位观测量为根据的实时差分 GPS 测量技术,它是目前应用最广泛的 GPS 测量技术。以上介绍的 GPS 测量工作模式虽然有多种,如静态、快速静态、准动态和动态相对定位等。但是,利用这些测量模式,一般不与数据传输系统相结合,其定位结果均需通过观测数据的测后处理而获得。由于观测数据需在测后处理,所以上述各种测量模式,不仅无法实时地给出观测站的定位结果,而且也无法对基准站和用户站观测数据的质量进行实时地检核,因而难以避免在数据后处理中发现不合格的测量成果,需要进行返工重测的情况。以往解决这一问题的措施,主要是延长观测时间,以获得大量的多余观测量,来保障测量结果的可靠性。这样一来,便显著地降低了 GPS 测量工作的效率。

RTK 技术通过实时计算的定位结果,便可监测基准站与用户站观测成果的质量和解算结果的收敛情况,从而可实时地判定解算结果是否成功,以减少冗余观测,缩短观测时间。RTK 测量技术为 GPS 测量工作的可靠性和高效率提供了保障。

(4)应用范围:开阔地区的加密控制测量、地形测图、地籍测量、工程定位及碎部测量、剖面测量及线路测量、航空摄影测量和航空物探中采样点的实时定位,航道测量,道路中线测量,以及运动目标的精密导航等。

(5)注意事项:该方法要求接收机在观测过程中,保持对所测卫星的连续跟踪。一旦发生失锁,便需重新进行初始化的工作。

第二节　GPS 控制点的选择

1　GPS 控制点选择的原则

由于 GPS 测量观测站之间不一定要求相互通视,而且网的图形结构比较灵活,所以选点工作比常规控制测量的选点要简便。但由于点位的选择对保证观测工作顺利进行和保证测量结果的可靠性具有重要意义,所以在选点工作开始前,除收集和了解有关测区的地理情况和原有控制点分布及标架、标型、标石的完好状况,决定其适宜的点位外,选点工作应遵守以下原则:

(1)点位应选易于安置接收设备、视野开阔的位置。视场周围 15°以上不应有障碍物,以避免 GPS 信号被吸收或遮挡。

(2)点位应远离大功率无线电发射源(如电视台、微波站等),其距离不小于 200 m;远离高压输电线,其距离不得小于 50 m,以避免电磁场对 GPS 信号的干扰。

(3)点位附近不应有大面积水域或强烈干扰卫星信号接收的物体,以减弱多路径效应的影响。

(4)点位应选交通方便、有利于其他观测手段扩展与联测的地方。

(5)点位应选在地面基础稳定、易于点保存的地点。

(6)选点人员应按技术设计进行踏勘,在实地按要求选定点位。

(7)网形应有利于同步观测及边、点联结。

(8)当所选点位需要进行水准联测时,选点人员应实地踏勘水准路线,提出有关建议。

(9)当利用旧点时,应对旧点的稳定性、完好性,以及觇标是否安全、可用做检查,符合要求方可利用。

2　GPS 控制点环视图绘制

GPS 控制点环视图是反映控制点周围一定截止高度角范围内天顶通视情况的专用图件。它是外业选点工作的重要成果。环视图绘制方法有两类:一是圆周型,另一类是断面型。

2.1　圆周型环视图绘制

以控制点为原心,南北 0°~180°方向线为 X 轴方向,东西 90°~270°方向线为 Y 轴方向,建立平面坐标系。X、Y 坐标值取高度角,并按绝对值递减方式注记。参照地形图式,由 0°~360°间隔相等水平角标绘截止高度角内地物,如图 7-6 所示。

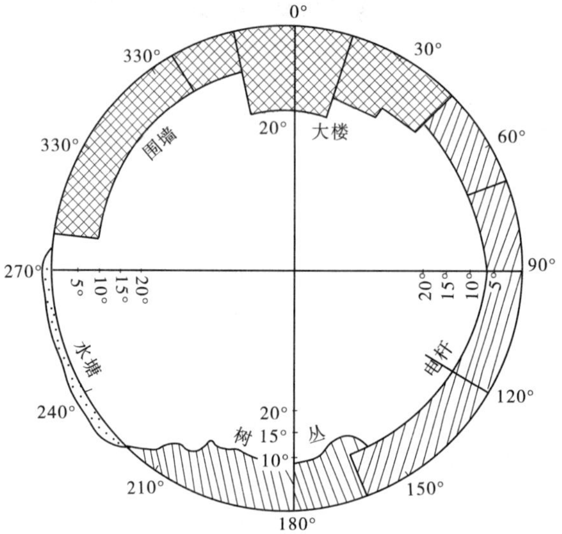

图 7-6　圆周型环视图

2.2　断面型环视图绘制

以控制点为原心,X 轴为截止高度角方向,Y 轴为环视方位线方向,建立平面坐标系。X 坐标值取高度角,并按绝对值递增方式注记。Y 坐标值取 0°~360°方位线方向。参照

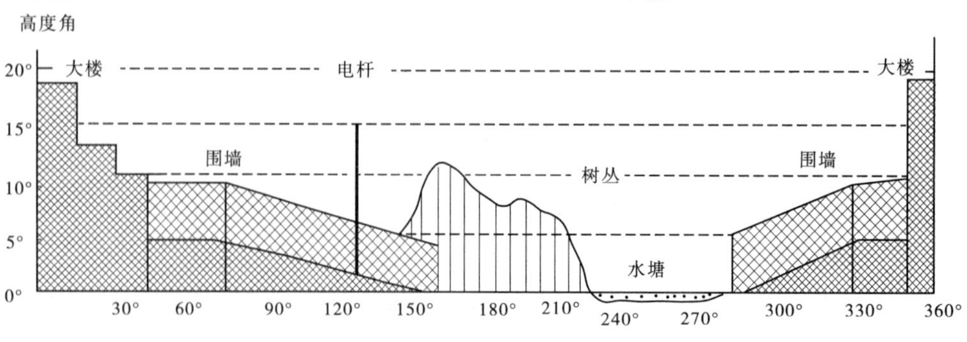

图 7-7　断面型环视图

地形图式，由 0°～360°间隔相等水平角标绘截止高度角内地物，如图 7-7 所示。

3　标志埋设与点之记绘制

GPS 网点一般应埋设具有中心标志的标石，以精确标志点位。点的标石和标志必须稳定、坚固，以利长久保存和利用。在基岩露头地区，也可直接在基岩上嵌入金属标志。每个点位标石埋设结束后，应按表 7-1 所示填写点的记录并提交以下资料。

表 7-1　GPS 点之记

所在图幅：149E00080015　　　　　　　　　　　　点　号：5079

<table>
<tr><td>点名</td><td>赣榆县</td><td>类级</td><td>C</td><td>概略位置</td><td colspan="3">$B=34°28'$　$L=119°\ 36'$
$H=24$ m</td></tr>
<tr><td>所在地</td><td colspan="3">赣榆县海头镇</td><td>最近住所及距离</td><td colspan="3">海头镇政府招待所 300 m</td></tr>
<tr><td>地类</td><td>建筑物</td><td>土质</td><td>混凝土</td><td>冻土深度</td><td>0</td><td>解冻深度</td><td>0</td></tr>
<tr><td colspan="2">最近邮电设施</td><td colspan="2">海头镇邮电局</td><td>供电情况</td><td colspan="3">海头镇有 220 V 照明用电</td></tr>
<tr><td colspan="2">水源及距离</td><td colspan="2">海头镇有自来水距点 15 m</td><td>石子来源</td><td>附近山区</td><td>沙子来源</td><td>海头建安公司</td></tr>
</table>

<table>
<tr><td>本点交通情况（至本点通路与最近距离车站、码头名称及距离）</td><td>由赣榆县城沿 204 国道北上约 23 km 到海头镇农村信用合作社，再上至楼顶可到达点位。</td><td>交通路线图</td><td>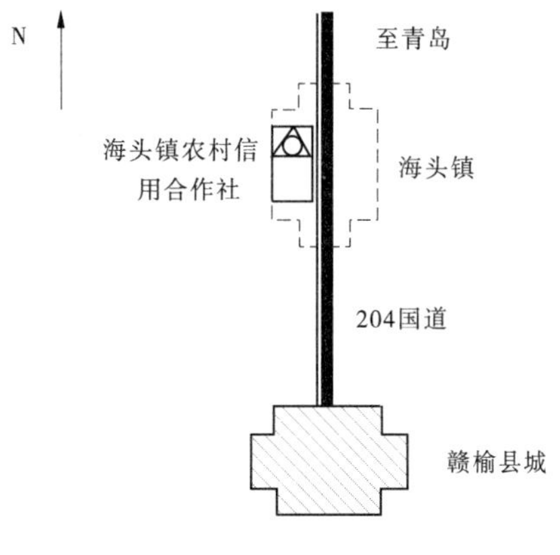
</td></tr>
</table>

<table>
<tr><td colspan="4">选点情况</td><td>点位略图</td></tr>
<tr><td>单位</td><td colspan="3">江苏省测绘工程院</td><td rowspan="5">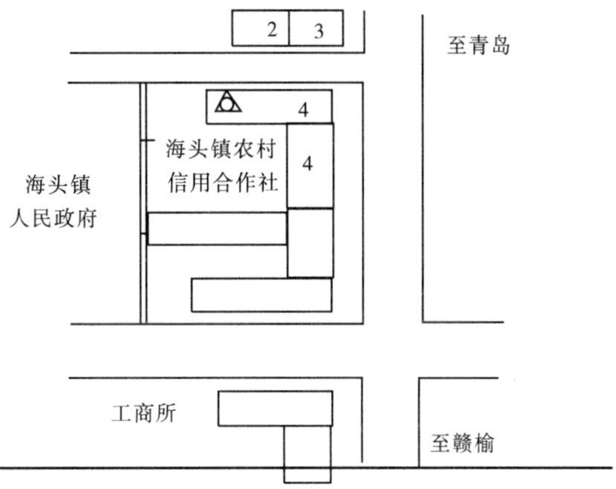
</td></tr>
<tr><td>选点员</td><td>王淦</td><td>日期</td><td>2015. 5</td></tr>
<tr><td colspan="2">是否需联测坐标与高程</td><td colspan="2">联测坐标</td></tr>
<tr><td colspan="2">建议联测等级与方法</td><td colspan="2">C 级 GPS 网点</td></tr>
<tr><td colspan="2">起始水准点及距离</td><td colspan="2">20 km</td></tr>
</table>

(1)点的记录;

(2)GP5 网的选点网图;

(3)土地占用批准文件与测量标志委托保管书;

(4)选点与埋石工作技术总结。

点名应向当地政府部门或群众进行调查后确定,一般取村名、山岗名、地名、单位名。利用原有旧点时,点名不宜更改,点号编排(码)应便于计算机计算。

第三节　GPS 数据的采集

1　依据的主要技术指标

GPS 测量与常规测量在技术要求上有很大差别,各级 GPS 测量基本技术规定按表 7-2规定执行,对城市及工程 GPS 控制在作业中应按表 7-3 有关技术指标执行。

表 7-2　《国家规范》规定的各级 GPS 测量基本技术要求规定

项目	级别			
	B	C	D	E
卫星截止高度角(°)	10	15	15	15
同时观测有效卫星数(个)	≥4	≥4	≥4	≥4
有效观测卫星总数(个)	≥20	≥6	≥4	≥4
观测时段数	≥3	≥2	≥1.6	≥1.6
时段长度	≥23 h	≥4 h	≥69 min	≥40 min
采样间隔(s)	30	10 ~ 30	5 ~ 15	5 ~ 15

注:1. 计算有效观测卫星总数时,应将各时段的效观测卫星数扣除其间的重复卫星数。

2. 观测时段长度应为开始记录数据到结束记录的时间段。

3. 观测时段数≥1.6,指采用网观测模式时,每站至少观测一时段,其中二次设站点数应不少于 GPS 网总点数的 60%。

4. 采用基于卫星定位连续运行基准站点观测模式时,可连续观测,但观测时间应不低于表中规定的各时段观测时间的和。

表 7-3　《城市规范》规定的 GNSS 测量各等级的作业的基本技术要求

项目	观测方法	等级				
		二等	三等	四等	一级	二级
卫星高度角(°)	静态	≥15	≥15	≥15	≥15	≥15
有效观测同类卫星数(个)	静态	≥4	≥4	≥4	≥4	≥4
平均重复设站数(个)	静态	≥2	≥2	≥1.6	≥1.6	≥1.6
时段长度(min)	静态	≥90	≥60	≥45	≥45	≥45
数据采样间隔(s)	静态	10 ~ 30	10 ~ 30	10 ~ 30	10 ~ 30	10 ~ 30
PDOP 值	静态	<6	<6	<6	<6	<6

2 静态测量数据采集

2.1 天线安置

(1)在正常点位,天线应架设在三脚架上,并安置在标志中心的上方垂线方向上直接对中,对中误差应不超过 3 mm。天线基座上的圆水准气泡必须整平。

(2)在特殊点位,当天线需要安置在三角点觇标的观测台或回光台上时,应先将觇标顶部拆除,以防止对 GPS 信号的遮挡。这时可将标志中心反投影到观测台或回光台上,作为安置天线的依据。如果觇标顶部无法拆除,接收天线若安置在标架内观测,就会造成卫星信号中断,影响 GPS 测量精度。在这种情况下,可进行偏心观测。偏心点选在离三角点 100 m 以内的地方,归心元素应以解析法精密测定。

(3)天线的定向标志线(见图 7-8)应指向正北,并顾及当地磁偏角的影响,以减弱相位中心偏差的影响。天线定向误差依定位精度不同而异,一般不应超过 ±(3°~5°)。对

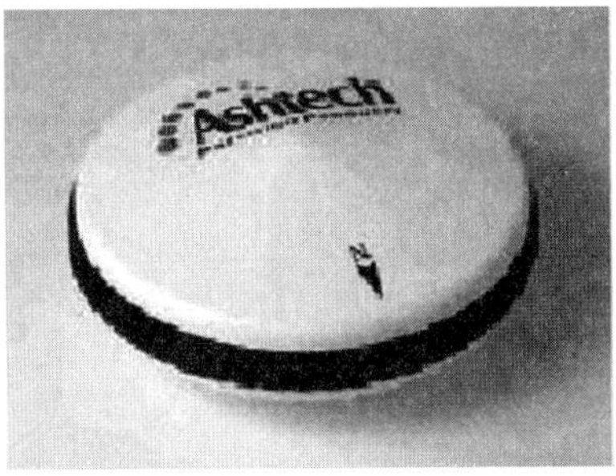

图 7-8 天线的定向标志线

于无正北定向标志或不明显的接收机天线,可预先设置标记,每次应按此标记安置仪器。

(4)刮风天气安置天线时,应将天线进行三方向固定,以防倒地碰坏。雷雨天气安置天线时,应注意将其底盘接地,以防雷击天线。

(5)架设天线不宜过低,一般应距地面 1 m 以上。每时段开机前,天线整平对中好后,作业员应先量取天线高,在圆盘天线间隔 120°的三个方向分别量取天线高,三次测量结果之差不应超过 3 mm,取其三次结果的平均值记入测量手簿中,天线高记录取至 0.001 m。

天线高量测备有专用测高尺,选择量测斜高或垂高两种测高方式中的一种量取天线高,如图 7-9 所示。

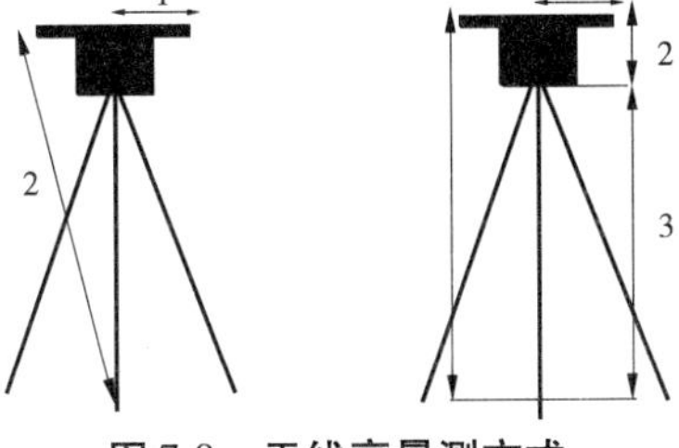

图 7-9 天线高量测方式

斜高测量是量取天线相位中心至测站点标志中心间斜距，直接将斜距输入到主机设备后在数据后处理时自动归化为铅垂距离。

垂高测量是直接量取天线相位中心至测站点间铅垂距，一般天线基座设天线高测量专用孔位，如图 7-10 所示，天线相位中心至天线高测量专用孔位间铅垂距为一常数 $h_{上}$，由仪器设备生产厂家提供。

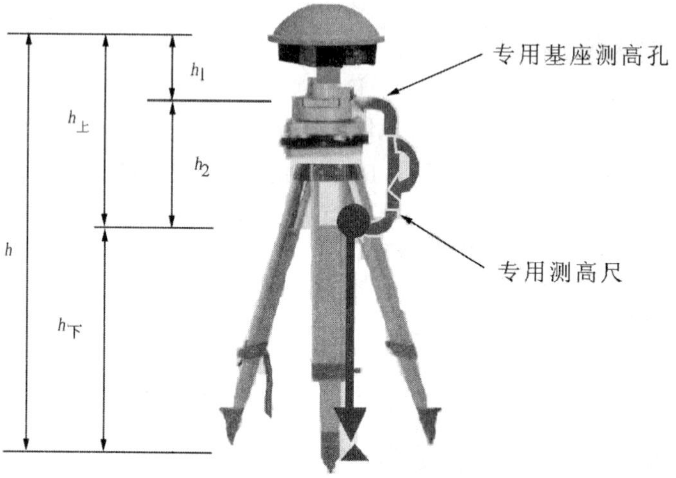

图 7-10　天线高垂距量测

天线高测量则可直接量取测站点标志中心至天线基座天线高测量专用孔位的距离 $h_{下}$，在关机后再量取一次天线高 $h_{下}$ 作校核，两次所量天线高互差不得大于 3 mm，取平均值为 $h_{下}$，记录在手簿中。若互差超限，应查明原因，提出处理意见并记入测量手簿备注栏中。若已知天线基座天线高测量专用孔至厂方指定天线相位中心部位距离为 $h_{上}$，则天线高按下式计算：

$$h = h_{上} + h_{下} \tag{7-1}$$

精确测量和记录天线高是非常重要的，天线高测量不准确将会导致三维定位错误。

(6)测量气象参数。在高精度 GPS 测量中，要求测定气象元素。每时段气象观测应不少于 3 次(时段开始、中间、结束)。气压读至 0.1 mbar，气温读至 0.1 ℃，对一般城市及工程测量只记录天气状况。

(7)复查点名并记入测量手簿中，将天线电缆与仪器进行连接，经检查无误后，方能通电启动仪器。

2.2　接收机安装

天线安置完成后，在离开天线适当位置的地面上安放 GPS 接收机，接通接收机与电源、天线、控制器的连接电缆，并经过严格检查，正确安装方可启动接收机进行观测。分体式接收机安装如图 7-11 所示。

(1)接收机和 GPS 天线连接。专用天线端子 RF(针状)连接 GPS 主机(见图 7-12)，天线电缆插入到主机 RF 端口并旋紧。

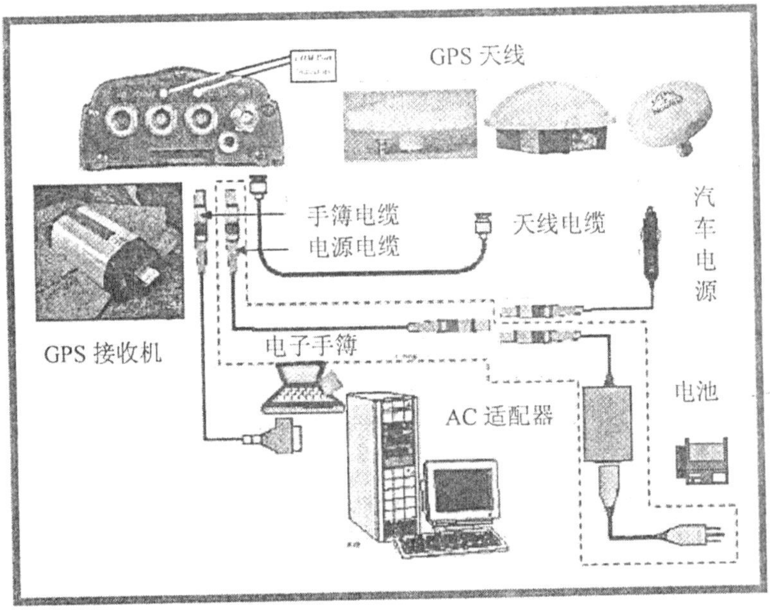

图 7-11　分体式 GPS 接收机安装

图 7-12　GPS 天线端子 RF

注意事项：天线电缆连接头的针必须对准天线端口上的孔。

（2）连接控制器（电子手簿）和 GPS 主机（见图 7-13）。控制器（电子手簿）RS232 口连接数据电缆；控制器（电子手簿）数据电缆另一接口插入到主机 COM1 端口并旋紧。

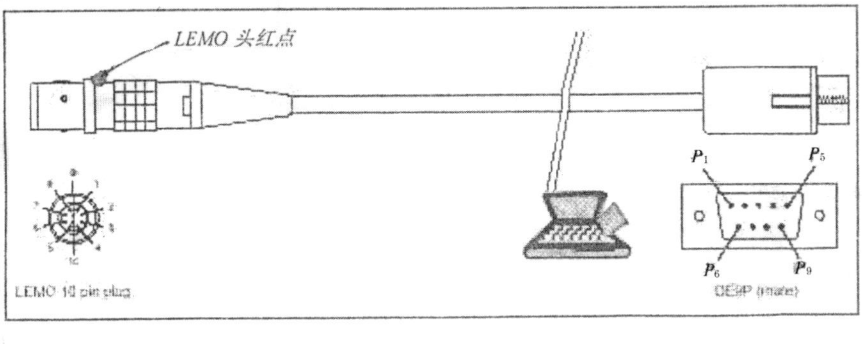

图 7-13　控制器（电子手簿）和 GPS 主机连接

注意事项:控制器(电子手簿)端口与数据电缆接头的方向必须正确。

(3)给 GPS 主机供电。

2.3 开机观测

观测作业的主要目的是捕获 GPS 卫星信号,并对其进行跟踪、处理和量测,以获得所需要的定位信息和观测数据。

接收机正确安装完成后,启动接收机并经过预热和静置。

接收机锁定卫星并开始记录数据后,观测员可按照仪器随机提供的操作手册进行输入和查询操作,在未掌握有关操作系统之前,不要随意按键和输入,一般在正常接收过程中禁止更改任何设置参数。

通常来说,在外业观测工作中,仪器操作人员应注意以下事项:

(1)当确认外接电源电缆及天线等各项连接完全无误后,方可接通电源,启动接收机。

(2)开机后接收机有关指示显示正常并通过自检后,方能输入有关测站和时段控制信息。

(3)接收机在开始记录数据后,应注意查看有关观测卫星数量、卫星号、相位测量残差、实时定位结果及其变化、存储介质记录等情况。

(4)一个时段观测过程中,不允许进行以下操作:关闭又重新启动;进行自测试(发现故障除外);改变卫星高度角;改变天线位置;改变数据采样间隔:按动关闭文件和删除文件等功能键。

(5)每一观测时段中,气象元素一般应在始、中、末各观测记录一次,当时段较长时可适当增加观测次数。

(6)在观测过程中要特别注意供电情况,除在出测前认真检查电池容量是否充足外,每一时段开始前,应测试电池电压,判断是否满足本时段观测要求;作业中观测人员听到仪器的低电压报警要及时予以处理,否则可能会造成仪器内部数据的破坏或丢失。对观测时段较长的观测工作,建议尽量采用太阳能电池板或汽车电瓶进行供电。

(7)仪器高一定要按规定始、末各量测一次,并及时输入仪器及记入测量手簿之中。

(8)接收机在观测过程中不要靠近接收机使用对讲机;雷雨季节架设天线要防止雷击,雷雨过境时应关机停测,并卸下天线。

(9)观测站的全部预定作业项目,经检查均已按规定完成,且记录与资料完整无误后方可迁站。

(10)观测数据建议记录于外部存储设备上,保证足够的存储空间,以及避免手簿系统故障或中断造成数据丢失。观测过程中要随时查看仪器内存或硬盘容量,每日观测结束后,应及时将数据转存至计算机硬盘、移动存储设备上,确保观测数据不丢失。

(11)观测员在作业期间不得擅自离开测站,并应防止仪器受震动和被移动,防止人和其他物体靠近天线,遮挡卫星信号。

(12)避免碰到接收机数据电缆和天线电缆,以防人为信号失锁,记录数据丢失,甚至控制器死机。

2.4 观测记录

在外业观测工作中,所有信息资料均须妥善记录。记录形式主要有以下两种:

(1)观测记录。观测记录由 GPS 接收机自动进行,均记录在存储介质(如硬盘、硬卡或记忆卡等)上,其主要内容有:①载波相位观测值及相应的观测历元;②同一历元的测码伪距观测值;③GPS 卫星星历及卫星钟差参数;④实时绝对定位结果;⑤测站控制信息及接收机工作状态信息。

(2)测量手簿。测量手簿是在接收机启动前及观测过程中,由观测者随时填写的。其记录格式在现行《国家规范》和《城市规范》中略有差别,视具体工作内容选择进行。为便于使用,这里列出《城市规范》中城市与工程 GPS 网观测记录格式(见表 7-4),供参考。

表 7-4 中,备注栏应记载观测过程中发生的重要问题,问题出现的时间及其处理方式等。

表 7-4 GNSS 外业观测手簿《城市规范》

观测者:	日期	年 月 日
测站名:	测站号	时段号
本测站为:已知点□	待定点□	
记录时间:北京时间□	UTC□	区时□
开机时间:	结束时间:	
接收机号:	天线号:	
天线高: (m) 1. 2.	3. 平均值	
备注		

观测记录和测量手簿都是 GPS 精密定位的依据,必须认真、及时填写,坚决杜绝事后补记或追记。外业观测中存储介质上的数据文件应及时拷贝一式两份,分别保存在专人保管的防水、防静电的资料箱内。存储介质的外面,适当处应贴制标签,注明文件名、网区名、点名、时段名、采集日期、测量手簿编号等。

接收机内存数据文件在转录到外存介质上时,不得进行任何剔除或删改,不得调用任何对数据实施重新加工组合的操作指令。

2.5 数据采集实例

以 NovAtel RT2 接收机为例,假设有某点,测站号为 0D11,当前观测时段为 0001。

(1)开机检查。

首先检查各个电缆线是否连接稳固;将电源线插入主机电源插口(注意,接口 Lam 头红点对齐);按下手簿上的 ON 键开机,等待。

(2)开机后手簿显示自检,并锁定卫星如图 7-14 所示。

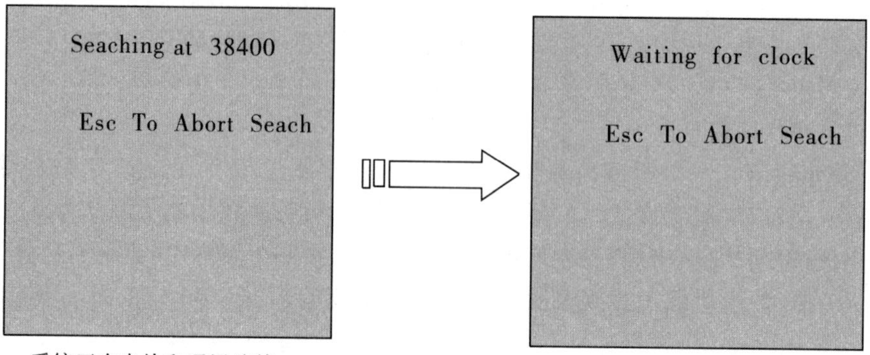

系统正在自检和通讯连接　　系统正在锁定卫星

图 7-14　开机后手簿显示

(3)等待卫星锁定后屏幕如图 7-15 所示,选择数据采集 Data Collector 项,按 Enter 键确认。

(4)采用快速开始模式,选择 Quick Start,如图 7-16 所示,按 Enter 键确认。

(5)输入测站信息,屏幕如图 7-17 所示。

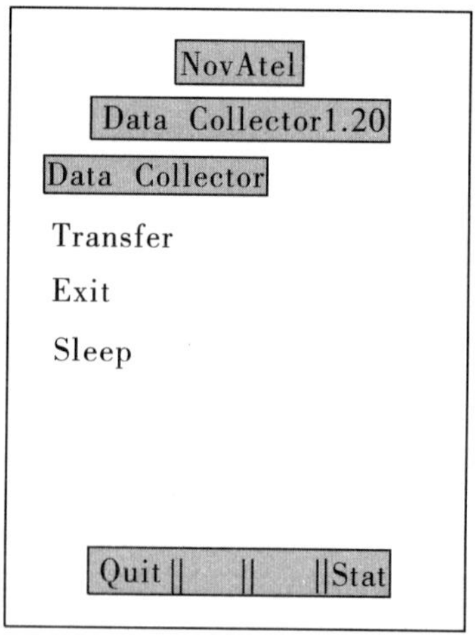

图 7-15　系统功能总菜单

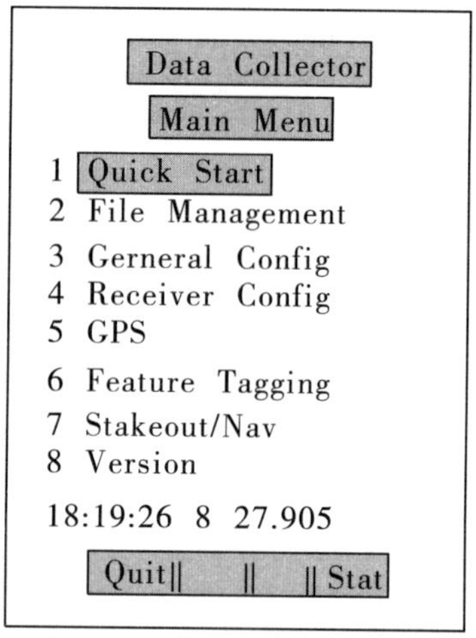

图 7-16　数据采集功能菜单

①在 Data Files 后输入文件名,文件名建议定义为测站号(××××)加时段号(××××)。

②在 Ant. Hgt 后输入天线高 $h=1.257$ m。

③在 User Name 后输入观测者名。

④检查观测参数,确保:文件格式 Type 项为≫ASCII≪;时间系统 Time 项为≫GPS≪。

⑤确认选中 OK 项。

⑥设置测站观测参数。

在 Data Rate 后输入采样率(建议为 10~20 s)。

在 Pos. 后选择是否计算位置数据(None 表示未记录位置数据)。

在 Dict. 后选择数据字典文件名(例如. DEMO)。
在 Aux. Data 后选择接收附加数据(选择 None 为不记录)。
在 Type 后选择数据记录格式(建议:ASCII 码)。
在 Time 后选择观测记录采用的时间系统 GPS\UTC \GMT…
建议:GPS 时间系统。
确认信息参数输入设置(选择 OK 键)。
(6)开始观测记录。
①按 F7 键(自定义热键),屏幕如图 7-18 所示。

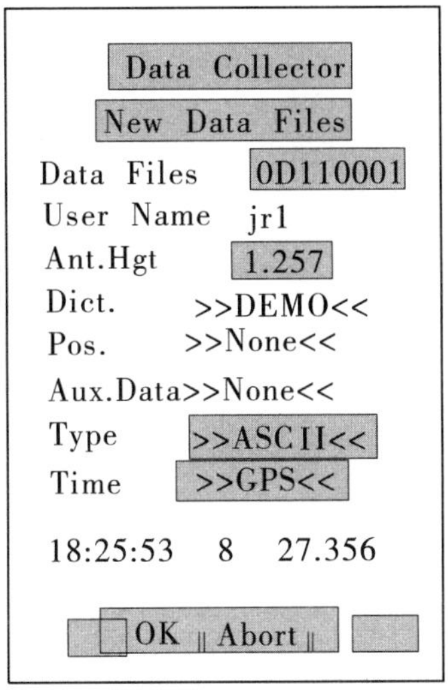

图 7-17 设置测站观测参数菜单

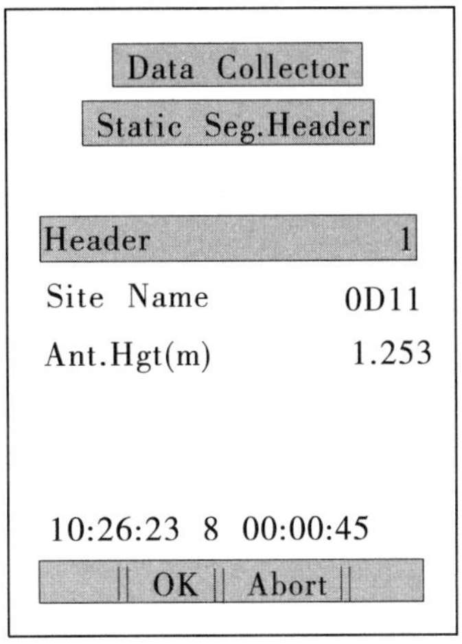

图 7-18 测站文件头菜单

②输入测站信息(文件头):在 Site Name 输入测站号 0D11;检查天线高 Ant. Hgh 为 1. 253。

③确认,选中 OK 项,系统记录观测数据并返回主菜单卫星接收状况。

(7)观察卫星接收状况。

系统记录观测数据后,程序回到 Data Collector Main Manu 中(见图 7-19),选择 GPS 项,按 Enter 键确定。显示 Data Collector GPS 菜单,选择 Position 项,按 Enter 键确定。

确定后,屏幕如图 7-20 所示。选择 Position 项,按 Enter 键确定。显示:

天线位置坐标——经度 E,纬度 N;
海拔高 Hort—— -1. 257 ±0. 001;
椭球高 Hell—— -32. 472 ±0. 001;
卫星数——8;
GPS 时间——18:25:53;
记录采集数据累计时间——01:56:45;
水平速度 Hor;
竖直速度 Ver;
运动方向 Direction;

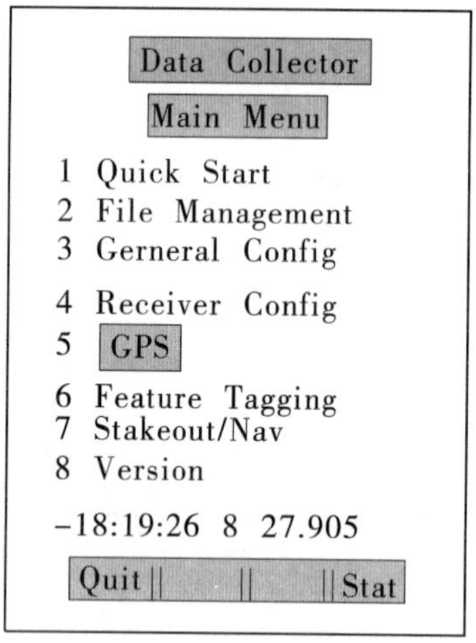

图 7-19　选择观察卫星接收状况菜单

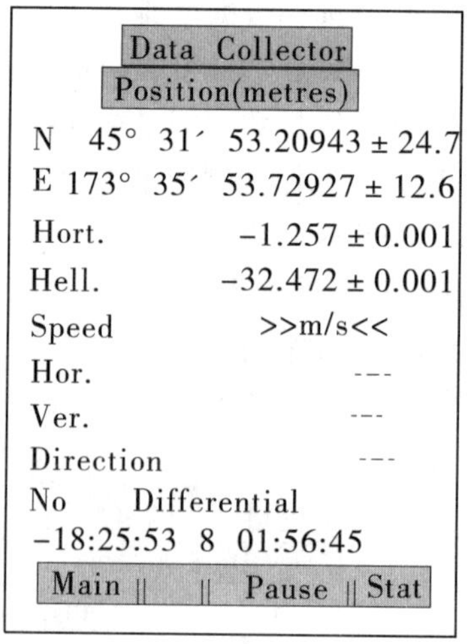

图 7-20　观察卫星接收状况菜单

定位状态——NO DIFFERENT(未差分);

——RTCM(码差分);

——RT-20(L_1 差分);

——RT-2(L_1、L_2 差分)。

(8)停止数据采集,退出系统:

①按 F9 键(自定义热键),终止记录观测数据;

②选择 Main 项,系统由 Data Collecter Position 返回 Data Collector Main Menu 主菜单;

③选择 Quit 项,返回 NovAtel Data Collector 1.20 主菜单。

(9)关机后的收测工作:

①拆卸电源线:拔除主机上的电源线;

②拆除数据线:拔除主机 COM1 端口与手簿数据电缆接头,拔除手簿上的数据线;

③拆除天线电缆:旋开并拔除主机 RF 端口天线,旋开并拔除天线上的数据电缆。

以上完成 GPS 静态数据采集工作。

3　准动态测量数据采集

用两台 GPS 接收机(1 台基准站 +1 台流动站),通过静态初始化(基准站架设在已知点上),用后处理解算流动站碎部点坐标。此作业方法尤其适合无需数据链差分测点,点位精度要求达到亚米级,流动站碎部点测量时间短,流动站完成初始化以后,一般只需 1 min 左右测一个点。下面以 STRATUS\Smart3100IS 接收机为例介绍准动态测量数据采集。

3.1　基准站设置

准动态测量作业基准站数据采集方法与静态测量数据采集相似,这里仅介绍基准站设置,仪器安置等工作不再重述。

将基准站架设在已知点上,开机,用控制器连接 STRATUS\Smart3100IS 主机(红外线端口)。选择 Kinematic Survey 菜单,如图 7-21 所示。

然后输入工程文件名称,选择 Base 按钮,新建基准站 (New Base)如图 7-22 所示。

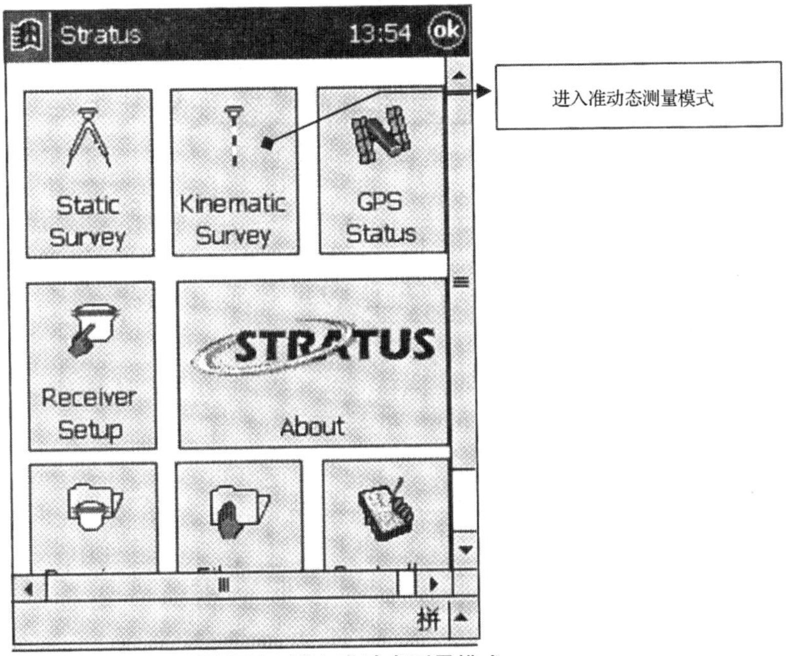

图 7-21　进入准动态测量模式

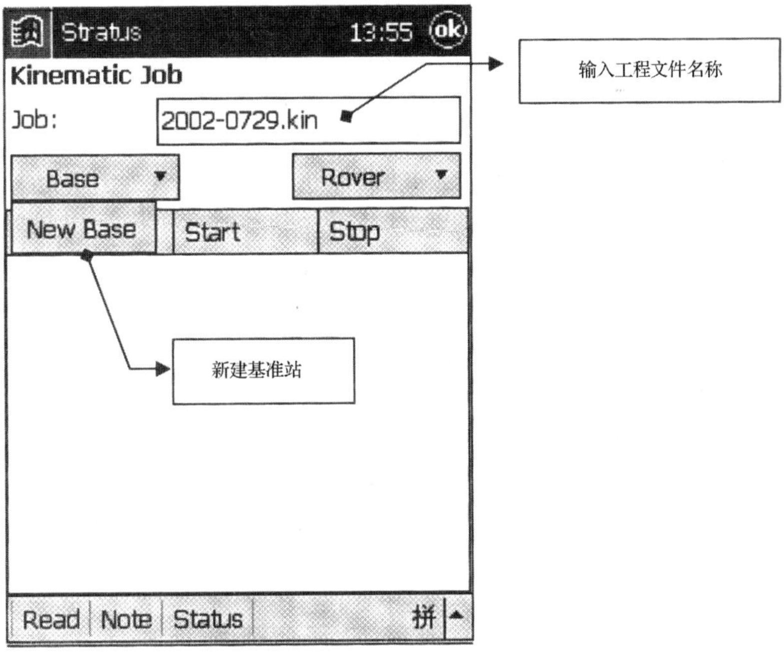

图 7-22　新建基准站

在基站编辑视窗输入基站点号、天线高度、天线高的量测方式等其他信息。然后按 Start 键，开始基站观测，如图 7-23 所示。

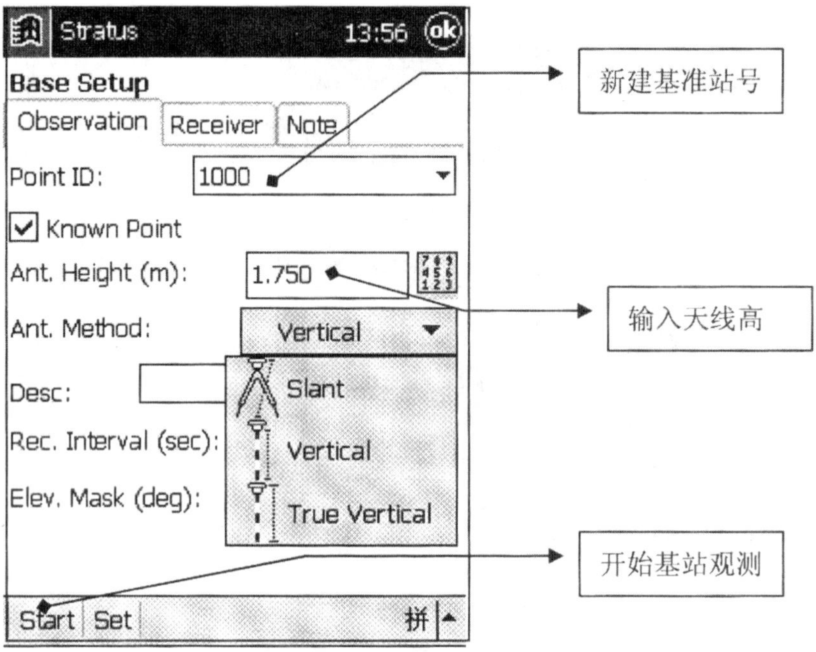

图 7-23　开始基站观测

在 Base Setup 对话框的底端是[Start]和[Set]按钮。当 Observation(观测)面板中的相关信息输入完毕,点击[Start]开始与接收机的同步。点击[Set]将这些设定应用到接收机当前观测文件中。

3.2　初始化

将另一台流动接收机先置于起始点初始化观测,观测 3 ~ 5 min,假设有某点,测站号为 0D11,当前观测时段为 0001。

STRATUS 接收机是一个多功能 GPS 接收机,支持准动态测量模式。接收机控制面板状态指示器提供成功进行 GPS 测量的有关信息。显示面板上有四个状态指示器指示,如图 7-24 所示。

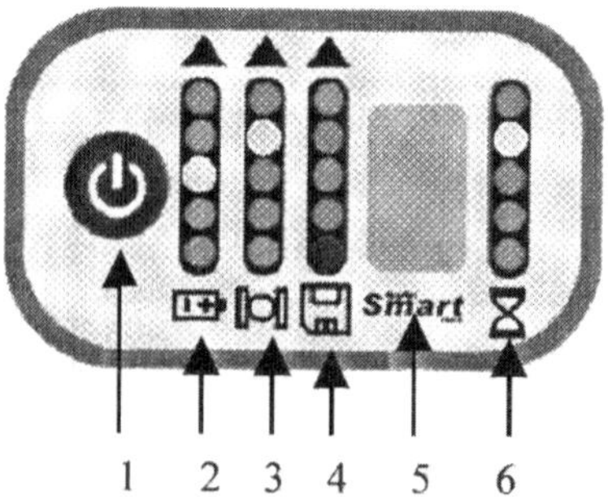

图 7-24　STRATUS 接收机控制面板指示

控制面板指示描述如表 7-5 所示。

表 7-5　控制面板指示描述

序号	描述	序号	描述
1	电源键	4	剩余内存量
2	剩余电量	5	红外线端口
3	卫星跟踪	6	测量时间指示

电源按钮——用于打开和关闭接收机，删除接收机中的所有文件，将接收机设回原厂设置。

可视卫星跟踪指示器——显示接收机锁定多少颗卫星用于采集 GPS 数据。

时段长度——确定是否有足够数据用于基线。

内部电量指示器——显示内部电池剩余电量。

可利用的内存指示器——内部存储数据剩余空间数量的估计。

红外端口——用于同其他装置如 STRATUS 控制器无线通信。

使用接收机手持控制器设置初始化。根据卫星数量和卫星几何图形质量确定采集的数据是否足够用于一定长的基线，记录 20 ~ 60 minGPS 数据，时段长度指示器的详细信息如表 7-6。

表 7-6　时段长度指示器

LED	COLOR	基线长度
最上端	黄色	20 km 或更少
4	黄色	15 km 或更少
3	黄色	10 km 或更少
2	黄色	5 km 或更少
最下端	红色	2 km 或更少

初始化工作时间是近似的。跟踪卫星数目和卫星几何图形将影响初始化。各种条件如多路径效应，电离层活动状态都可能影响结果，最后采集的时段长度要稍长一些，为防止采集的数据过少，摆站时间最好长一点。

初始化接收机方式。

(1) 未知点上初始化(Initializing over an unknown point)。流动站接收机大概要耗时 20 ~ 60 min(依基线长度而定)。操作过程如下。

①在 Init. Type 复选框中选 Static. obs；

②点击[Read]；

③初始化接收机，其时间应近似于所设定的读数时段；

④点击[Stop]；

(2)已知点上初始化(Initializing over a known point)。

将流动站设在已知点上,可以极大地减少接收机初始化的时间。已知点上设站遵循如下步骤:

①在 Init. Type 复选框中选 known Goordinate(已知坐标)选项;

②点击[Read];

③初始化,耗时近似于所设定的读数时间;

④点击[Stop];

⑤在 Spectrum Survey 的 PointEditor 中打开点;

⑥选中 Use as a reference Goordinate 复选框;

⑦输入正确的已知点坐标;

⑧点击[OK]保存信息;

(3)已知向量上初始化(Initializing over a known vector)。

将流动站安置在已知向量上初始化所耗时间会减少很多,步骤如下:

①在 Init. Type 复述框中选择 known vector;

②点击[Read];

③初始化,耗时近似于所设定的观测时段(观测时段是在流动站设置面板中的 End Reading 中确定的);

④点击[Stop];

⑤控制器上,已知的坐标不会自动初始化,要完全地初始化,数据必须传输到 Spectrum Survey 后处理软件;

⑥在 Spectrum Survey 中的 Vector Editor 确认点;

⑦在 Processing 面板中,选中 Fix Vector for GPS Initialzing 复选框;

⑧输入正确的坐标;

⑨点击[OK]保存信息。

3.3 流动观测

初始化完成以后,在保持对所测卫星连续跟踪而不失锁的情况下,将流动接收机依次置于待定点同步观测 5 颗以上卫星数秒钟。

STRATUS 接收机观测步骤:

①点击[Read],控制器开始采集信息,然后按钮自动转换为[Save];

②点击[Save],将观测数据存储,之后它又转换为[Read];

③至下一个测点,重复上面的操作直到全部的测量工作完成,可利用 Spectrum Survey 后处理软件平差接收机数据。

4 实时动态(RTK) 测量数据采集

用两台以上 GPS 接收机(1 台基准站 +1 台以上流动站),通过实时测量数据采集与解算坐标改正处理,获得流动站碎部点坐标。此作业方法需数据链差分测点,点位精度达到亚米级,流动站碎部点测量时间短,流动站完成初始化较短,一般只需 1 min 左右。下面以 NovAtel RT2 接收机为例介绍实时动态(RTK) 测量数据采集。

4.1 实时动态(RTK)基准站设置

4.1.1 基准站数据采集系统配置

如图 7-25 所示,RTK 数据采集系统主要由 GPS 接收机、天线、控制器(电子手簿)、数据发射电台组成。

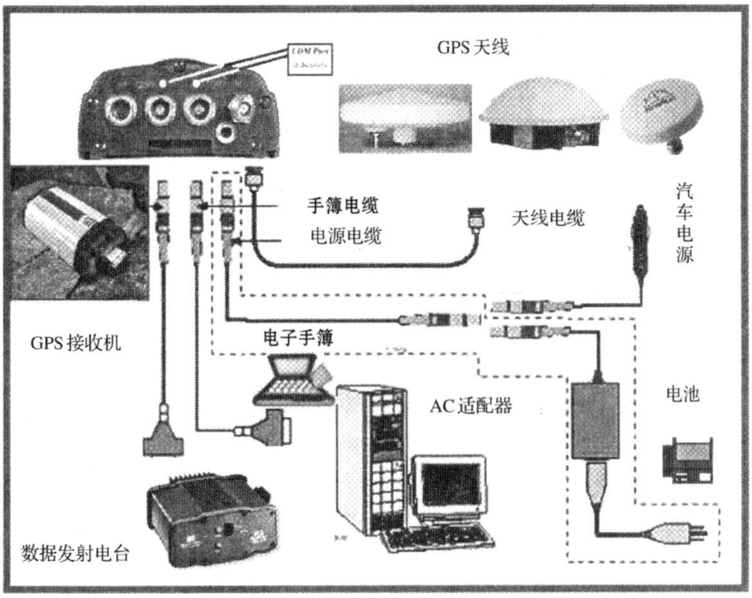

图 7-25 RTK 基准站数据采集系统

4.1.2 差分测量模式设置

(1)开机选择数据采集 Data Collector 项。

(2)锁定卫星后手簿显示如图 7-26 所示。

(3)选择 GPS 模式,按[Enter]键确认。

(4)选择基准站设置,选择 Reference 项,按[Enter]键确定,显示设置窗口如图 7-27 所示。

(5)设置基准站位置。当接收机作为基准站时,必须输入基准站位置坐标,以计算锁定的每一颗卫星的差分信息。然后通过数据链将差分信号传送给移动站 GPS 接收机。输入的基准站位置坐标数据应反映基准站天线的精确位置。

将基准站天线置于某地持续观测一段时间,对采集的数据进行后处理,计算该点的位置平均值。就可获得该点的位置平均值。

使用 < ↓ > 键在选项间选择。输入所有位置和 Hort(正高)、Geoid(大地水准面差)或 HELL(大地高)设置后,选择[OK]保存并返回上一菜单。

(6)发送差分信息。

基准站和移动站之间必须有数据链进行数据传输,以便移动站从基准站接收差分修正值数据。发送差分信息即为设置差分修正值的发送。RTCM 信息格式可用于支持该格式的两个 GPS 接收机之间的通信。但是,如果采用 NovAtel 专用实时 RT-2 或 RT-20 信息

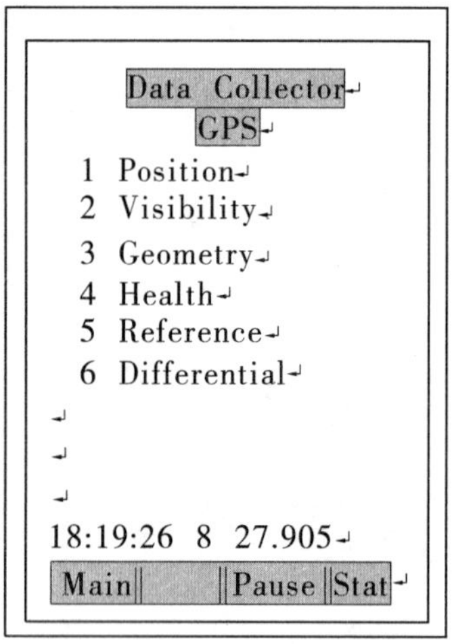

图 7-26　锁定卫星后手簿显示

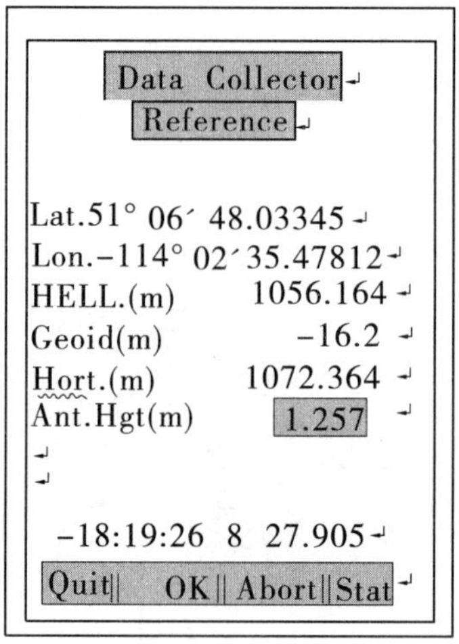

图 7-27　设置基准站位置

格式，则移动站和基准站必须都使用 NovAtel 接收机。RT-20 定位基于 L_1 数据，采用 RTCM 电文 3 和 NovAtel 专用 RTCM 电文 59N 信息。RT-2 定位是基于 L_1 和 L_2 数据的，采用两个不同的 NovAtel 专用 RTCA 电文 7 信息。在 differential（差分）屏幕中，有如图 7-28所示的发送模式选择。

设置 Transmit RTCM 发送模式，这一选项确定基准站位置并传送 RTCM 电文信息。标准参数(如数据传输率、奇偶校验、数据位、停止位、握手协议)用来设置接收机的串口以传输差分信息。同时也须设定 RTCM 的特定参数：数据传输率、RTCM Rule、DGPS 延时参数，如图 7-29 所示。

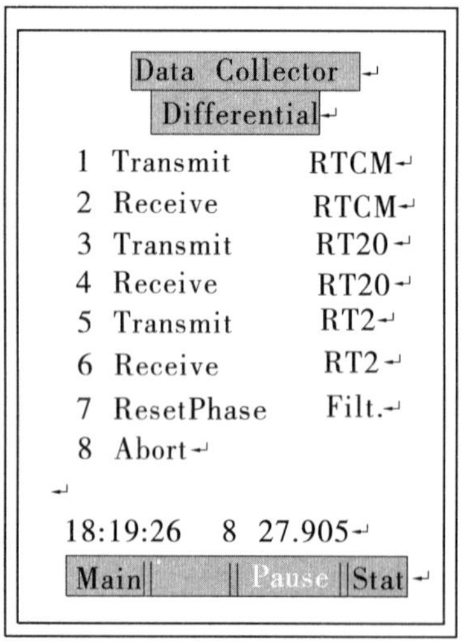

图 7-28　发送模式选择

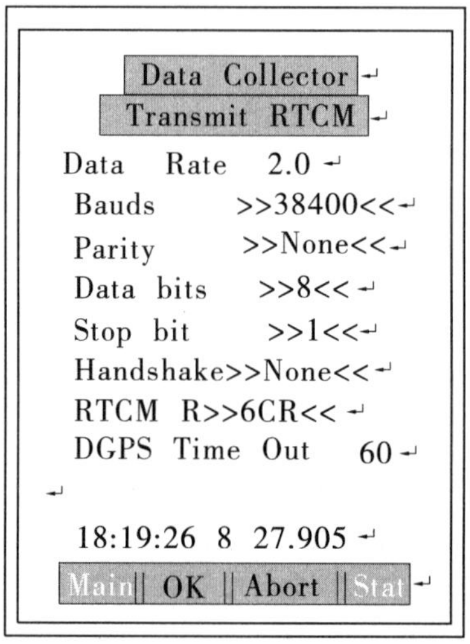

图 7-29　设置 Transmit RTCM 发送

4.2 实时动态(RTK) 移动站设置

4.2.1 移动站数据采集系统配置

如图7-30所示,RTK数据采集系统主要有GPS接收机、天线、控制器(电子手簿)、数据接收电台组成。

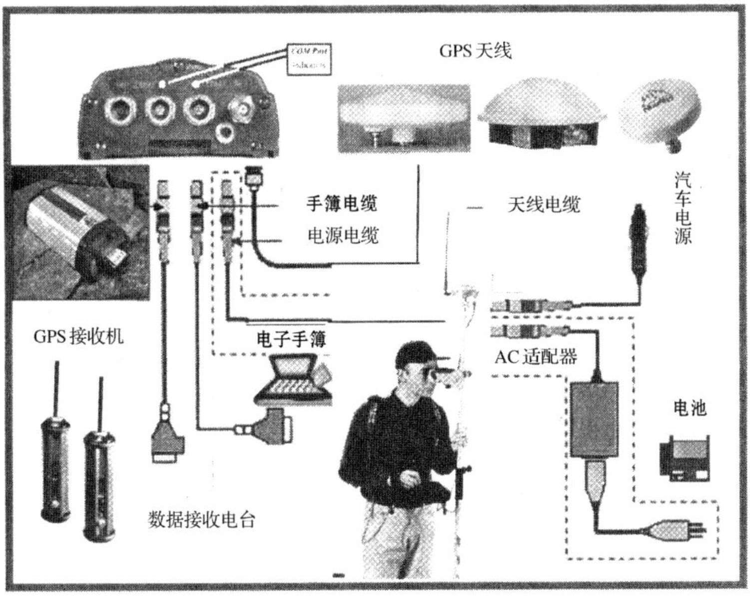

图7-30 移动站数据采集系统

4.2.2 差分测量模式设置

(1)开机锁定卫星后,手簿选择数据采集Data Collector项。

(2)选择GPS模式,按[Enter]键确认。

(3)设置差分定位模式,选择Reference项,按[Enter]键确定。

(4)设置接收差分定位信息Receive RTCM模式(见图7-28)。

这一选项允许接收机接收RTCM电文1信息。标准参数(数据传输率、奇偶校验、数据位、停止位和握手协议)用来设定接收机的串口以接收差分信息。用于RTCM接收的特定参数也必须设定。

(5)设置接收差分定位信息:DGPS ID参数用于输入站名。一旦设定,接收机只承认和所设定的ID相符的站发出的差分修正值。DGPS ID参数常用于可通过数据链同时接收几个基准站差分信息的情况。

(6)动态数据采集。

在(Data Collector GPS)菜单中选择(Position)项,进入动态数据定位窗口,如图7-31所示。

①接收基准站差分信息:定位屏幕显示RT-2定位状态,在屏幕上显示移动站正接收从基准站发来的差分信息,显示信息为"RT2 =1"。

屏幕的底部还显示信息"Receive RT2:1S",意思为差分信息的持续时间。如果两站间的数据通信被中断,时间将增加。

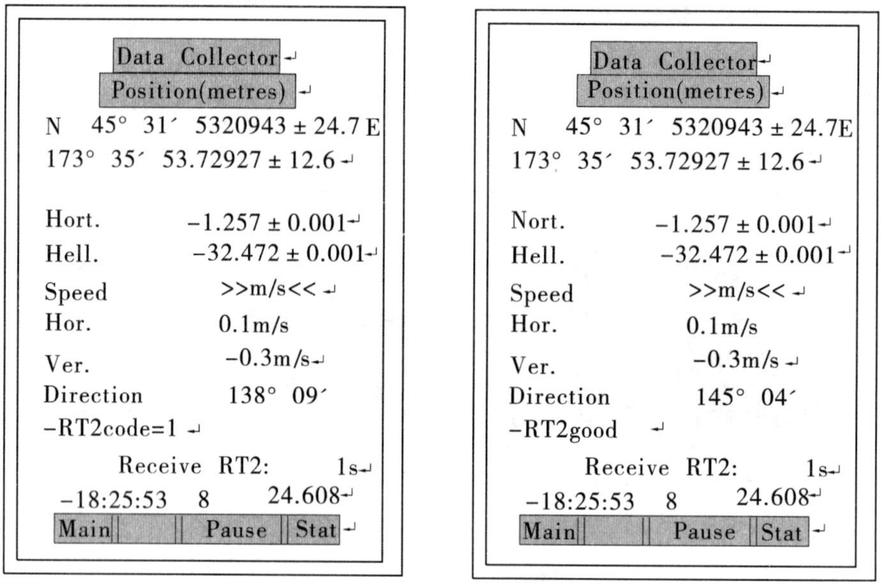

图 7-31 动态数据采集 RT-2 定位状态

②显示定位信息：屏幕显示 RT-2 定位状态下的位置，屏幕显示“RT-2good”。

③数据采集：使用 F7 键记录定位信息。

5 外业观测成果质量检核

外业观测结束后，应及时卸载有关资料并进行数据处理，以便对外业数据的质量进行检核。检核的内容有：

（1）数据剔除率。一时段内观测值的剔除率不应超过 10%。

（2）复测基线的长度差。进行 C、D、E 级基线处理及 B 级基线预处理后，若某基线向量被多次重复测量，则任意两个基线长度之差 ds 应满足下式：

$$ds \leqslant 2\sqrt{2}\sigma \tag{7-2}$$

式中 σ——相应级别所规定的精度（按平均边长计算）。

（3）同步环闭合差：三边同步环闭合差应满足下式：

$$\left.\begin{aligned} W_x &\leqslant \frac{\sqrt{3}}{5}\sigma \\ W_y &\leqslant \frac{\sqrt{3}}{5}\sigma \\ W_z &\leqslant \frac{\sqrt{3}}{5}\sigma \end{aligned}\right\} \tag{7-3}$$

对于 4 站或更多站同步观测而言，应用上述方法检查一切可能的三边环闭合差。

（4）独立环闭合差及附合路线坐标闭合差。C、D、E 级 GPS 网及 B 级网外业基线估计的结果应满足下式：

$$
\left.\begin{aligned}
W_x &\leqslant 3\sqrt{n}\sigma \\
W_y &\leqslant 3\sqrt{n}\sigma \\
W_z &\leqslant 3\sqrt{n}\sigma \\
W_s &\leqslant 3\sqrt{3n}\sigma
\end{aligned}\right\} \tag{7-4}
$$

式中 n——闭合环边数；

σ——相应级别所规定的精度（按实际平均边长计算）；

W_s——闭合差矢量，可用式(7-5)表示。

$$
W_s = \sqrt{W_x^2 + W_y^2 + W_z^2} \tag{7-5}
$$

(5)精处理后基线分量及边长的重复性。AA、A、B 级基线向量的分量 Δx、Δy、Δz 及边长 S 的重复性检验。

重复性的定义为：

$$
R_s = \left[\frac{\dfrac{n}{n-1}\cdot\sum\limits_{i=1}^{n}\dfrac{(C_i - C_m)}{\sigma_{Ci}^2}}{\sum\limits_{i=1}^{n}\dfrac{1}{\sigma_{Ci}^2}}\right] \tag{7-6}
$$

式中 n——同一基线的总观测时段数；

C_i——一个时段所求得的基线分量及边长；

σ_{Ci}^2——相应于 C_i 分量的方差；

C_m——各时段的加权平均值。

其中，对边长分量、北分量和东分量的重复性还需进行固定误差和比例误差的拟合，以作为衡量基线精度的参考指标。

(6)各时段间的较差。对于 AA、A、B 级基线而言，各时段间的较差应满足下式：

$$
\left.\begin{aligned}
d_{\Delta x} &\leqslant 3\sqrt{2}R_{\Delta x} \\
d_{\Delta y} &\leqslant 3\sqrt{2}R_{\Delta y} \\
d_{\Delta z} &\leqslant 3\sqrt{2}R_{\Delta z} \\
d_s &\leqslant 3\sqrt{2}R_s
\end{aligned}\right\} \tag{7-7}
$$

其中 R_s 用式(7-6)计算。

(7)AA、A、B 级基线进行基线向量精处理后，独立环闭合差或附合路线的坐标分量闭合差应满足下列条件：

$$
\left.\begin{aligned}
W_x &\leqslant 2\sigma_{Wx} \\
W_y &\leqslant 2\sigma_{Wy} \\
W_z &\leqslant 2\sigma_{Wz}
\end{aligned}\right\} \tag{7-8}
$$

而

$$
\left.\begin{aligned}
\sigma_{Wx}^2 &= \sum_{i=1}^{r}\sigma_{\Delta x(i)}^2\\
\sigma_{Wy}^2 &= \sum_{i=1}^{r}\sigma_{\Delta y(i)}^2\\
\sigma_{Wz}^2 &= \sum_{i=1}^{r}\sigma_{\Delta z(i)}^2
\end{aligned}\right\}\tag{7-9}
$$

式中　r——环线中的基线数；

　　$\sigma_{C(i)}^2$——环线中第 i 条基线 C 分量的方差（$C=\Delta x,\Delta y,\Delta z$），由基线处理时输出。

环线全长闭合差满足：

$$W \leqslant 3\sigma_w \tag{7-10}$$

$$\sigma_w^2 = \sum_{i=1}^{r} WD_{bi}W^{\mathrm{T}} \tag{7-11}$$

$$W = \begin{bmatrix} \dfrac{W_{\Delta x}}{W} & \dfrac{W_{\Delta y}}{W} & \dfrac{W_{\Delta z}}{W} \end{bmatrix} \tag{7-12}$$

$$W = \sqrt{W_{\Delta x}^2 + W_{\Delta y}^2 + W_{\Delta z}^2} \tag{7-13}$$

6　重测和补测

（1）未按施测方案进行观测，外业缺测、漏测，或观测值不满足表 7-3 中的相关规定时，应及时补测。

（2）复测基线的边长较差超限、同步环闭合差超限、独立环闭合差或附合路线的闭合差超限时，可剔除该基线而不必进行重测，但剔除该基线向量后新组成的独立环所含的基线数不得超过表 6-5 中的相关规定，否则应重测与该基线有关的同步图形。

（3）当测站的观测条件很差而造成多次重测后仍不能满足要求时，经主管部门批准后，可舍弃该点或变动测站位置后再进行重测。

（4）对于需补测或重测的时段或基线向量，要具体分析原因，在满足表 7-3 的前提下，应尽量安排在一起进行同步观测。

（5）补测或重测的原因、处理方式等应写入数据处理报告。

第四节　成果验收和上交资料

外业观测及内业数据处理完成后应进行成果验收并上交有关资料。如果数据处理工作也是由外业观测单位自己来完成的，那么成果验收和上交资料可在数据处理工作结束后进行（进行低等级小范围的 GPS 测量时通常采用这种模式）。如果外业观测工作结束后，数据处理工作将交由专门机构来进行（例如 A 级网、B 级网等高精度 GPS 网），则在上交外业观测资料时也应对外业观测资料进行检查验收。

1　成果验收

成果验收按 CH1002 的有关规定进行。交送验收的成果包括观测记录的存储介质及其备份。记录的内容和数量应齐全,完整无缺。各项注记和整饰应符合要求。

验收的重点为:

(1)实施方案是否符合规范和技术设计的要求。

(2)补测、重测和数据剔除是否合理。

(3)数据处理软件是否符合要求,处理项目是否齐全,起算数据是否正确。

(4)各项技术指标是否符合要求。

验收完成后应写出成果验收报告。在验收报告中,应根据 CH1003 的有关规定对成果质量进行评定。

2 技术总结

在 GPS 测量工作完成后,应按要求编写技术总结报告,作为成果验收和上交资料重要技术文件。其具体内容包括外业和内业两大部分。

2.1 外业技术总结内容

(1)测区及其位置,自然地理条件与气候特点、交通、通信及供电等情况。

(2)任务来源,项目名称,测区已有测量成果情况,本次施测的目的及基本精度要求。

(3)施工单位,施测起讫时间,技术依据,作业人员的数量及技术状况。

(4)作业仪器类型、精度、检验及使用状况。

(5)点位观测质量的评价,埋石与重合点情况。

(6)联测方法、完成各级点数量、补测与重测情况以及作业中存在问题的说明。

(7)外业观测数据质量分析与野外数据检核情况。

2.2 内业技术总结内容

(1)数据处理方案、所采用的软件、所采用的星历、起算数据、坐标系统,以及无约束、约束平差情况。

(2)误差检验及相关参数与平差结果的精度估计等。

(3)上交成果中尚存在的问题和需要说明的其他问题、建议或改进意见。

(4)综合附表与附图。

3 上交资料

(1)测量任务书或测量合同书、技术设计书。

(2)点之记、测站环视图、测量标志委托保管书、选点资料和埋石资料。

(3)接收设备、气象仪器及其他仪器的检验资料。

(4)外业观测记录、测量手簿及其他记录。

(5)数据处理中生成的文件、资料和成果表。

(6)GPS 网展点图。

(7)技术总结和成果验收报告。

注意:若数据处理工作由专门机构来进行,则外业作业单位在上交观测数据时,除不含第(5)项外,第(7)项也仅含外业观测工作。

学习指南

本章主要讲述GPS测量的外业实施与过程。进行GPS网测量时,应了解GPS相对测量作业模式,掌握GPS控制网测量最常用的静态测量模式。在GPS控制点的选择中要依据选择原则,同时学习GPS控制点的选择方法。GPS控制点的埋设工作之前,应学好GPS控制点环视图绘制工作。这一阶段要确定点位,进行卫星的可视见性预报,选择最佳观测时段,论证点位的可靠性,掌握GPS控制点点之记绘制。

完成了一个GPS控制网的点的选埋工作之后,必须学习GPS数据采集和要求,掌握静态测量数据采集、准动态测量数据采集、实时动态(RTK)测量数据采集的技术方法,它是GPS作业基础,以指导性实例具体学习。

在学习本章内容时,要掌握GPS测量作业模式,结合一定实际,掌握GPS数据采集的基本概念和各种数据采集特征条件的内容。重点掌握GPS控制网点的选择及原则,能够进行观测成果外业检核,熟悉GPS数据采集内容与要求。了解GPS测量成果验收和资料上交内容,本章的难点是GPS动态测量模式问题。

习题7

7-1 GPS测量定位的技术设计包括哪些内容?

7-2 为什么要对GPS控制网的精度、密度及基准进行设计?请说明各自的作用。

7-3 试述GPS控制网图形设计原则,并说明GPS控制网优化设计的目的和作用。

7-4 GPS测量定位技术设计及技术总结包括哪些内容?

第八章　GPS 数据处理

GPS 接收机采集记录的是 GPS 接收机天线至卫星的伪距、载波相位和卫星星历等数据。如果采样间隔为 15 s,则每 15 s 记录一组观测值,一台接收机连续观测 1 h 将有 240 组观测值。观测值中包含对 4 颗以上卫星的观测数据以及地面气象观测数据等。GPS 数据处理就是从原始观测值出发得到最终的测量定位成果,其数据处理过程大致可划分为数据传输、格式转换(可选)、基线解算和网平差以及 GPS 网与地面网联合平差等四个阶段。GPS 测量数据处理的流程如图 8-1 所示。

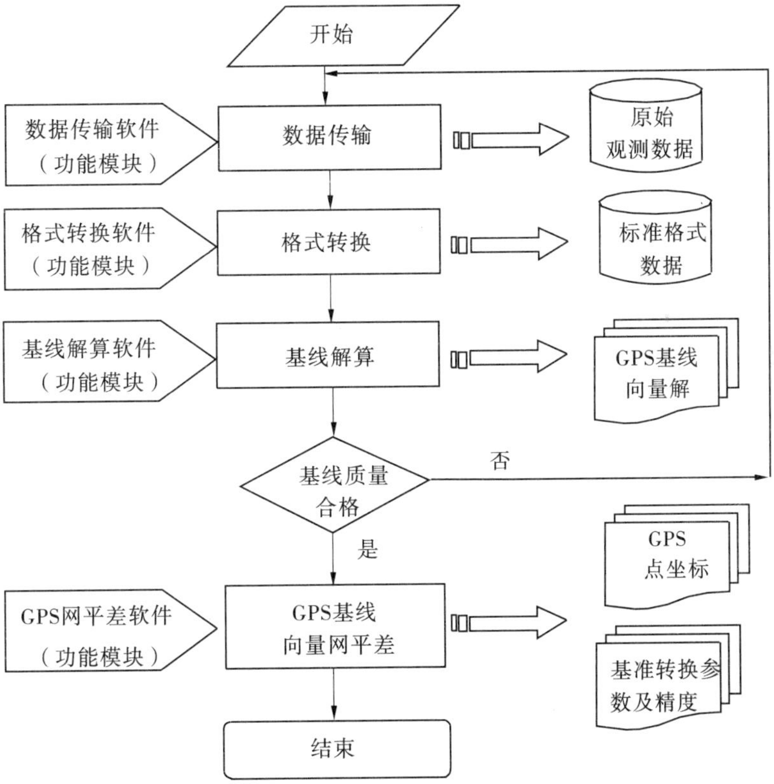

图 8-1　GPS 测量数据处理流程

第一节　数据预处理

GPS 数据预处理的目的是:对数据进行平滑滤波检验、剔除粗差;统一数据文件格式,并将各类数据文件加工成标准化文件(如 GPS 卫星轨道方程的标准化、卫星时钟钟差标准化、观测值文件标准化等);找出整周跳变点并修复观测值;对观测值进行各种模型改正。

1 GPS 卫星轨道方程的标准化

数据处理中要多次进行位置的计算,而 GPS 广播星历每小时有一组独立的星历参数,使得计算工作十分繁杂。因此,需要将卫星轨道方程标准化,以便计算简便,节省内存空间。GPS 卫星轨道方程标准化一般采用以时间为变量的多项式进行拟合处理。

将已知的多组不同历元星历参数所对应卫星位置 $P_i(t)$ 表达成时间 t 的多项式形式:

$$P_i(t) = a_{i0} + a_{i1}t + a_{i2}t^2 + \cdots + a_{in}t^n \tag{8-1}$$

利用拟合法求解多项式系数。解出的系数记入标准化星历文件,用它们来计算任一时刻的卫星位置。多项式的阶数 n 一般取 8 ~ 10 就足以保证米级轨道拟合精度。

拟合计算时,时间 t 的单位需规格化,规格化时间 T_i 为:

$$T_i = \frac{2t_i - (t_1 - t_m)}{t_m - t_1} \tag{8-2}$$

式中 T_i——对应于 t_i 的规格化时间;

t_1、t_m——观测时段开始和结束的时间。

显然,对应于 t_1 和 t_m 的 T_1 及 T_2 分别为 -1 和 +1。对任意时刻 t_i 有 $|T_i| \leqslant 1$。

需要指出的是,如果拟合时引进了规格化的时间,在实际轨道计算时也应使用规格化的时间。

2 卫星钟差的标准化

来自广播星历的卫星钟差(即卫星钟钟面时间与 GPS 标准时间系统之差 Δt_s)是多个数值,需要通过多项式拟合求得唯一的、平滑的钟差改正多项式,用于确定真正的信号发射时刻并计算该时刻的卫星轨道位置,同时也用于将各站对各卫星的时间基准统一起来以估算它们之间的相对钟差。当多项式拟合的精度优于 ±0. 2 ns 时,可精确探测整周跳变,估算整周末知数。钟差的多项式形式为:

$$\Delta t_s = a_0 + a_1(t - t_0) + a_2(t - t_0)^2 \tag{8-3}$$

式中 a_0、a_1、a_2——星钟参数;

t_0——卫星钟参数的参考历元。

由多个参考历元的卫星钟差,利用最小二乘法原理求定多项式系数 a_i,再由公式(8-3)计算任一时刻的钟差。因为 GPS 时间定义区间为一个星期,即 604 800 s,故当 $t - t_0 > 302\ 400$ s(t_0 属于下一个 GPS 周)时,t 应减去 604 800 s;$t - t_0 < -302\ 400$ s(t_0 属于上一个 GPS 周)时,t 应加上 6 048 000s。

3 观测值文件的标准化

不同的接收机提供的数据记录格式不同。例如观测时刻这个记录,可能采用接收机参考历元,也可能是经过改正归算至 GPS 标准时间。在进行平差(基线向量的解算)之前,观测值文件必须规格化、标准化。具体项目包括:

(1)记录格式标准化。各种接收机输出的数据文件应在记录类型、记录长度和存取方式方面采用同一记录格式。

(2)记录项目标准化。每一种记录应包含相同的数据项,如果某些数据项缺项,则应以特定数据如“0”或空格填上。

(3)采样密度标准化。各接收机的数据记录采样间隔可能不同,如有的接收机每15 s 记录一次,有的则20 s 记录一次。标准化后应将数据采样间隔统一成一个标准长度。标准长度应大于或等于外业采样间隔的最大标准值。采样密度标准化后,数据量将成倍地减少,所以这种标准化过程也称为数据压缩。数据压缩应在周跳修复后进行。数据压缩常用多项式拟合法,压缩后的数据应等价于被压缩区间的全部数据,且保持各压缩数据的误差独立。

(4)数据单位的标准化。数据文件中,同一数据项的量纲和单位应是统一的,例如,载波相位观测值统一以周为单位。

第二节　GPS 基线向量的解算

在第三章中,我们论述了利用载波相位观测值进行单点定位以及在观测值间求差,并利用求差后的差分观测值进行相对定位的原理和方法。在相对定位中常用双差观测值求解基线向量。本节将讨论利用载波相位观测值的双差观测值求解基线向量的方法。

1　GPS 基线解算的基本原理

1.1　观测值

基线解算一般采用差分观测值,较为常用的差分观测值为双差观测值,即由两个测站的原始观测值分别在测站和卫星间求差后所得到的观测值。

若在某一历元中,对 k 颗卫星数进行了同步观测,则可以得到 $k-1$ 个双差观测值;若在整个同步观测时段内同步观测卫星的总数为 l,则整周未知数的数量为 $l-1$。

在进行基线解算时,将基线的一个端点的坐标作为已知值固定,解求另一个点。固定的点称为起点,待求的点称为终点。双差观测值中电离层延迟和对流层延迟一般已消除。因此,基线解算时一般只有两类参数:一类是测站的坐标参数$\underset{3,1}{X_C}$,数量为3;另一类是整周未知数参数 $\underset{m-1,1}{X_N}$ (m 为同步观测的卫星数),数量为 $m-1$。

1.2　基线解算(平差)

基线解算的过程实际上主要是一个平差的过程,平差所采用的观测值主要是双差观测值。在基线解算时,平差要分三个阶段进行:第一阶段进行初始平差,解算出整周未知数参数(实数)和基线向量的实数解(浮动解);在第二阶段,将整周未知数固定成整数;在第三阶段,将确定了的整周未知数作为已知值,仅将待定的测站坐标作为未知参数,再次进行平差解算,解求出基线向量的最终解——整数解(固定解)。

1.3　初始平差

根据双差观测值的观测方程,组成误差方程后,然后组成法方程,求解待定未知参数的精度信息,其结果为:

（1）待定参数：

$$\hat{X} = \begin{bmatrix} \hat{X}_C \\ \hat{X}_N \end{bmatrix} \tag{8-4}$$

（2）待定参数的协因数阵：

$$Q = \begin{bmatrix} Q_{\hat{X}_C\hat{X}C} & Q_{\hat{X}_C\hat{X}N} \\ Q_{\hat{X}_N\hat{X}C} & Q_{\hat{X}_N\hat{X}N} \end{bmatrix} \tag{8-5}$$

（3）单位权中误差：

$$\hat{\sigma}_0 = \sqrt{\frac{V^{\mathrm{T}}PV}{n}} \tag{8-6}$$

通过初始平差，所解算出的整周未知数参数 X_N 本应为整数，但由于观测值误差、随机模型和函数模型不完善等原因，使得其结果为实数。因此，此时与实数的整周未知数参数对应的基线解被称做基线向量的实数解或浮动解。

为了获得较好的基线解算结果，必须准确地确定出整周未知数的整数值。

1.4　整周未知数的确定

确定整周未知数整数值的方法有很多种，目前所采用的方法基本上是以下面将要介绍的搜索法为基础的。搜索法的具体步骤如下：

（1）根据初始平差的结果 $\hat{X}_N$ 和 $D_{\hat{X}_N\hat{X}_N}(\hat{\sigma}_0^2 Q_{\hat{X}_N\hat{X}_N})$，分别以 $\hat{X}_N$ 中的每一个整周未知数为中心，给定置信水平，以它们中误差的若干倍为搜索半径，确定出每一个整周未知数的一组备选整数值。

（2）从上面所确定出的每一个整周未知数的备选整数值中一次选取一个，组成整周未知数的备选组，并分别以它们作为已知值，代入原基线解算方程，确定出相应的基线解：

$$\left.\begin{aligned} \hat{X}_i &= [\hat{X}_{C_i}] \\ Q_i &= [Q_{\hat{X}_{C_i}\hat{X}_{C_i}}] \end{aligned}\right\} \tag{8-7}$$

（3）从所解算出的所有基线向量中选出产生单位权中误差最小的那个基线向量结果，作为最终的解算结果，这就是所谓的基线向量整数解（或称固定解）。

$$\left.\begin{aligned} \hat{X}_i &= [\hat{X}_{C_i}] \\ Q_i &= [Q_{\hat{X}_{C_i}\hat{X}_{C_i}}] \\ &\hat{\sigma}_{0i} \end{aligned}\right\} \tag{8-8}$$

不过当出现以下情况时，则认为整周未知数无法确定，而无法求出该基线向量的整数解。

$$\frac{\hat{\sigma}_{0次最小}}{\hat{\sigma}_{0最小}} \leqslant T \tag{8-9}$$

$$T = \zeta_{Ff,f;1-\alpha/2} \tag{8-10}$$

$\zeta_{Ff,f;1-\alpha/2}$是置信水平为 $1-\alpha$ 时 F 分布的接受域，其自由度为 f 和 f_o。其中：$\frac{\hat{\sigma}_{0次最小}}{\hat{\sigma}_{0最小}}$称

为 *RATIO* 值；$\hat{\sigma}_{0最小}$也被称为 *RATIO*；σ_{oi}也被称为 *RMS*；$tr(Q)$称为 *RDOP* 值。

1.5 确定基线向量的固定解

当确定了整周未知数的整数值后，与之相对应的基线向量就是基线向量的整数解。

2 GPS 基线解算的分类

2.1 单基线解算

2.1.1 定义

当有 m 台 GPS 接收机进行了一个时段的同步观测后，每两台接收机之间就可以形成一条基线向量，共有 $m(m-1)/2$ 条同步观测基线，其中最多可以选出相互独立的$m-1$条同步观测基线，至于这 $m-1$ 条独立基线如何选取，只要保证所选的 $m-1$ 条独立基线不构成闭合环就可以了。这也是说，凡是构成了闭合环的同步基线是函数相关的，同步观测所获得的独立基线虽然不具有函数相关的特性，但它们却是误差相关的，实际上所有的同步观测基线间都是误差相关的。所谓单基线解算，就是在基线解算时不顾及同步观测基线间的误差相关性，对每条基线单独进行解算。

2.1.2 特点

单基线解算的算法简单，但由于其解算结果无法反映同步基线间误差相关的特性，不利于后面的网平差处理，一般只用在普通等级 GPS 网的测设中。

2.2 多基线解算

2.2.1 定义

与单基线解算不同的是，多基线解算顾及了同步观测基线间的误差相关性，在基线解算时对所有同步观测的独立基线一并解算。

2.2.2 特点

多基线解由于在基线解算时顾及了同步观测基线间的误差相关特性，因此在理论上是严密的。

3 基线解算阶段的质量控制

3.1 质量控制指标

3.1.1 单位权方差因子 $\hat{\sigma}_0$

(1)定义：

$$\hat{\sigma}_0^2 = \frac{V^{\mathrm{T}}PV}{n} \tag{8-11}$$

式中 V——观测值的残差；

P——观测值的权；

n——观测值的总数。

(2)实质：单位权方差因子又称为参考因子。

3.1.2 数据删除率

(1)定义：在基线解算时，如果观测值的改正数大于某一个阈值，则认为该观测值含有粗差，则需要将其删除。被删除观测值的数量与观测值的总数的比值，就是所谓的数据删除率。

(2)实质:数据删除率从某一方面反映出了 GPS 原始观测值的质量。数据删除率越高,说明观测值的质量越差。

3.1.3　*RATIO*

(1)定义:

$$RATIO = RMS_{次最小}/RMS_{最小} \tag{8-12}$$

显然,$RATIO \geqslant 1.0$。

(2)实质:反映了所确定出的整周未知数参数的可靠性,这一指标取决于多种因素,既与观测值的质量有关,也与观测条件的好坏有关,所谓观测条件指的是卫星星座的几何图形和运行轨迹。

3.1.4　*RDOP*

(1)定义:所谓 *RDOP* 值指的是在基线解算时待定参数的协因数阵的迹 $tr(Q)$ 的平方根,即

$$RDOP = \sqrt{tr(Q)} \tag{8-13}$$

RDOP 值的大小与基线位置和卫星在空间中的几何分布及运行轨迹(即观测条件)有关,当基线位置确定后,*RDOP* 值就只与观测条件有关了,而观测条件又是时间的函数,因此,实际上对与某条基线向量来讲,其 *RDOP* 值的大小与观测时间段有关。

(2)实质:*RDOP* 表明了 GPS 卫星的状态对相对定位的影响,即取决于观测条件的好坏,它不受观测值质量好坏的影响。

3.1.5　*RMS*

(1)定义:*RMS* 即均方根误差(Root Mean Square),即:

$$RMS = \sqrt{\frac{V^{\mathrm{T}}PV}{n-1}} \tag{8-14}$$

式中　V——观测值的残差;

P——观测值的权;

n——观测值的总数。

(2)实质:*RMS* 表明了观测值的质量,观测值质量越好,*RMS* 越小,反之,观测值质量越差,则 *RMS* 越大,它不受观测条件(观测期间卫星分布图形)好坏的影响。

依照数理统计的理论观测值误差落在 1.96 倍 *RMS* 的范围内的概率是 95%。

3.1.6　同步环闭合差

(1)定义:同步环闭合差是由同步观测基线所组成的闭合环的闭合差。

(2)特点及作用:由于同步观测基线间具有一定的内在联系,从而使得同步环闭合差在理论上应总是为 0 的,如果同步环闭合差超限,则说明组成同步环的基线中至少存在一条基线向量是错误的,但反过来,如果同步环闭合差没有超限,还不能说明组成同步环的所有基线在质量上均合格。

3.1.7　异步环闭合差

(1)定义:不是完全由同步观测基线所组成的闭合环称为异步环,异步环的闭合差称为异步环闭合差。

(2)特点及作用:当异步环闭合差满足限差要求时,则表明组成异步环的基线向量的质量是合格的;当异步环闭合差不满足限差要求时,则表明组成异步环的基线向量中至少有一条基线向量的质量不合格,要确定出哪些基线向量的质量不合格,可以通过多个相邻的异步环或重复基线来进行。

3.1.8 重复基线较差

不同观测时段对同一条基线的观测结果,就是所谓重复基线。这些观测结果之间的差异,就是重复基线较差。

3.2 应用

RATIO、*RDOP* 和 *RMS* 这几个质量指标只具有某种相对意义,它们数值的高低不能绝对地说明基线质量的高低。若 *RMS* 偏大,则说明观测值质量较差,若 *RDOP* 值较大,则说明观测条件较差。

4 影响 GPS 基线解算结果的几个因素及其对策

4.1 影响 GPS 基线解算结果的几个因素

影响基线解算结果的因素主要有以下几条:

(1)基线解算时所设定的起点坐标不准确。起点坐标不准确,会导致基线出现尺度和方向上的偏差。

(2)少数卫星的观测时间太短,导致这些卫星的整周未知数无法准确确定。当卫星的观测时间太短时,会导致与该颗卫星有关的整周未知数无法准确确定,而对与基线解算来讲,对于参与计算的卫星,如果与其相关的整周未知数没有准确确定的话,就将影响整个 GPS 基线解算结果。

(3)在整个观测时段里,有个别时间段里周跳太多,致使周跳修复不完善。

(4)在观测时段内,多路径效应比较严重,观测值的改正数普遍较大。

(5)对流层或电离层折射影响过大。

4.2 影响 GPS 基线解算结果因素的判别及应对措施

4.2.1 影响 GPS 基线解算结果因素的判别

4.2.1.1 概述

对于影响 GPS 基线解算结果因素,有些是较容易判别的,如卫星观测时间太短、周跳太多、多路径效应严重、对流层或电离层折射影响过大等;但对于另外一些因素却不好判断,如起点坐标不准确。

4.2.1.2 基线起点坐标不准确的判别

对于由起点坐标不准确对基线解算质量造成的影响,目前还没有较容易的方法来加以判别,因此在实际工作中,只有尽量提高起点坐标的准确度,以避免这种情况的发生。

4.2.1.3 卫星观测时间短的判别

关于卫星观测时间太短这类问题的判断比较简单,只要查看观测数据的记录文件中有关每个卫星的观测数据的数量就可以了,有些数据处理软件还输出卫星的可见性图,这就更直观了。见图 6-8、图 6-10 卫星的可见性预报图。

4.2.1.4 周跳太多的判别

对于卫星观测值中周跳太多的情况，可以从基线解算后所获得的观测值残差上来分析。目前，大部分的基线处理软件一般采用双差观测值，当在某测站对某颗卫星的观测值中含有未修复的周跳时，与此相关的所有双差观测值的残差都会出现显著的整数倍增大。

4.2.1.5 多路径效应严重、对流层或电离层折射影响过大的判别

对于多路径效应、对流层或电离层折射影响的判别，我们也是通过观测值残差来进行的。不过与整周跳变不同的是，当多路径效应严重、对流层或电离层折射影响过大时，观测值残差不是像周跳未修复那样出现整数倍的增大，而只是出现非整数倍的增大，一般不超过 1 周，但却又明显地大于正常观测值的残差。

4.2.2 应对措施

4.2.2.1 基线起点坐标不准确的应对方法

要解决基线起点坐标不准确的问题，可以在进行基线解算时，使用坐标准确度较高的点作为基线解算的起点，较为准确的起点坐标可以通过进行较长时间的单点定位或通过与 WGS—84 坐标较准确的点联测得到；也可以采用在进行整网的基线解算时，所有基线起点的坐标均由一个点坐标衍生而来，使得基线结果均具有某一系统偏差，然后，再在 GPS 网平差处理时，引入系统参数的方法加以解决。

4.2.2.2 卫星观测时间短的应对方法

若某颗卫星的观测时间太短，则可以删除该卫星的观测数据，不让它们参加基线解算，这样可以保证基线解算结果的质量。

4.2.2.3 周跳太多的应对方法

若多颗卫星在相同的时间段内经常发生周跳，则可采用删除周跳严重的时间段的方法，来尝试改善基线解算结果的质量；若只是个别卫星经常发生周跳，则可采用删除经常发生周跳的卫星的观测值的方法，来尝试改善基线解算结果的质量。

4.2.2.4 多路径效应严重

由于多路径效应往往造成观测值残差较大，因此可以通过缩小编辑因子的方法来剔除残差较大的观测值；另外，也可以采用删除多路径效应严重的时间段或卫星的方法。

4.2.2.5 对流层或电离层折射影响过大的应对方法

对于对流层或电离层折射影响过大的问题，可以采用下列方法：

(1)提高截止高度角，剔除易受对流层或电离层影响的低高度角观测数据。但这种方法具有一定的盲目性，因为高度角低的信号不一定受对流层或电离层的影响就大。

(2)分别采用模型对对流层和电离层延迟进行改正。

(3)如果观测值是双频观测值，则可以使用消除了电离层折射影响的观测值来进行基线解算。

4.2.3 基线精化处理的有力工具——残差图

在基线解算时经常要判断影响基线解算结果质量的因素，或需要确定哪颗卫星或哪段时间的观测值质量上有问题，残差图对于完成这些工作非常有用。所谓残差图就是根据观测值的残差绘制的一种图表。

图 8-2 是一种常见双差分观测值残差图的形式，它的横轴表示观测时间，纵轴表示观

测值的残差,右上角的"SV12 - SV15"表示此残差是 SV12 号卫星与 SV15 号卫星的差分观测值的残差。正常的残差图一般为残差绕着零轴上下摆动,振幅一般不超过 0.1 周。

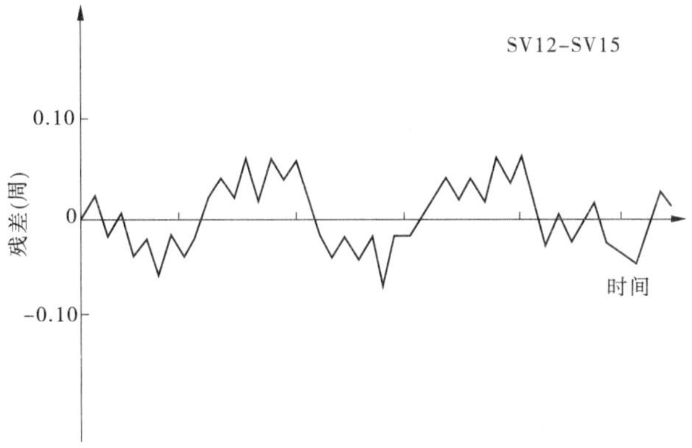

图 8-2　SV12 与 SV15 号卫星残差图

图 8-3 表明 SV12 号与 SV15 号卫星的差分观测值中含有周跳。

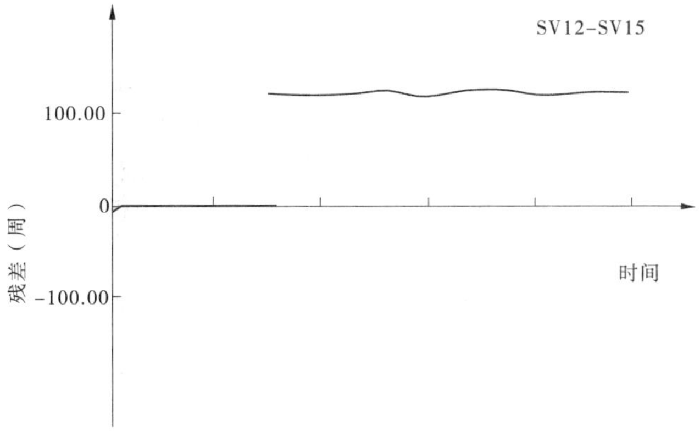

图 8-3　SV12 与 SV15 号卫星的差分观测值含有周跳的残差图

图 8-4 残差图表明 SV12 号与 SV25 卫星的差分观测值中含有周跳在 $T_1 \sim T_2$ 时间段内受不名因素(可能是多路径效应、对流层折射、电离层折射或强电磁波干扰)影响严重。

5　GPS 基线解算的过程

每一个厂商所生产的接收机都会配备相应的数据处理软件,它们在使用方法上都会有各自不同的特点,但是,无论是那种软件,它们在使用步骤上却是大体相同的。

GPS 基线解算的过程是:

(1)原始观测数据的读入。在进行基线解算时,首先需要读取原始的 GPS 观测值数据。一般说来,各接收机厂商随接收机一起提供的数据处理软件都可以直接处理从接收机中传输出来的 GPS 原始观测值数据,而由第三方所开发的数据处理软件则不一定能对各接收机的原始观测数据进行处理,要处理这些数据,首先需要进行格式转换。目前,最常用的格式是 RINEX 格式,对于按此种格式存储的数据,大部分的数据处理软件都能直接处理。

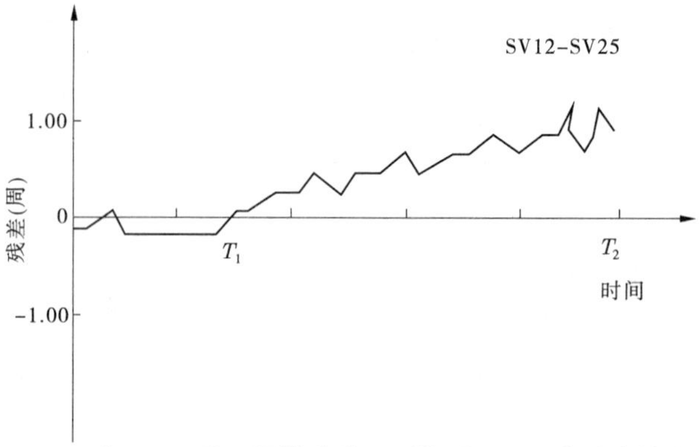

图 8-4　SV12 与 SV25 号卫星的差分观测值受不明因素影响的残差图

(2)外业输入数据的检查与修改。在读入了 GPS 观测值数据后,就需要对观测数据进行必要的检查,检查的项目包括测站名、点号、测站坐标、天线高等。对这些项目进行检查的目的是避免外业操作时的误操作。

(3)设定基线解算的控制参数。基线解算的控制参数用以确定数据处理软件采用何种处理方法来进行基线解算,设定基线解算的控制参数是基线解算时的一个非常重要的环节,通过控制参数的设定,可以实现基线的精化处理。

(4)基线解算。基线解算的过程一般是自动进行的,无需过多的人工干预。

(5)基线质量的检验。基线解算完毕后,基线结果并不能马上用于后续的处理,还必须对基线的质量进行检验,只有质量合格的基线才能用于后续的处理,如果不合格,则需要对基线进行重新解算或重新测量。基线的质量检验需要通过 *RATIO*、*RDOP*、*RMS*、同步环闭合差、异步环闭合差和重复基线较差来进行。

第三节　GPS 网平差

GPS 控制网是由相对定位所求得的基线向量而构成的空间基线向量网,在 GPS 网的数据处理过程中,基线解算所得到的基线向量仅能确定 GPS 网的几何形状,但却无法提供最终确定网中点的绝对坐标所必需的绝对位置基准。在 GPS 网平差中,通过起算点坐标可以达到引入绝对基准的目的。在 GPS 控制网的平差中,是以基线向量及协方差为基本观测量的。通常采用三维无约束平差、三维约束平差及三维联合平差三种平差模型。各类型的平差具有各自不同的功能,必须分阶段采用不同类型的网平差方法。

1　三维无约束平差

1.1　定义

所谓 GPS 网的三维无约束平差是指平差在 WGS—84 三维空间直角坐标系下进行,GPS 控制网中只有一个位置基准。平差时不引入使得 GPS 网产生由非观测量所引起的变形的外部约束条件。具体地说,在进行三维平差时,其必要的起算条件数量为 3 个,这 3 个起算条件既可以是一个起算点的三维坐标向量,也可以是其他的起算条件。

1.2 作用

GPS 网的三维无约束平差有以下三个主要作用：

(1)改善 GPS 网的质量，评定 GPS 网的内部符合精度。通过网平差，可得出一系列可用于评估 GPS 网精度的指标，如观测值改正数、观测值验后方差、观测值单位权方差、相邻点距离中误差、点位中误差等。发现和剔除 GPS 观测值中可能存在的粗差。由于三维无约束平差的结果完全取决于 GPS 网的布设方法和 GPS 观测值的质量，因此三维无约束平差的结果就完全反映了 GPS 网本身的质量好坏，如果平差结果质量不好，则说明 GPS 网的布设或 GPS 观测值的质量有问题；反之，则说明 GPS 网的布设或 GPS 观测值的质量没有问题。结合这些精度指标，还可以设法确定出质量不佳的观测值，并对它们进行相应的处理，从而达到改善网的质量的目的。

(2)消除由观测量和已知条件中所存在的误差而引起的 GPS 网在几何上的不一致，由于观测值中存在误差以及数据处理过程中存在模型误差等因素，通过基线解算得到的基线向量中必然存在误差。另外，起算数据也可能存在误差。这些误差将使得 GPS 网存在几何上的不一致，它们包括：闭合环闭合差不为 0；复测基线较差不为 0；通过由基线向量所形成的导线，将坐标由一个已知点传算到另一个已知点的符合差不为 0 等。通过网平差，可以消除这些不一致，得到 GPS 网中各个点经过了平差处理的三维空间直角坐标。在进行 GPS 网的三维无约束平差时，如果指定网中某点准确的 WGS—84 坐标作为起算点，则最后可得到的 GPS 网中各个点经过了平差处理的 WGS—84 坐标系下的坐标。

(3)确定 GPS 网中点在指定参照系下的坐标以及其他所需参数的估值。在网平差过程中，通过引入起算数据，如已知点、已知边长、已知方向等，可最终确定出点在指定参照系下的坐标及其他一些参数，如基准转换参数等。

(4)为将来可能进行的高程拟合提供经过了平差处理的大地高数据。用 GPS 水准替代常规水准测量获取各点的正高或正常高是目前 GPS 应用中一个较新的领域，现在一般采用的是利用公共点进行高程拟合的方法。在进行高程拟合之前，必须获得经过平差的大地高数据，三维无约束平差可以提供这些数据。

1.3 原理

在 GPS 网三维无约束平差中所采用的观测值为基线向量，即 GPS 基线的起点到终点的坐标差，设 $l_{ij}=[\Delta X_{ij},\Delta Y_{ij},\Delta Z_{ij}]$ 为 GPS 网任一基线向量。因此，对于每一条基线向量，都可以列出如下的一组观测方程：

$$\begin{bmatrix} v_{\Delta X} \\ v_{\Delta Y} \\ v_{\Delta Z} \end{bmatrix} = \begin{bmatrix} -1 & 0 & 0 \\ 0 & -1 & 0 \\ 0 & 0 & -1 \end{bmatrix} \begin{bmatrix} \mathrm{d}X_i \\ \mathrm{d}Y_i \\ \mathrm{d}Z_i \end{bmatrix} + \begin{bmatrix} 1 & 0 & 0 \\ 0 & 1 & 0 \\ 0 & 0 & 1 \end{bmatrix} \begin{bmatrix} \mathrm{d}X_j \\ \mathrm{d}Y_j \\ \mathrm{d}Z_j \end{bmatrix} - \begin{bmatrix} \Delta X_{ij} - X_i^0 + X_j^0 \\ \Delta Y_{ij} - Y_i^0 + Y_j^0 \\ \Delta Z_{ij} - Z_i^0 + Z_j^0 \end{bmatrix} \tag{8-15}$$

与此相对应的方差—协方差阵为：

$$D_{ij} = \begin{bmatrix} \sigma_{\Delta X}^2 & \sigma_{\Delta X\Delta Y} & \sigma_{\Delta X\Delta Z} \\ \sigma_{\Delta Y\Delta X} & \sigma_{\Delta Y}^2 & \sigma_{\Delta Y\Delta Z} \\ \sigma_{\Delta Z\Delta X} & \sigma_{\Delta Z\Delta Y} & \sigma_{\Delta Z}^2 \end{bmatrix} \tag{8-16}$$

协因数阵为：

$$Q_{ij} = \frac{1}{\sigma_0{}^2} D_{ij} \tag{8-17}$$

权阵为：

$$P_{ij} = D_{ij}^{-1} \tag{8-18}$$

式中　σ_0——先验的单位权中误差。

平差所用的观测方程就是通过上面的方法列出的，但为了使平差进行下去，还必须引入位置基准。一般是以 GPS 网中一个点的 WGS—84 坐标作为起算的位置基准，即可有一个基准方程：

$$\begin{bmatrix} dX_i \\ dY_i \\ dZ_i \end{bmatrix} = \begin{bmatrix} X_i^0 \\ Y_i^0 \\ Z_i^0 \end{bmatrix} - \begin{bmatrix} X_i \\ Y_i \\ Z_i \end{bmatrix} = 0 \tag{8-19}$$

根据上面的观测方程和基准方程，按照最小二乘法原理进行平差解算，得到平差结果。

待定点坐标参数：

$$\begin{bmatrix} \hat{X}_1 \\ \hat{Y}_1 \\ \hat{Z}_1 \\ \vdots \\ \hat{X}_n \\ \hat{Y}_n \\ \hat{Z}_n \end{bmatrix} = \begin{bmatrix} X_1{}^0 \\ Y_1{}^0 \\ Z_1{}^0 \\ \vdots \\ X_n{}^0 \\ Y_n{}^0 \\ Z_n{}^0 \end{bmatrix} + \begin{bmatrix} d\hat{X}_1 \\ d\hat{Y}_1 \\ d\hat{Z}_1 \\ \vdots \\ d\hat{X}_n \\ d\hat{Y}_n \\ d\hat{Z}_n \end{bmatrix} \tag{8-20}$$

单位权中误差：

$$\hat{\sigma}_0 = \sqrt{\frac{V^{T}PV}{3n - 3P + 3}} \tag{8-21}$$

式中　n——网的总点数；

　　P——网中的基线向量数。

坐标未知数的方差估计值为：

$$D = \sigma_0^2 N^{-1} \tag{8-22}$$

式中　N——网的法方程系数阵。

由此我们可以通过改正数检验了解网自身的内符合精度，观察网中是否可能存在粗差和系统误差。

2　三维约束平差

2.1　定义

所谓三维约束平差，就是以国家大地坐标系或地方坐标系的某些点的固定坐标、固定边长及固定方位为网的基准,将其作为平差中的约束条件,并在平差计算中考虑 GPS 网与地面网之间的转换参数。

2.2 作用

GPS 网的三维约束平差主要作用是:确定 GPS 网中各个点在国家大地坐标系或在指定参照系下经过了平差处理的三维空间直角坐标以及其他所需参数的估值。通过引入起算数据,如已知点、已知边长等,可最终确定出点在指定参照系下的坐标及其他一些参数,如基准转换参数等。在进行 GPS 网的三维约束平差时,如果配置足够数量的国家大地坐标系或地方坐标系基准数据作为 GPS 网的约束起算数据,则最后可得到的 GPS 网中各个点经过了平差处理的在国家大地坐标系或地方坐标系下的坐标。

国家大地坐标系或地方坐标系约束基准数据的数量与质量以及在网中的展布均对平差精度结果产生影响。一般平差前必须选择满足要求的基准数据。获得经过平差的大地高数据,三维无约束平差可以提供这些数据。

2.3 原理

GPS 基线向量观测方程必须顾及 WGS—84 坐标系与国家大地坐标系间的转换参数,即应顾及 7 个转换参数。但由于观测量——基线向量是以三维坐标差的形式表示的,因而转换关系与平移参数无关,7 个参数中只需考虑尺度参数 m 和三个旋转参数 ε_x、ε_y、ε_z,两坐标系的坐标差转换模型为:

$$\begin{bmatrix} \Delta X_{ij} \\ \Delta Y_{ij} \\ \Delta Z_{ij} \end{bmatrix} = (1 = m) \begin{bmatrix} \Delta X_{ij} \\ \Delta Y_{ij} \\ \Delta Z_{ij} \end{bmatrix}_{\mathrm{T}} + R_{ij} \begin{bmatrix} \varepsilon_x \\ \varepsilon_y \\ \varepsilon_z \end{bmatrix} \tag{8-23}$$

式中

$$R_{ij} = \begin{bmatrix} 0 & -\Delta Z_{ij} & \Delta Y_{ij} \\ \Delta Z_{ij} & 0 & -\Delta X_{ij} \\ -\Delta Y_{ij} & \Delta X_{ij} & 0 \end{bmatrix}$$

由式(8-23)可得在考虑转换参数后的 GPS 基线向量观测方程:

$$\begin{bmatrix} V_{\Delta X_{ij}} \\ V_{\Delta Y_{ij}} \\ V_{\Delta Z_{ij}} \end{bmatrix} = \begin{bmatrix} \mathrm{d}X_i \\ \mathrm{d}Y_i \\ \mathrm{d}Z_i \end{bmatrix} + \begin{bmatrix} \mathrm{d}X_j \\ \mathrm{d}Y_j \\ \mathrm{d}Z_j \end{bmatrix} + \begin{bmatrix} \Delta X_{ij} \\ \Delta Y_{ij} \\ \Delta Z_{ij} \end{bmatrix} m + R_{ij} \begin{bmatrix} \varepsilon_x \\ \varepsilon_y \\ \varepsilon_z \end{bmatrix} - \begin{bmatrix} L_{\Delta X_{ij}} \\ L_{\Delta Y_{ij}} \\ L_{\Delta Z_{ij}} \end{bmatrix} \tag{8-24}$$

式中

$$\begin{bmatrix} L_{\Delta X_{ij}} \\ L_{\Delta Y_{ij}} \\ L_{\Delta Z_{ij}} \end{bmatrix} = \begin{bmatrix} X_j^0 - X_i^0 - \Delta X_{ij} \\ Y_j^0 - Y_i^0 - \Delta Y_{ij} \\ Z_j^0 - Z_i^0 - \Delta Z_{ij} \end{bmatrix}$$

GPS 网三维约束平差即为附有条件的相关间接平差,其误差方程为基线向量的观测方程,对于已知地面坐标点 k,其坐标约束条件为:

$$\begin{bmatrix} \mathrm{d}X_k \\ \mathrm{d}Y_k \\ \mathrm{d}Z_k \end{bmatrix} = \begin{bmatrix} 0 \\ 0 \\ 0 \end{bmatrix} \tag{8-25}$$

3 GPS 网平差的流程

GPS 三维平差的主要流程如图 8-5 所示。GPS 网三维平差中，首先应进行三维无约束平差，平差后通过观测值改正数检验，发现基线向量中是否存在粗差，并剔除含有粗差的基线向量，再重新进行平差，直至确定网中没有粗差后，再对单位权方差因子进行 X^2 检验，判断平差的基线向量随机模型是否存在误差，并对随机模型进行改正，以提供较为合适的平差随机模型。在对 GPS 网进行约束平差后，还应对平差中加入的转换参数进行显著性检验，对于不显著的参数应剔除，以免破坏平差方程的性态。

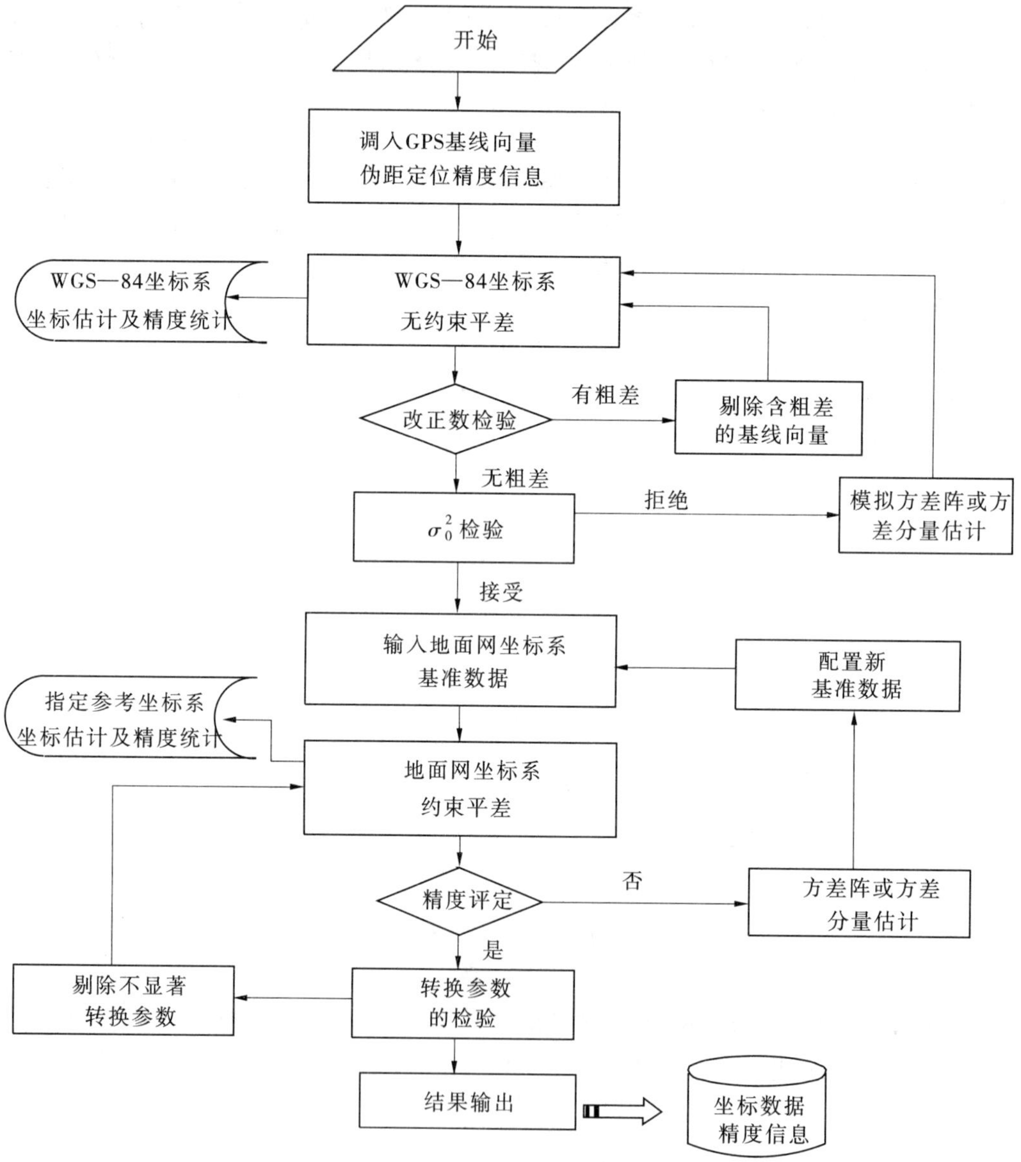

图 8-5 GPS 网平差的流程

第四节　GPS 数据处理工程实例

现以 Ashtech Solutions 软件为例说明 GPS 数据处理全过程。Ashtech Solutions 软件是 GPS 后处理软件,适用于单频、双频 GPS 数据基线解算、平差处理。Solutions 软件在标准的 Windows 平台上运行,以非常友好的图形用户界面,提供简单和精确的数据,并能对外业作业状况进行真实的描述。该软件包的功能有:选星计划、接收机设置、数据传输、基线向量处理、网平差、质量分析、坐标转换、报表生成、结果输出、Rinex 格式转换等模块。

1　Solutions 软件的安装

Solutions 软件在 Windows 平台上进行安装,其安装方法和步骤如下:

(1)启动 Windows,如果 Windows 已在运行中,应关闭其他应用运行项目。

(2)将光盘插入光驱。

(3)在"我的电脑"中,打开光驱。

(4)选择"Ashtech Solutions"文件夹,先安装英文软件。

(5)双击"SETUP 文件",按照提示安装。

(6)完成安装后,在程序管理器中双击 Solution 图标,即可启动 Solution。

(7)汉化软件安装,在光盘中选择"Solutions 中文版"文件夹,插入启动软盘,双击"SETUP" 文件,按照提示安装。

2　数据解算方法

2.1　数据下载及转换

用 Mstar 软件中 Mcomm 下载数据后,利用 Rinex Converter 转换为 Rinex 数据格式,其方法如下:

(1)启动 Rinex 软件。在程序管理器中双击 Rinex 图标,启动 Rinex 格式转换软件,如图 8-6 所示。

(2)Rinex 数据转换。在图 8-7 中,选择 Promark to Rinex 模块,点击 Input dir 设置要转换的文件所在路径,再点击 Output dir 设置转换后文件的存储路径。从 Promark file 中选择需要转换的 CAR 文件,用鼠标点击窗口正中的三角形 BEGIN 按钮,即可转换。

2.2　建立新项目

用鼠标双击 Solution 图标,启动 Solutions 软件,如图 8-6 所示。此时可建立一个新项目。

(1)建立新项目的方式。建立一个新工程项目的方式有:

方式一:同时在键盘上按[Ctrl]+[N]键。

方式二:单击工具条的[NEW]按钮。

方式三:在"工程"菜单下单击"新建"子菜单。

(2)建立新项目的步骤。启动 Solution 后,弹出"欢迎"对话框。在图 8-8 中,单击屏中[新建一个工程]按钮,引出"新工程"对话框,如图 8-9 所示。

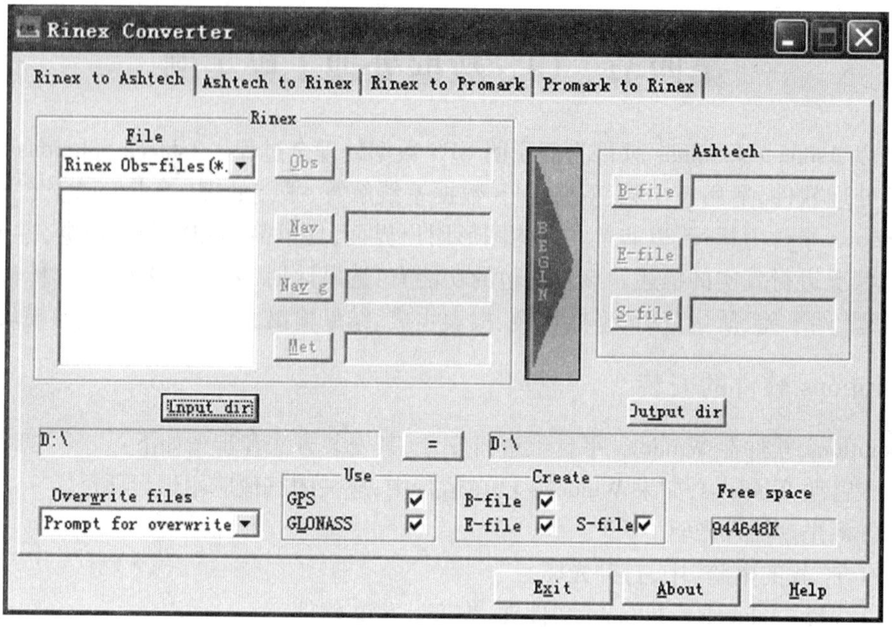

图 8-6　数据格式转换软件界面

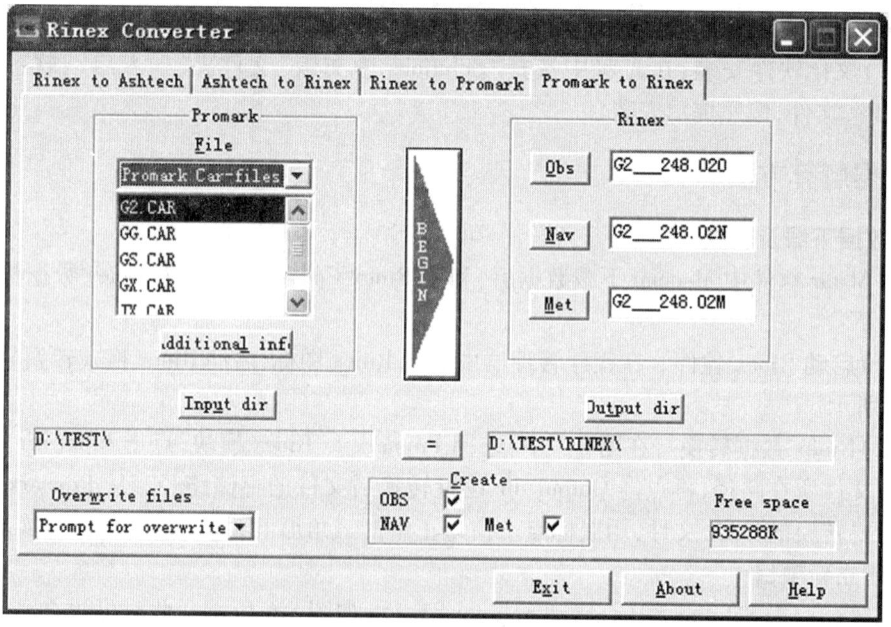

图 8-7　Rinex 数据格式转换

(3)填写常规信息内容。输入工程名,选择保存文件夹及其他一些工程信息。

(4)选定坐标系。单击"新工程"窗口的坐标系统模块,见图 8-10。可由坐标系统类型列表框选择所需的坐标系统。如可选"Grid"(标准平面直角坐标系),再由"标准坐标"列表框中选"State Plane Coordinate"(美国州平面坐标系)。对中国用户选"1954 BeiJing Coordinate"(1954 年北京坐标系)。在投影带列表框中选择所需的投影带,如"Califoria [Zone 3]"为美国加利福尼亚 3#带。如果选用了"1954 BeiJing Coordinate",则投影在 Zone

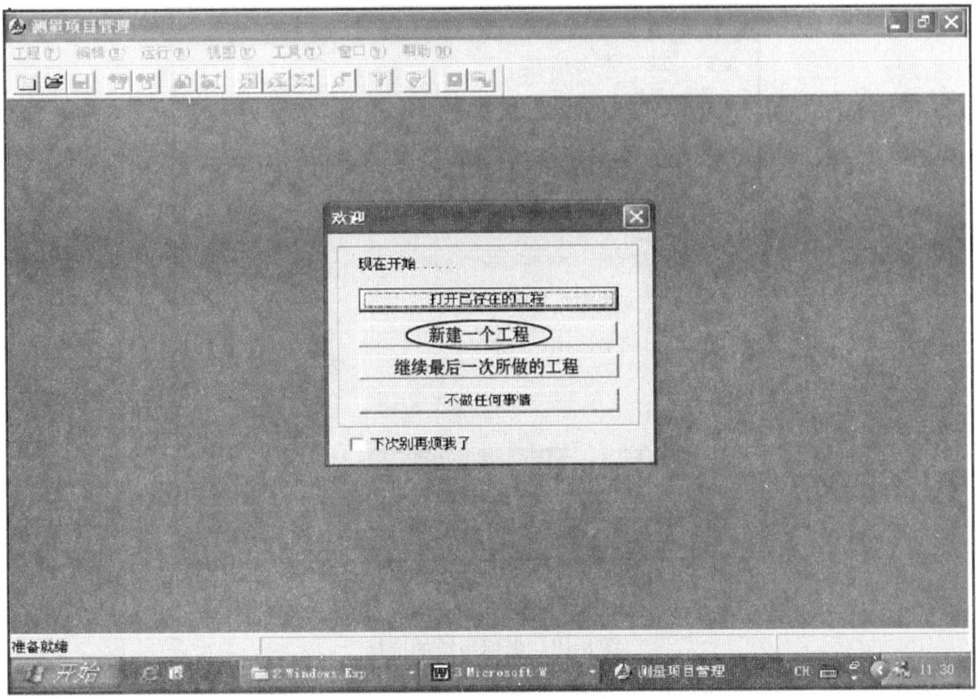

图 8-8　启动 Solution

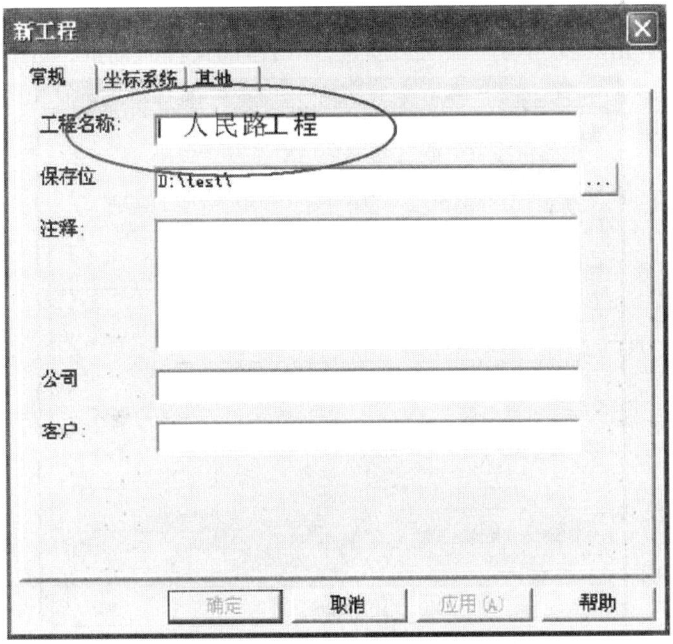

图 8-9　新建一个工程项目

25 ~ Zone 46 之间。

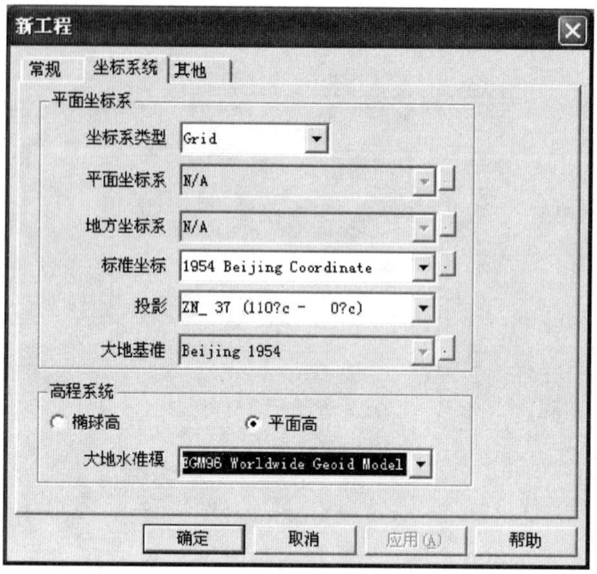

图 8-10 坐标系统的选择

高程系统栏选正常高。由大地水准面模型选"Geoid 96 model the US"。对中国用户采用"EGM 96"模型。

(5)设置其他参数。单击新工程窗口的其他模块按窗口标注逐项填选,如图 8-11 所示。

(6)填选完毕无误后,单击"确定"按钮,弹出添加文件对话框,如图 8-12 所示。

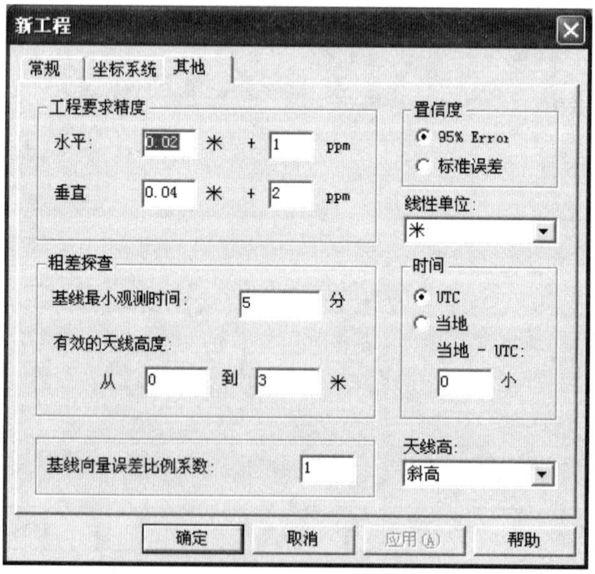

图 8-11 设置其他参数

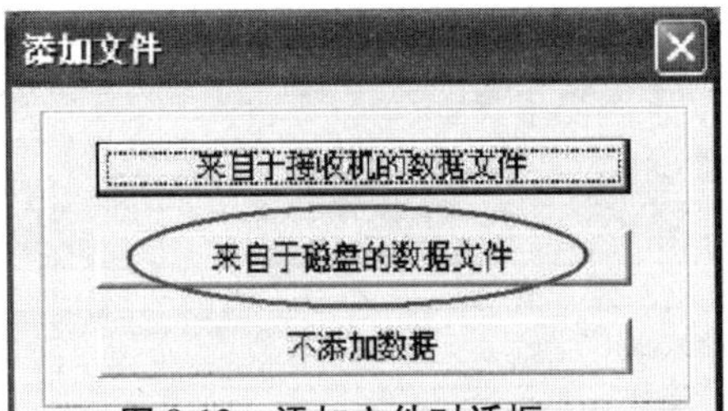

图 8-12 添加文件对话框

2.3 添加项目数据

给项目添加数据,查看各项信息,可按下列过程操作:

(1)在添加文件对话框(见图 8-12)中选“来自于磁盘的数据文件”按钮,选定欲添加的数据文件,单击“打开”按钮后,添加您所要处理的数据文件,如图 8-13 所示。

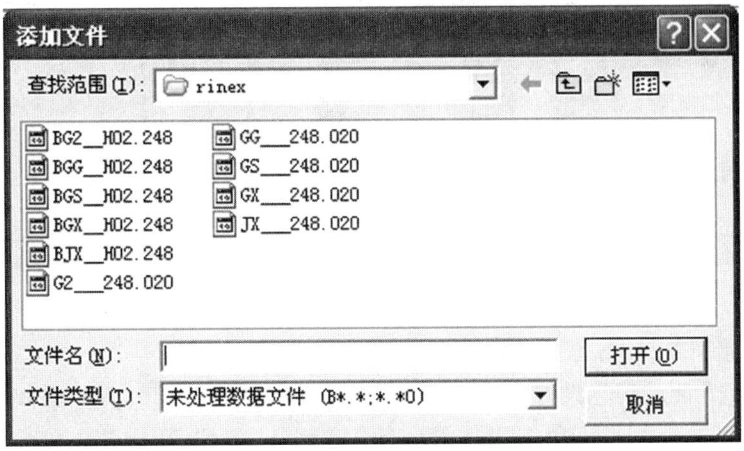

图 8-13 添加文件窗体

(2)添完 GPS 数据后,单击工作簿中的“文件信息”按钮,查看原始数据文件的文件名、开始结束时间、采样间隔、历元等基本信息,如图 8-14 所示。

图 8-14 GPS 测量文件信息窗体

(3)“设站信息”设置。单击工作簿中的“设站信息”钮,双击“测站名”栏的“????”更改为四位数的站点名,同一站点的不同时段的文件输入相同的测站名。也可双击上面的文件时间条来改测站名。在“天线高度”栏输入野外测得的天线高,“高度类型”选择斜高,如图 8-15 所示。

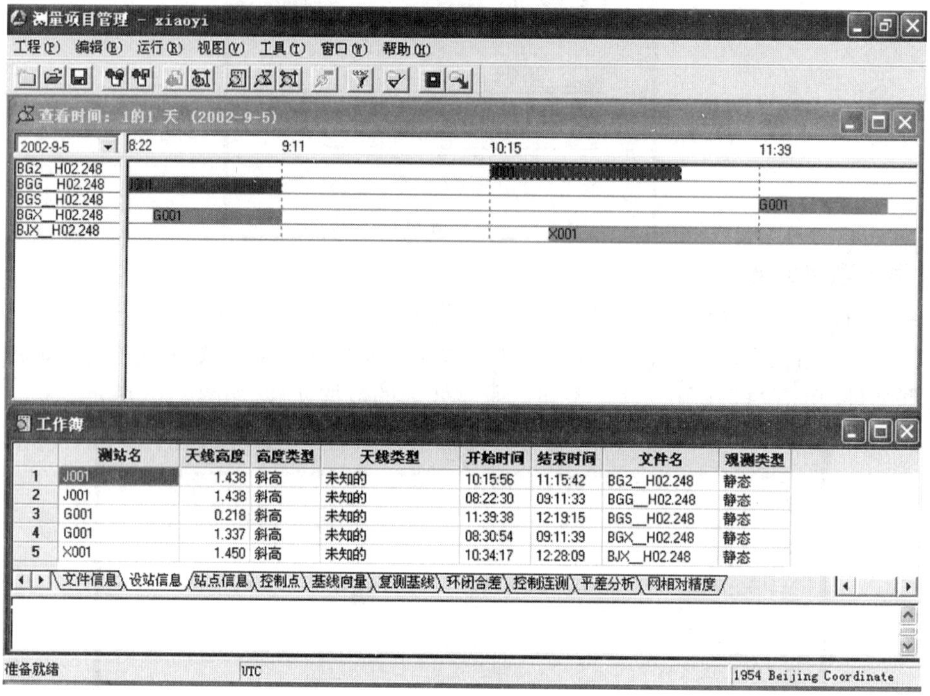

	测站名	天线高度	高度类型	天线类型	开始时间	结束时间	文件名	观测类型
1	J001	1.438	斜高	未知的	10:15:56	11:15:42	BG2_H02.248	静态
2	J001	1.438	斜高	未知的	08:22:30	09:11:33	BGG_H02.248	静态
3	G001	0.218	斜高	未知的	11:39:38	12:19:15	BGS_H02.248	静态
4	G001	1.337	斜高	未知的	08:30:54	09:11:39	BGX_H02.248	静态
5	X001	1.450	斜高	未知的	10:34:17	12:28:09	BJX_H02.248	静态

图 8-15 "设站信息"设置

2.4 基线向量解算(GPS 原始观测数据处理)

对所有 GPS 测站信息设置完成后,即可进行基线向量的处理,其步骤如下:

(1)选定解算控制点。单击工作簿中的"控制点"按钮,再单击"测站名"右边下箭头,从下拉菜单中选取所需要的控制点。编辑修改该点的准确坐标数值,即输入该点的已知坐标值。确认右边固定栏为平高固定或其他,如果该点为平面已知点,则选择为平面固定;如果该点为平面和高程已知点,则选择为平高固定;如果该点仅为高程已知点,则选择为高程固定。

(2)基线解算。基线解算可单击菜单"运行/基线解算/全部"来完成,也可直接按 F5 键运行。随即网图被打开,工作表切换到基线向量窗口。基线显示绿色即解算合格,红色即为不合格基线,如图 8-16 所示。

(3)单击工作簿中的"站点信息"按钮,在图 8-17 中查看站点的坐标及标准差。

若在工作簿中"95% Err"误差栏中均未超过工程限差,则该基线处理合格;若误差栏中误差超过工程要求的限差,并且状态栏中显示"失败",则基线处理不合格,可用以下步骤处理:

步骤 1:单击工作簿中的"基线向量"按钮,选择"起点 - 终点"栏中误差较大的基线向量,单击鼠标右键,选择"处理"菜单,在图 8-18 中提高其中的"仰角遮挡数",然后单击"解算",重新进行解算。

步骤 2:如果解算还是不合格,再单击工作簿中的"基线向量"按钮,选择"起点 - 终点"栏中误差较大的基线向量,单击鼠标右键,选择"查看剩余数据"菜单,查看该基线各

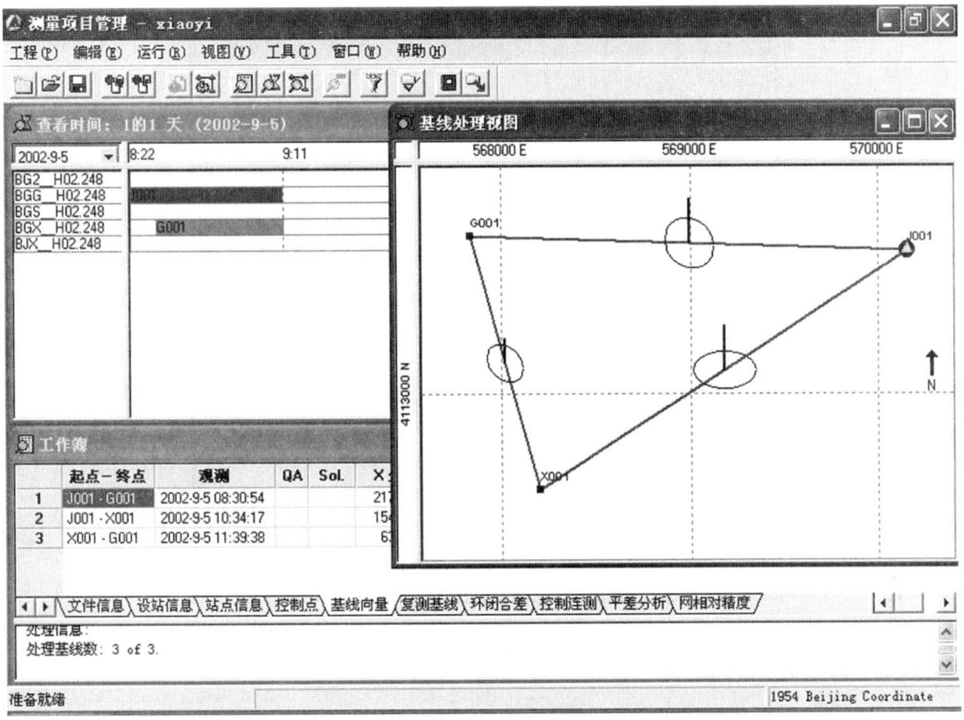

图 8-16　基线解算

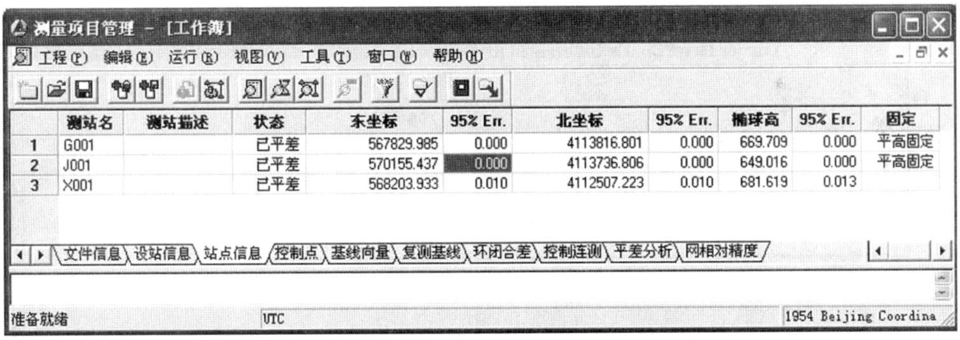

图 8-17　站点信息显示

卫星的残差图,查看残差不连贯的即信号不好的卫星,如图 8-19 所示。再用鼠标右键单击该基线名,选择“处理”菜单,在“忽略这些卫星”栏中输入卫星信号不好的卫星号,若有多颗则中间用逗号隔开。最后重新进行解算,一般重复解算后基线处理都会合格。

(4)环闭合差计算。单击工作簿中的“环闭合差”按钮,在闭合环视图上用鼠标选择要进行计算的闭合环,完成后,软件会自动进行计算。工作簿中会显示解算结果。如图 8-20所示。

(5)基线解算质量。基线解中的“QA”栏中为空白表示合格(其标准差在限差之内),说明已求得固定双差解;若出现“失败 Failed”,表示标准差大于限差,只求得浮动双差解。

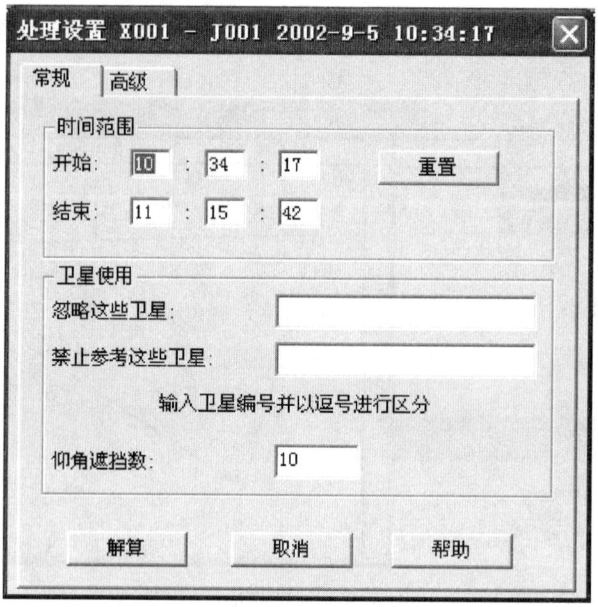

图 8-18 不合格基线的处理

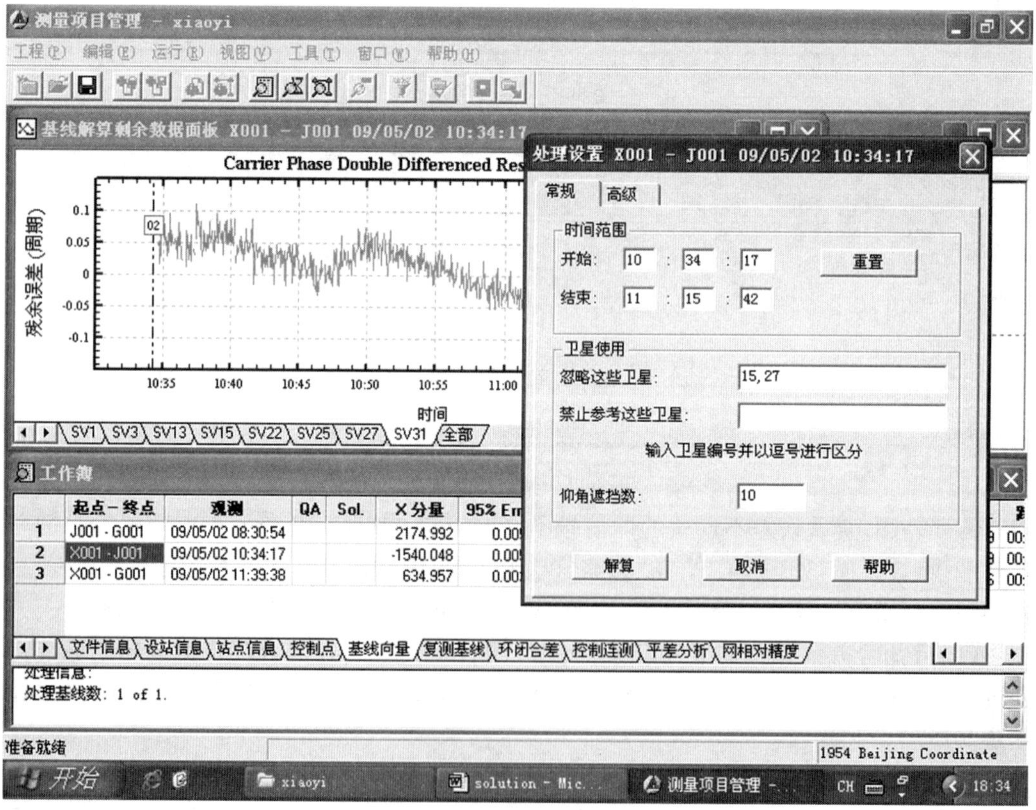

图 8-19 基线解算剩余数据及处理

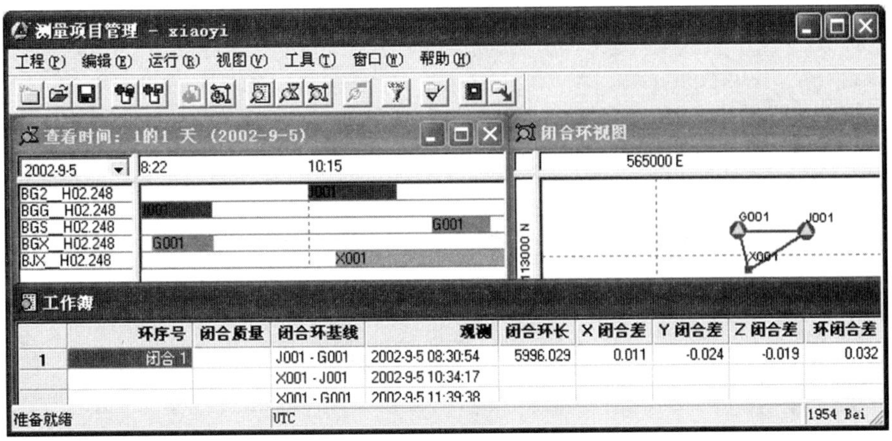

图 8-20 环闭合差计算

2.5 GPS 网最小约束平差

2.5.1 自由网平差计算

依次单击菜单“运行”、“粗差探查”，做粗差检查。没有粗差后，即可进行平差处理。单击菜单“运行”、“平差处理”，做平差计算。

2.5.2 查看并分析自由网平差结果

单击窗体“最大化”按钮将工作簿放到最大化，查看平差后的详细信息。

在图 8-21 中，“Tau Test”栏有两处出现失败，但其残差并不大；再看下方的报告信息框中的单位权标准差为 1.742841，说明不存在明显粗差；其中还有“Chi—Square：检验失败”，说明向量误差比例系数估计偏小。

2.5.3 设置基线向量误差比例系数

在菜单项“工程”下选“参数设置”子菜单，并单击“其他”模块。

将处理的基线向量误差比例系数调为单位权标准差所提示的数值(1.7，约等于 2)，在基线向量误差比例系数处输入 2，如图 8-22 所示 。单击“确定”按钮，返回主界面。

此时，重新进行自由网平差计算。通过计算可发现(见图 8-23)，“Chi—Square：通过”(X^2 检验通过)；控制网连接测试也通过了。表中“QA”栏已全部合格，认定自由网平差是好的，自由网平差结束。

2.6 GPS 网约束平差

2.6.1 配置已知约束控制点

单击工作簿的“控制点”按钮，选择两个或两个以上的控制点，如图 8-24 所示选定 J001 和 G001 两个控制点并修改其坐标为已知坐标。检查“固定”栏添加相应各约束控制。

2.6.2 GPS 网约束平差计算

由菜单项“运行”下选择“平差处理”，进行约束平差计算，自动切换到“平差分析”模块，并显示出平差结果，如图 8-25 所示。单击工作簿中的“站点信息”模块，查看经约束平差后的站点坐标。单击工作簿中的“网相对精度”模块，查看经约束平差后的各种精度值。

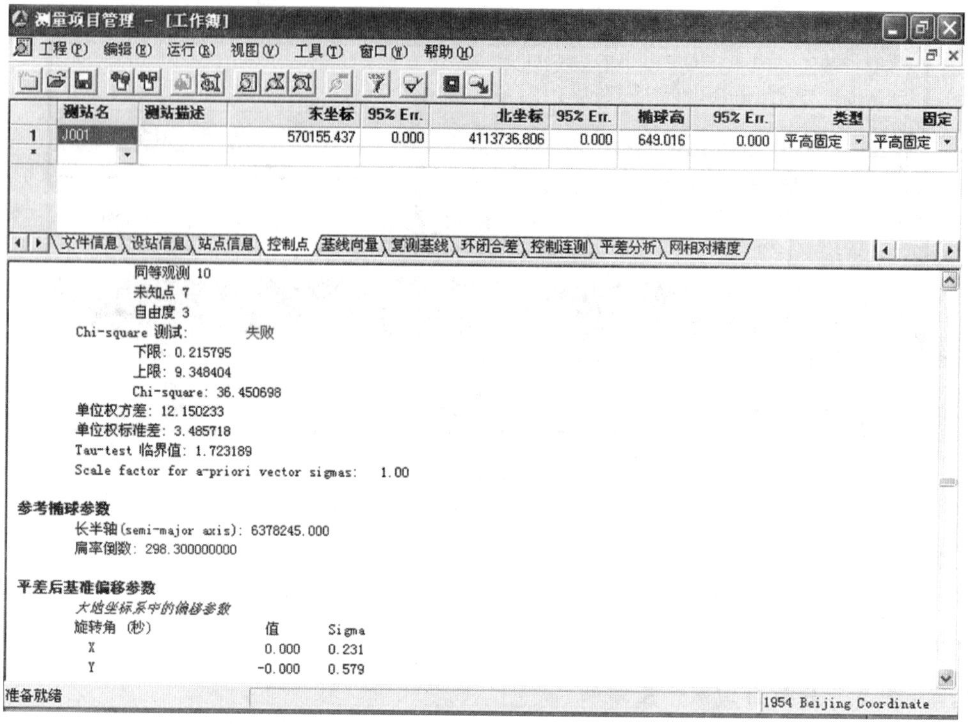

图 8-21 自由网平差结果分析

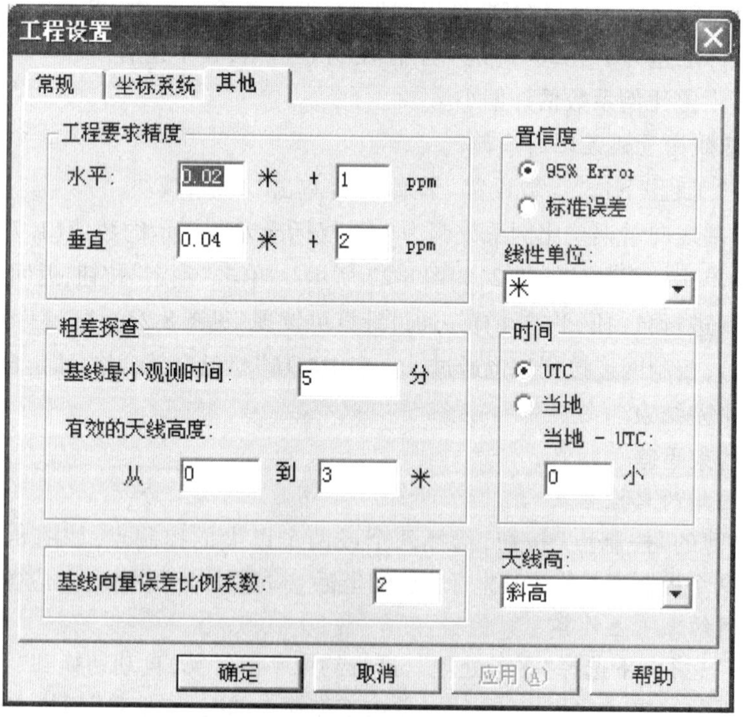

图 8-22 设置基线向量误差比例系数

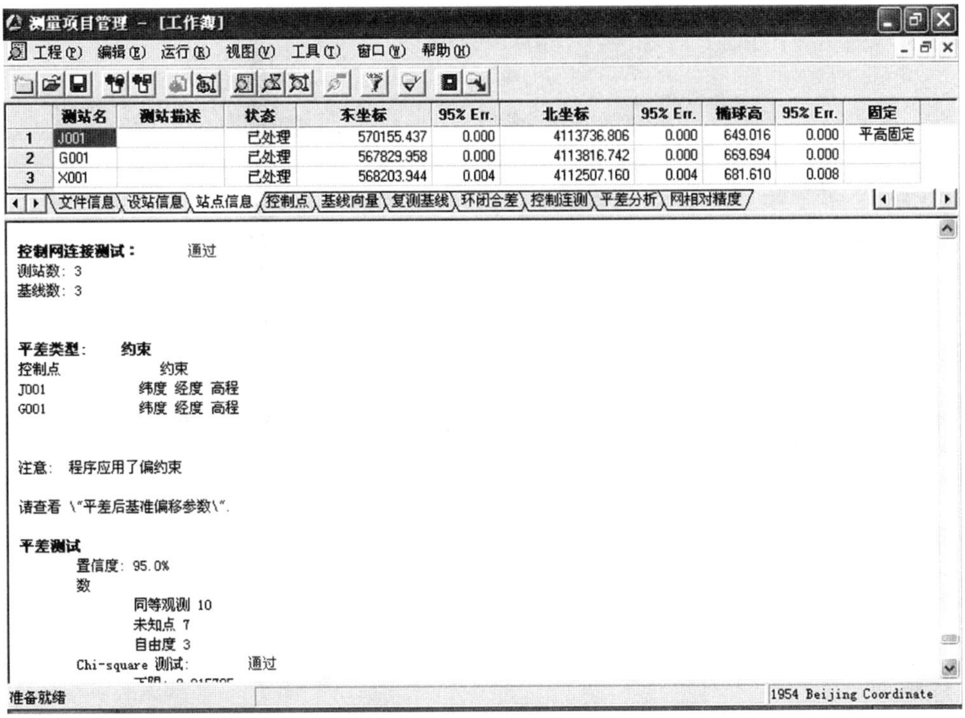

图 8-23　设置基线比例参数后重新进行自由网平差

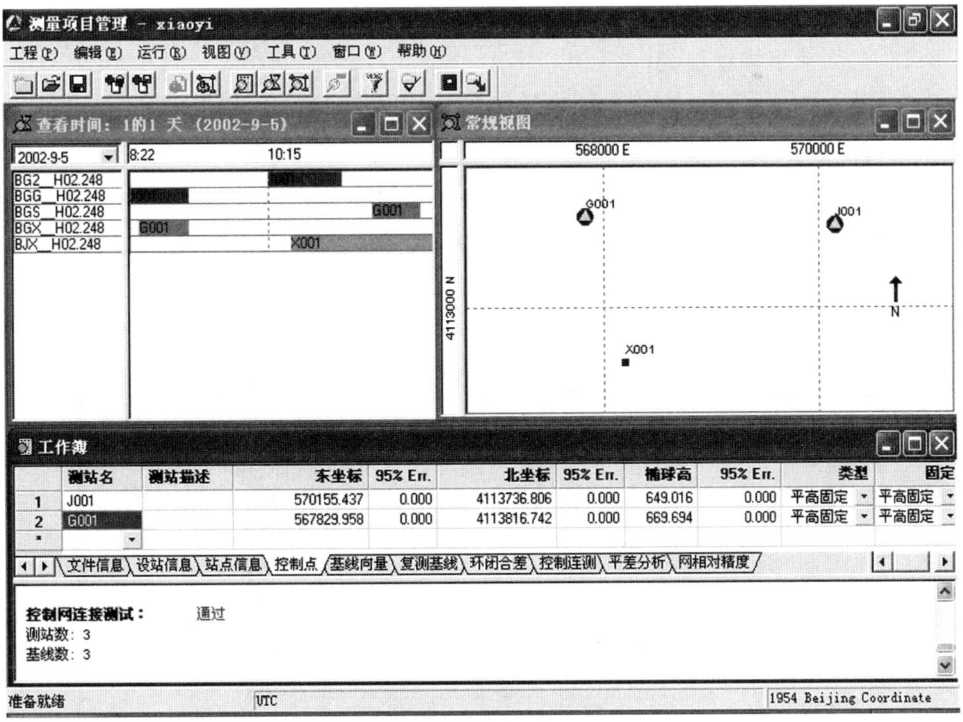

图 8-24　设置约束已知点

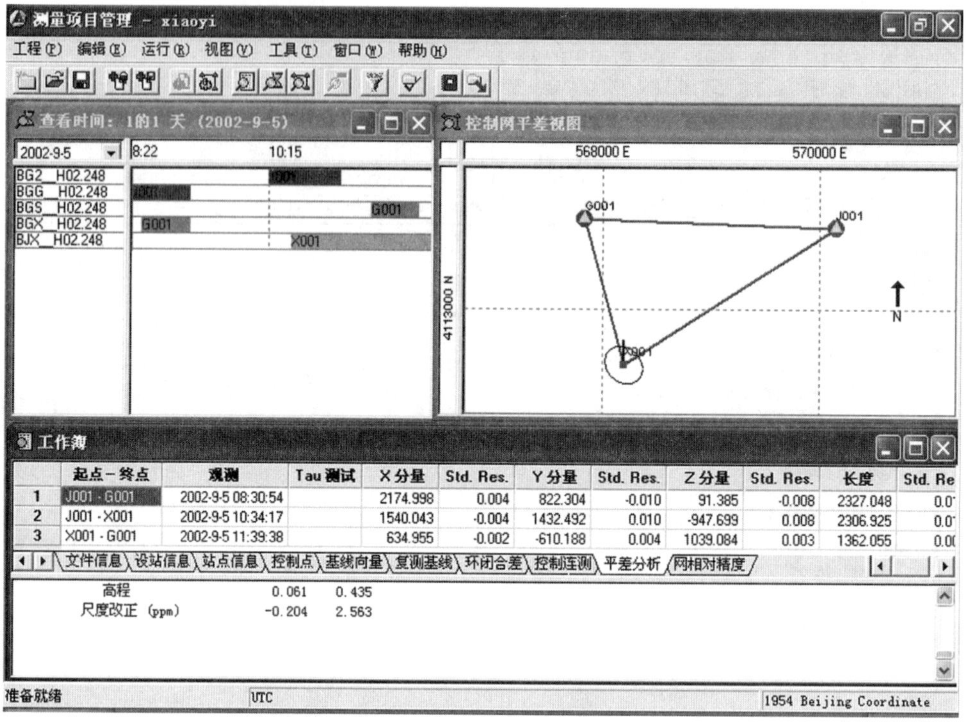

图 8-25　约束平差计算

2.6.3　数据输出与项目报表生成

2.6.3.1　建立输出样板格式

在"工程"菜单下选输出数据，引出导出数据对话框，如图 8-26 所示。

在输出数据对话框的"保存类型"栏，选"用户定义 ASCII(＊. ＊)"后，单击"自定义"按钮，选择需要的信息，最后保存。需要注意的是，ASCII 样板默认扩展名为". uda"，也是

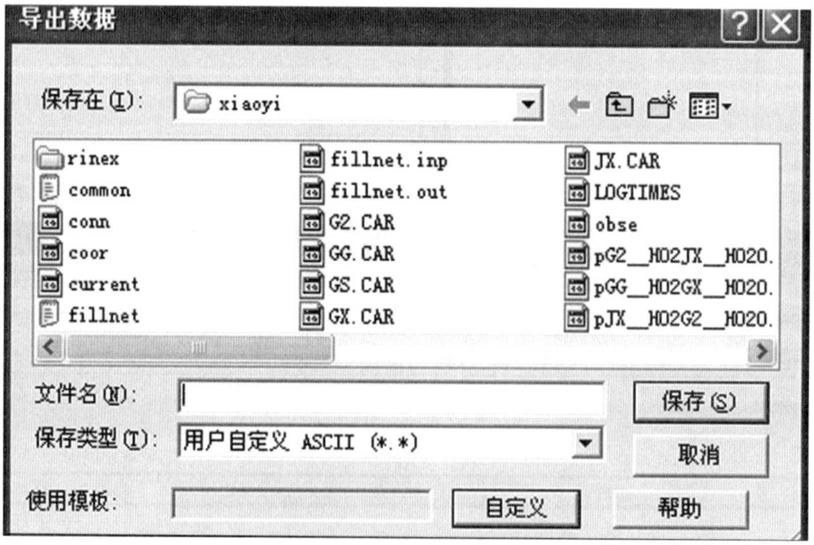

图 8-26　导出数据对话框

报表文件的扩展名。若欲采用别的扩展名(如.TXT),可在输出扩展名中设定。

2.6.3.2 项目报表生成

选择"工程"菜单下的"生成报表"项。欲查看所列各节的全部内容,单击"平差结果"左边的"+"号即可,照此列出"综合报告"的内容,其他各节的内容亦照此办理。

选中需要添加的内容,单击"添加 >"按钮,将左边框中的所列各节内容纳入报表。如若从右边框中删去某项,只须将其点亮后,再击"移除 <"按钮即可。单击"确定"按钮,即可自动生成输出报表(见图 8-27)。

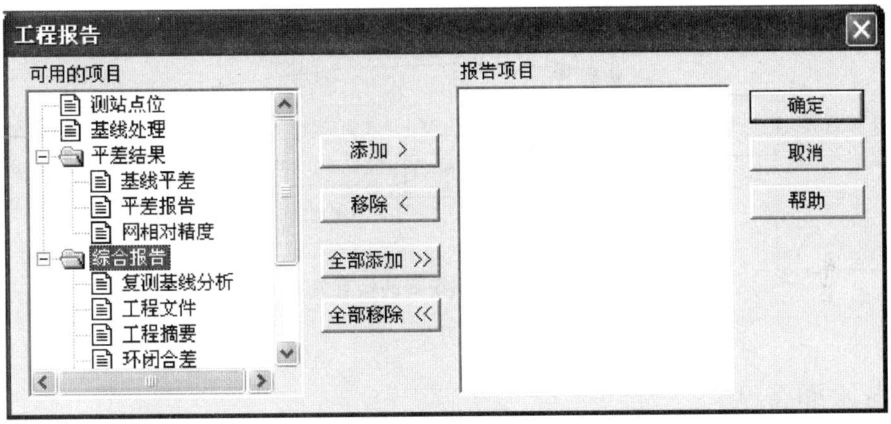

图 8-27 工程报告生成

第五节 GPS 高程

由 GPS 相对定位得到的基线向量,经平差后可得到高精度的大地高程。若网中有一点或多点具有精确的 WGS—84 大地坐标系的大地高程,则在 GPS 网平差后,可得各 GPS 点的 WGS—84 大地高程。GPS 相对定位高程方面的相对精度一般可达$(2\sim3)\times10^{-6}$,在绝对精度方面,对于 10 km 以下的基线边长,可达几厘米,如果在观测和计算时采用一些消除误差的措施,其精度将优于 ±1 cm。但在实际应用中,地面点一般采用正常高程系统。因此,应找出 GPS 点的大地高程同正常高程的关系,并采用一定模型进行转换。本节将介绍如何将 GPS 高程观测结果变为可实用的正常高程结果。

1 高程系统之间的转换关系

如图 8-28 所示,大地水准面到参考椭球面的距离,称为大地水准面差距,记为 h_g。大地高与正高之间的关系可以表示为:

$$H = H_g + h_g \tag{8-26}$$

似大地水准面到参考椭球面的距离,称为高程异常,记为 ζ。大地高与正常高之间的关系可以表示为:

$$H = H_\gamma + \zeta \tag{8-27}$$

WGS—84 坐标系大地高(H_{84})与正常高的关系:

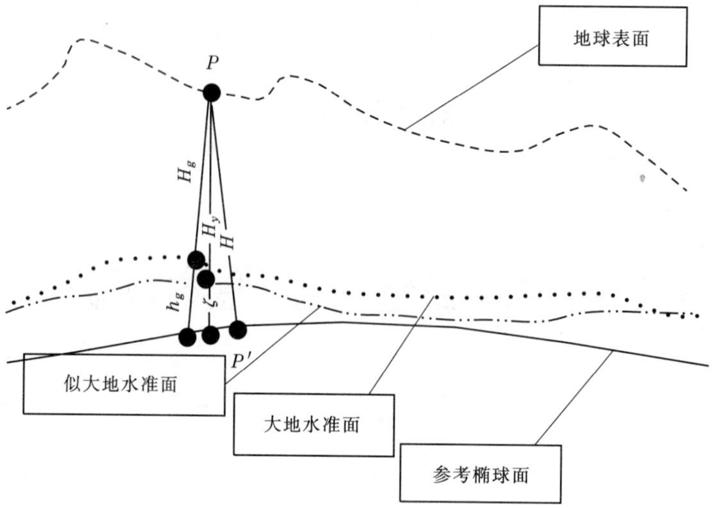

图 8-28　高程系统间的相互关系

$$H_\gamma = H_{84} - \zeta \tag{8-28}$$

2　GPS 水准高程

采用 GPS 测定正高或正常高称为 GPS 水准测量。方法是 GPS 测量得出的是一组空间直角坐标(x,y,z),通过坐标转换可以将其转换为大地经纬度和大地高(H),确定大地水准面差距或高程异常,点的正高或正常高高程系统间转换。由此可以看出,GPS 水准实际上包括两方面内容:一方面是采用 GPS 方法确定大地高;另一方面是采用其他技术方法确定大地水准面差距或高程异常。如果大地水准面差距已知,就能够通过式(8-26)进行大地高与正高间的相互转换,但当其未知时,则需要设法确定大地水准面差距的数值。确定大地水准面差距的基本方法有天文大地法、大地水准面模型法、重力测量法、几何内插法及残差模型法等方法。

目前,国内外 GPS 水准主要采用纯几何的曲面拟合法,即根据测区内若干公共点上的高程异常值,构造一种曲面来逼近似大地水准面。构造的曲面不同,其计算方法也各异,下面介绍一种常用的平面拟合方法。

高程异常具有一定的几何相关性,在小区域且较为平坦的范围内,可以考虑用平面逼近局部似大地水准面。采用数学方法,求解正高、正常高或高程异常。

将高程异常表示为下面多项式的形式:

零次多项式

$$\zeta = a_0 \tag{8-29}$$

一次多项式

$$\zeta = a_0 + a_1 \cdot \mathrm{d}B + a_2 \cdot \mathrm{d}L \tag{8-30}$$

二次多项式

$$\zeta = a_0 + a_1 \cdot \mathrm{d}B + a_2 \cdot \mathrm{d}L + a_3 \cdot \mathrm{d}B^2 + a_4 \cdot \mathrm{d}L^2 + a_5 \cdot \mathrm{d}B \cdot \mathrm{d}L \tag{8-31}$$

式中 $dB = B - B_0$；

$dL = L - L_0$；

$B_0 = \frac{1}{n}\sum B$；

$L_0 = \frac{1}{n}\sum L$；

n——GPS 网的点数。

利用公共点上 GPS 测定的大地高和水准测量测定的正常高计算出该点上的高程异常 ζ，存在一个这样的公共点，就可以依据上式列出一个方程：

$$\zeta_i = a_0 + a_1 \cdot dB_i + a_2 \cdot dL_i + a_3 \cdot dB_i^{\ 2} + a_4 dL_i^2 + a_5 \cdot dB_i \cdot dL_i$$

若共存在 m 个这样的公共点，则可列出 m 个方程：

$$\left.\begin{aligned} \zeta_1 &= a_0 + a_1 \cdot dB_1 + a_2 \cdot dL_1 + a_3 \cdot dB_1^2 + a_4 \cdot dL_1^2 + a_5 \cdot dB_1 \cdot dL_1 \\ \zeta_2 &= a_0 + a_1 \cdot dB_2 + a_2 \cdot dL_2 + a_3 \cdot dB_2^2 + a_4 \cdot dL_2^2 + a_5 \cdot dB_2 \cdot dL_2 \\ &\cdots\cdots \\ \zeta_m &= a_0 + a_1 \cdot dB_m + a_2 \cdot dL_m + a_3 \cdot dB_m^2 + a_4 \cdot dL_m^2 + a_5 \cdot dB_m \cdot dL_m \end{aligned}\right\} \tag{8-32}$$

即有：

$$V = Ax + L \tag{8-33}$$

其中：

$$A = \begin{bmatrix} 1 & dB_1 & dL_1 & dB_1^2 & dL_1^2 & dB_1 \cdot dL_1 \\ 1 & dB_2 & dL_1 & dB_2^2 & dL_2^2 & dB_2 \cdot dL_2 \\ \cdots & & & & & \\ 1 & dB_m & dL_m & dB_m^2 & dL_m^2 & dB_m \cdot dL_m \end{bmatrix}$$

$$x = [a_0 \quad a_1 \quad a_2 \quad a_3 \quad a_4 \quad a_5]^{T}$$

$$V = [\zeta_1 \quad \zeta_2 \quad \cdots \quad \zeta_m]^{T}$$

通过最小二乘法可以求解出多项式的系数：

$$x = -(A^{T}PA)^{-1}(A^{T}PL) \tag{8-34}$$

其中 P——权阵，它可以根据水准高程和 GPS 所测得的大地高的精度来加以确定。

上面介绍的高程拟合的方法，是一种纯几何的方法，因此一般仅适用于高程异常变化较为平缓的地区（如平原地区），其拟合的准确度可达到 0.1 m 以内。对于高程异常变化剧烈的地区（如山区），这种方法的准确度有限，这主要是因为在这些地区，高程异常的已知点很难将高程异常的特征表示出来。下面是高程拟合的几个注意问题。

（1）选择合适的高程异常已知点。

所谓高程异常的已知点的高程异常值一般是通过水准测量测定正常高、通过 GPS 测量测定大地高后获得的。在实际工作中，一般采用在水准点上布设 GPS 点或对 GPS 点进行水准联测的方法来实现，为了获得好的拟合结果要求采用数量尽量多的已知点，它们应均匀分布，并且最好能够将整个 GPS 网包围起来。

（2）高程异常已知点的数量。

若要用零次多项式进行高程拟合，要确定 1 个参数，因此需要 1 个以上的已知点；若要采用一次多项式进行高程拟合，要确定 3 个参数，需要 3 个以上的已知点；若要采用二次多项式进行高程拟合，要确定 6 个参数，则需要 6 个以上的已知点。

（3）分区拟合法。

若拟合区域较大，可采用分区拟合的方法，即将整个 GPS 网划分为若干区域，利用位于各个区域中的已知点分别拟合出该区域中的各点的高程异常值，从而确定出它们的正常高。图 8-29 是一个分区拟合的示意图，拟合分两个区域进行，以虚线为界，位于虚线上的已知点两个区域都采用。

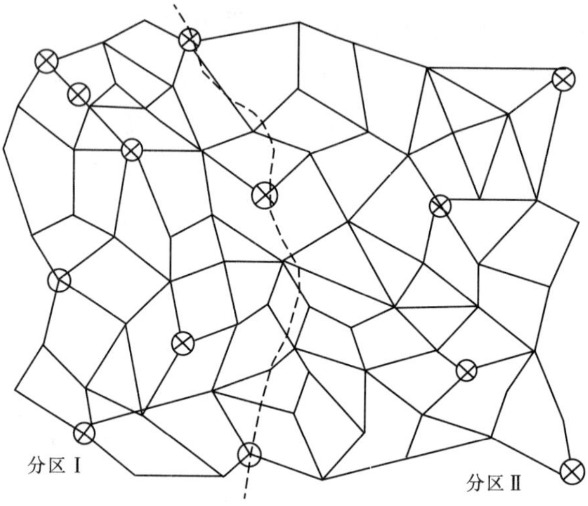

图 8-29　分区拟合图

第六节　GPS 技术总结

1　技术总结的作用

在完成了 GPS 网的布设后，应该认真完成技术总结。每项 GPS 工程的技术总结不仅是工程一系列必要文档的主要组成部分，而且它还能够使各方面对工程的各个细节有完整而充分的了解，从而便于今后对成果充分而全面地加以利用。另一方面，通过对整个工程的总结，测量作业单位还能够总结经验，发现不足，为今后进行新的工程提供参考。

2　技术总结的内容

技术设计需要包含以下内容：

（1）项目来源：介绍项目的来源、性质。

（2）测区概况：介绍测区的地理位置、气候、人文、经济发展状况、交通条件、通信条件等。

(3)工程概况:介绍工程目的、作用、要求、等级(精度)、完成时间等。

(4)技术依据:介绍作业所依据的测量规范、工程规范、行业标准等。

(5)施测方案:介绍测量所采用的仪器、采取的布网方法等。

(6)作业要求:介绍外业观测时的具体操作规程、技术要求等,包括仪器参数的设置(如采样率、截止高度角等)、对中精度、整平精度、天线高的量测方法及精度要求等。

(7)作业情况:介绍外业观测时实际遵循的操作规程、技术要求[包括仪器参数的设置(如采样率、截止高度角等)、对中精度、整平精度、天线高的量测方法及精度要求等]、作业观测情况、工作量、观测成果等。

(8)观测质量控制:介绍外业观测的质量要求,包括质量控制方法及各项限差要求等。

(9)数据处理情况:介绍数据处理方法、过程、结果及精度统计与分析情况。

(10)结论:对整个工程的质量及成果作出结论。

3　上交成果资料

GPS 工程项目应整理上交以下技术成果资料:

(1)测量任务书和专业设计书;

(2)点之记、环视图、测量标志委托保管书;

(3)接收设备、气象及其他仪器的检验资料;

(4)外业观测记录、测量手簿及其他记录

(5)数据处理中生成的文件、资料和成果表;

(6)GPS 网展点图;

(7)技术总结和成果验收报告。

学习指南

本章主要讲述 GPS 测量数据处理全过程。进行 GPS 数据处理时,应了解 GPS 数据预处理,掌握 GPS 控制网基线向量解算和 GPS 网平差或与地面网联合平差。在 GPS 数据预处理中,要了解数据预处理的目的,学习统一数据文件格式,并将各类数据文件加工成标准化文件(如 GPS 卫星轨道方程的标准化);在基线解算中,应学习相对定位中常用双差观测值求解基线向量方法。同时,GPS 基线解算工作之前,应学好基线解算的分类。这一阶段要重点掌握基线解算阶段的质量控制,卫星数据删除率、RATIO、RDOP、RMS、同步环闭合差、异步环闭合差等的基本概念。

完成了一个 GPS 控制网的点的基线解算工作之后,必须学习 GPS 网平差,它是以 Ashtech Solutions 软件为作业基础,以具体学习指导自由网平差实例平差、GPS 网约束平差。

在学习本章内容时,要以 Ashtech Solutions 软件为作业基础,结合一定实际,掌握 GPS 数据处理基本概念和各种数据基线解算、网平差。重点掌握 GPS 控制网基线解算、网平差。本章的难点是 GPS 基线解算问题。

采用 GPS 基线向量网平差，虽可以同时确定出点的三维位置，若网中有一点或多点具有精确的 WGS—84 大地坐标系的大地高程，则在 GPS 网平差后，可得各 GPS 点的 WGS—84 大地高程。但令人遗憾的是，所确定出的高程是相对于一个特定参考椭球的，即所谓的大地高，而不是在实际应用中广泛采用的与地球重力位密切相关的正高或正常高。不过，如果能够设法获得相应点上的大地水准面差距或高程异常，就可以进行相应高程系统的转换，将大地高转换为正高或正常高。因此，应找出 GPS 点的大地高程同正常高程的关系，并采用一定模型进行转换。

习题 8

8-1 GPS 数据预处理包括哪些内容？

8-2 对 GPS 基线解算结果进行检核的目标是什么？检核的内容有哪些？请说明各自的作用。

8-3 试述 GPS 基线向量网平差有哪些类型？

8-4 试述 Ashtech Solutions 软件解算 GPS 基线向量解算和网平差的步骤？

8-5 试述如何将 GPS 高程观测结果变为可实用的正常高程结果。

8-6 一项 GPS 工程应上交哪些技术成果资料？

8-7 提高 GPS 水准精度的措施有哪些？

8-8 似大地水准面是什么曲面？

第九章　GPS 卫星导航简介

GPS 在导航领域的应用,有着比 GPS 静态定位更广阔的前景,两者相比较,GPS 导航具有用户多样、速度多变、定位实时、数据和精度多变等特点。因此,为了使大家能了解和掌握卫星导航定位技术,本章简要介绍了 GPS 导航定位的基本原理、GPS 导航的主要应用方式及作业方法。

第一节　GPS 导航原理

GPS 卫星导航,就是用 GPS 卫星发送的导航定位信号引导运动载体从一个地点航行到另一个地点的过程。航行也就是确定航行体运动到什么地方和向何方向运动的意思。要使飞机、舰船、车辆等运载工具成功地完成所预定的航行任务,除了起始点和目标的位置之外,主要的就是必须知道航行体所处的即时位置。因为只有确定了即时位置才能考虑怎样到达下一目的地的问题;如果连自己已经到了什么地方和以后该到什么地方也不知道的话,那就无从谈起完成预定航行任务的问题。由此可见,导航的首要问题就是确定航行体的即时位置。另外,为现代载体提供精确的导航信息,还需要测定载体的瞬时速度、精确的时间、运动载体的姿态等状态参数,进而"导引"该运动载体准确地驶向预定的后续位置。由此可见,导航是一种广义的动态定位。

GPS 卫星所发送的导航定位信号,是一种可供无数用户共享的空间信息资源。陆地、海洋和空间的广大用户,只要持有一种能够接收、跟踪、变换和测量 GPS 信号的接收机,就可以全天候和全球性地测量运动载体的七维状态参数(三维坐标、三维速度、时间)和三维姿态参数。其用途之广、影响之大,是任何其他接收设备望尘莫及的,上至航空航天,下至渔业、导游、摄影和农业生产,均可利用 GPS 信号接收机进行导航定位。

对于任何某一具体的导航过程,首先必须确定本次航行的起始点、目的点以及航行计划路径(总称为一条航线)。路径的标定一般是用一系列均匀分布于路径上的坐标点来确定的,这些坐标点就叫航路点。起始点、目的点、航路点的位置坐标可以从地图上量取,也可以直接测得,总之必须是已知的。

在航行过程中,GPS 定位系统能够实时提供给航行体位置信息(坐标),结合计算机中存储的航行路径中各航路点位置信息,可以计算出各种可用来纠正航行偏差、指导正确航行方向的制导参数,如应航迹角、偏航距和待航距离(待航时间)等,图 9-1 以飞机导航为例,说明各制导参数的物理意义(图中还示出真航向、航迹角、偏流角和地速)。利用制导参数,可以计算出航行体的操纵指令,再通过控制系统,可实现航行的自动化。

上述 GPS 导航是广义的 GPS 动态定位,它有着极其广阔的应用前景。例如,用于陆地、水上和航空航天运载体的导航。根据用户的应用目的和精度要求的不同,GPS 动态定位方法也随之而改变。从目前的应用看来,主要分为以下几种方法:

(1)单点动态定位。它是用安设在一个运动载体上的 GPS 信号接收机,自主地测得

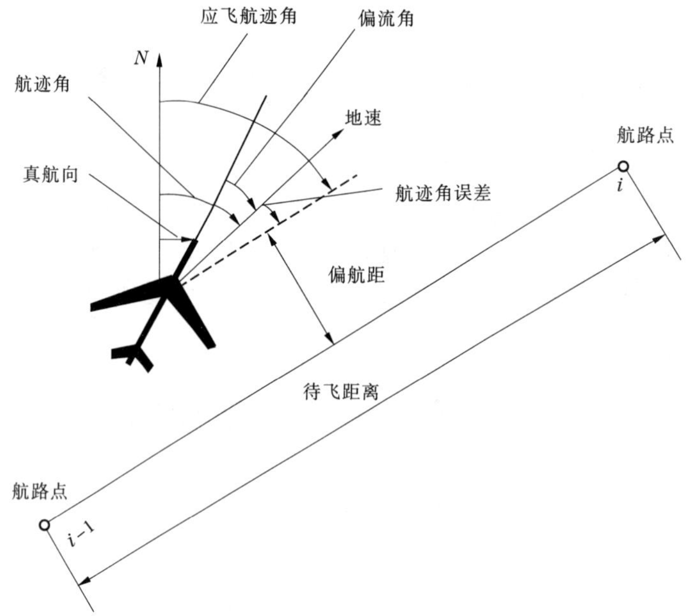

图 9-1　GPS 导航制导参数示意图

该运动载体的实时位置,从而描绘出该运动载体的运行轨迹。所以单点动态定位又叫作绝对动态定位。例如,行驶的汽车和火车,常用单点动态定位。

(2)实时差分动态定位。它是用安设在一个运动载体上的 GPS 信号接收机,及安设在一个基准站上的另一台 GPS 接收机,联合测得该运动载体的实时位置,从而描绘出该运动载体的运行轨迹,故差分动态定位又称为相对动态定位。例如,飞机着陆和船舰进港,一般要求采用实时差分动态定位,以满足它们所要求的较高定位精度。

(3)后处理差分动态定位。它和实时差分动态定位的主要差别在于,在运动载体和基准站之间,不必像实时差分动态定位那样建立实时数据传输,而是在定位观测以后,对两台 GPS 接收机所采集的定位数据进行测后的联合处理,从而计算出接收机所在运动载体在对应时间上的坐标位置。例如,在航空摄影测量时,用 GPS 信号测量每一个摄影瞬间的摄站位置,就可以采用后处理差分动态定位。

因此,应该依据 GPS 动态测量的这些特点、载体的运行速度和加速度的不同以及所要求的精度不同选购适宜的接收机,采用适当的数据处理方法,以便获得所要求的运动载体的七维状态参数和三维姿态参数的测量精度。例如,用于航空摄影测量摄站的接收机,不仅要求它在速度 300 m/s 左右时能够作伪距和载波相位测量,而且要求它具有秒脉冲输出的时间同步能力;对于海洋测绘用户而言,则宜选购具有速度测量和定时功能的双频接收机,并附设有带抑径板或抑径圈的 GPS 信号接收天线,以减弱海面所产生的多路径效应的影响。

第二节　GPS 导航方法

导航的任务是引导航行体自起始点出发沿着预定的航线,经济而安全地到达目的地。

经常地测定在航行中的航行体位置,是完成导航任务的一个重要课题,因为引航人员需要随时了解航行体已经到达的位置,以便掌握航行体的运动状态,判明其有无偏离预定的航线,偏离的程度如何,当前的处境有无危险,原定的计划航线能否继续实施,还是需作适当的修正等。正因为在航行中定位问题是如此重要,因此在习惯上往往将测定位置的方法和技术概称为导航。本节将介绍 GPS 卫星导航中的常用方法。

1　GPS 单机导航

顾名思义,单机就是在航行体上仅装配一台 C 用接收机,单独实施导航,如在地质勘探、资源调查、船只航行、汽车导航等方面,得到广泛应用。因为一台 GPS 接收机只要能接收到 4 颗以上卫星的信号便可测定出所处的位置。因此,操作和使用非常简单,价格也便宜,且具有全天候、全球性、较高精度及实时三维定位和测速能力。

导航型接收机可以实时给出载体的位置和速度,一般采用 C/A 码伪距测量,单点实时定位精度较低,一般为 ±10 m。这类接收机价格便宜,应用广泛。根据应用领域的不同,此类接收机还可以进一步分为:

车载型——用于车辆导航定位。

航海型——用于船舶导航定位。

航空型——用于飞机导航定位。由于飞机运行速度快,因此在航空上用的接收机要求能适应高速运动。

星载型——用于卫星的导航定位。由于卫星的速度高达 7 km/s 以上,因此对接收机的要求更高。

但是在众多情况下,单机导航还需配备适当的辅助设备,以保证导航的安全可靠性。如船只航行不仅要确定船的实时位置,还必须实时测定水深,才不致使船只触礁而能够安全地航行。又如汽车导航时,当汽车行驶在高层建筑的街道或林荫道上,可能 GPS 接收机接收不到足够的卫星数以满足定位的需要,一般在汽车上还要配备电子罗盘,结合速度计和相应软件,来实现不能实施 GPS 定位情况下的连续定位导航工作。在陆地车辆的导航中,还经常配备电子地图、交通信息库和智能选线功能,可以在操作终端上搜索你要去的目的地位置。根据你设定的起始点和目的地,自动规划一条线路,可以设定是否要经过某些途径点,是否避开高速铁路或高速公路等,模糊的查询你附近或某个位置附近的如加油站、宾馆、取款机等信息,也可以记录你常要去的地方的位置信息,并保留下来,还可以和别人共享这些位置信息。行进过程中还可以重新规划线路并可通过语音导航和画面导航,来帮助驾驶员安全、快速地到达目的地。

现以 GARMIN GPS38 导航接收机(见图 9-2)为例,介绍导航基本操作方法与步骤。

1.1　基本操作

随着 GPS 功能向智能手机的渗透,GPS 手机已经不仅能适应车载导航用户的需求,也能适应步行者以及日常需要公交的换乘的用户的需求,未来的 GPS 手机功能将涵盖普通百姓更多的需求。虽然人们已经感受到了 GPS 手机的魅力,但是绝大多数用户对此的认识仍然只是停留在导航、定位、搜索等功能上,实际上 GPS 手机在一些诸如监控、紧急救援等突发事件中的应用潜力更大,如老人、小孩监控手机、外勤业务人员管理手机、免安

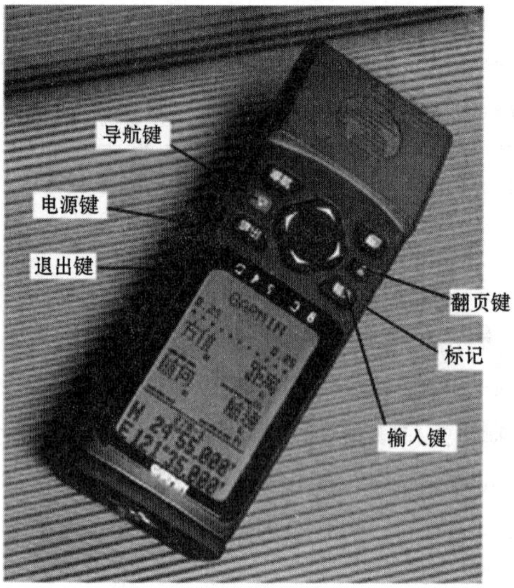

图 9-2　GARMIN GPS38 导航接收机

装 GSP 车载防盗报警跟踪手机等。未来,GPS 手机应用发展将是多元化的,人们将迎来一个 GPS 手机的新时代。

如今,不同形态的智能穿戴设备已从各个方面进入人们生活,目前主要的智能穿戴设备包括:智能眼镜、智能手表、智能腕带、智能跑鞋、智能戒指、智能手环、智能腰带、智能头盔和智能纽扣等。针对时刻需要照看的幼儿、老人及宠物的智能穿戴设备,其使用频率将会比白领的使用频率要高得多。其重要作用如下:

(1)定位:用于外出老人、儿童、宠物迷失方向、走失;儿童安全与老人监管;通过位置信息服务可快速锁定或快速查询当前位置信息,并将位置信息及时发送给相关人员或机构。

(2)健康管理:记录与监控婴幼儿的睡眠质量、翻身运动、体温心跳等健康指标;婴幼儿饿了需要进食,尿了需要更换纸尿裤,身体不适需要医治;记录老人心率、呼吸等健康指标;监控老人实时位置,是否摔倒或身体不适;防止宠物饮食营养过剩;记录宠物每天的运动量和健康数值,监控脉搏、运动状况等。上述所有监护者可及时收到提醒并在最快时间内进行处理。

(3)信息交换和推送:根据老人的活动范围,将位置范围内的生活信息(超市促销、文娱和社区活动信息)推送给老人;帮助家长与孩子实时联系沟通,并传送需要的信息。

(4)报警和求救:当老人、儿童、宠物超出平常活动的范围、走失或遇到麻烦时,可紧急呼救,或发出预警;如果出现婴儿爬出或掉下婴儿床的意外状况,及时通过短信等方式向监护者发出警报;对各种事故包括煤气泄漏、盗窃、火灾等的报警;将这些位置信息共享给需要的第三方系统进行应急处置。

未来,智能穿戴设备将会向集成、舒适、时尚且实用发展,有更多的创新设计,如可植入体内的终端,薄如纸片、韧如蚕丝、可弯曲折叠的终端,可放在患者口袋里只有 50 g 名片大小的终端，挂在宠物项圈上的小挂件或铃铛等终端都会应运而生。

1.1.1 开机

持续按键 1 秒钟，机内自检通过后，显示接收卫星窗口，如图 9-3 所示。

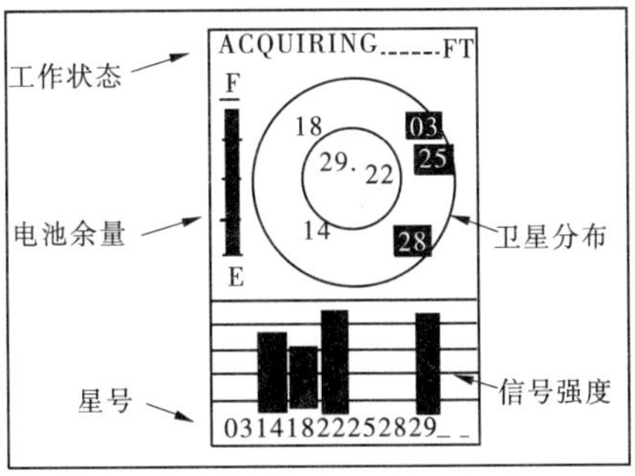

图 9-3 接收卫星窗口

1.1.2 自动定位

当接收到 3 颗以上卫星时，接收机计算点位坐标，并由接收卫星窗口自动转换到定位窗口，如图 9-4 所示。

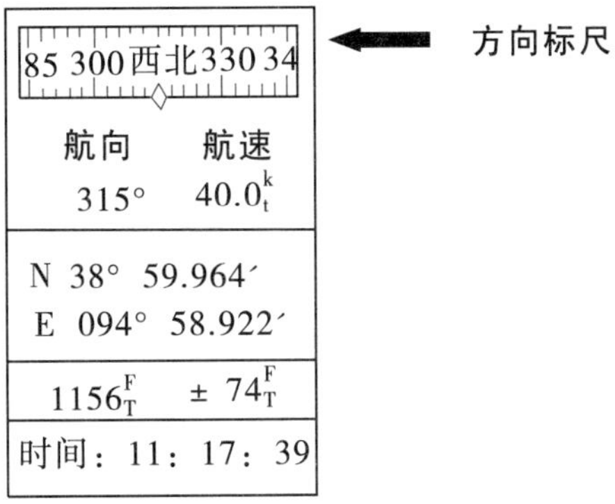

图 9-4 定位窗口画面

1.1.3 关机

持续按键 3 秒钟即可。

1.2 GPS 导航参数的设置

导航参数设置窗口如图 9-5 所示。

1.2.1 初始化坐标输入

(1)按 [□] 键至定位窗口；

(2)按 [▷] 键，移动反白光标至经纬度处；

(3)按 [输入] 键，用 [△] [▽] 键选择南北纬(S、N)；

(4)用 [▷] [◁] 键，移动反白光标至每个经纬度值，再用 [△] [▽] 键逐字符输入，如图 9-6 所示；

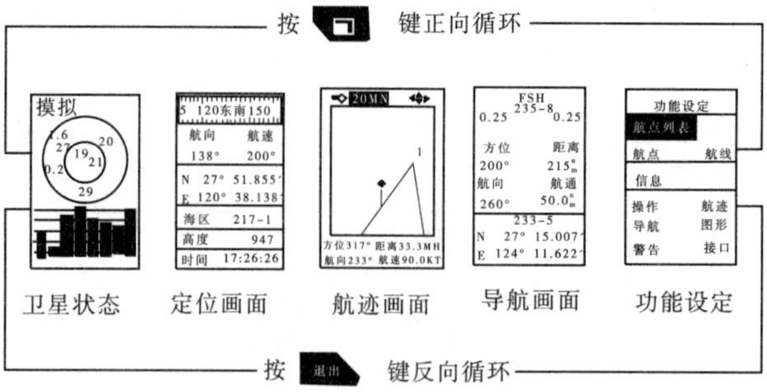

图 9-5　导航参数设置窗口

(5)输入完毕,按 输入 键确认。

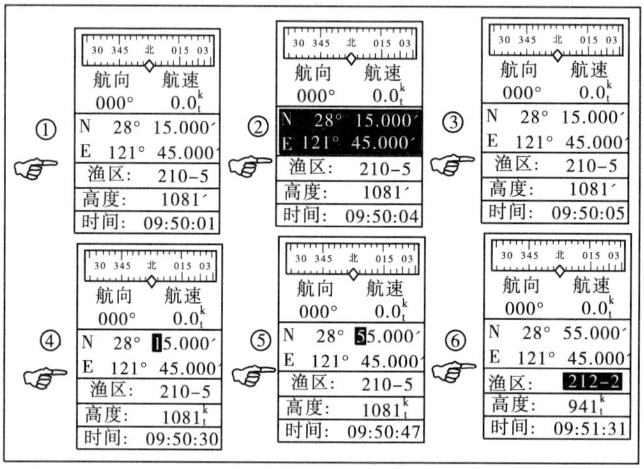

图 9-6　初始化坐标输入

1.2.2　导航坐标单位设置

(1)按 □ 键,选择进入功能设定窗口,如图 9-7 所示;

(2)按 △ ▽ 键,移动反白光标至导航处;

(3)按 输入 键,确认选择进入导航设定,如图 9-7 所示;

(4)按 △ ▽ 键, 移动反白光标至标位格式和单位;

(5)按 ◁ ▷ 键, 选择导航坐标单位;

(6)按 输入 键,确认设置。

1.2.3　导航坐标系统设置

(1)按 □ 键,选择进入功能设定窗口;

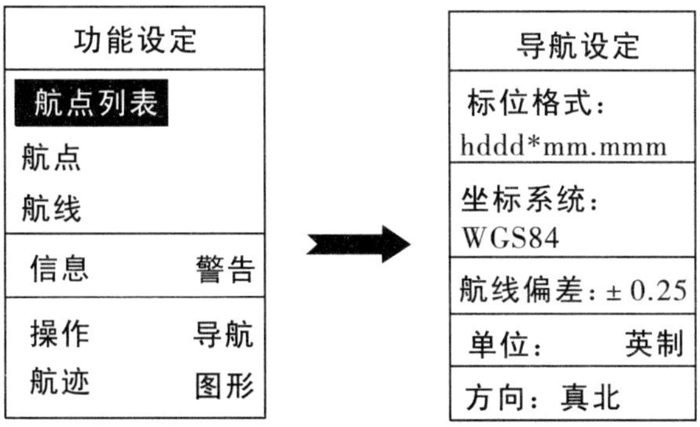

图 9-7 导航设定窗口

(2)按 △ ▽ 键,移动反白光标至导航处;

(3)按 输入 键,确认选择进入导航设置;

(4)按 ◁ ▷ 键,移动反白光标至坐标系统;

(5)按 △ ▽ 键,选择导航坐标系统,一般可选 WGS—84 系统;

(6)按 输入 键,确认设置。

1.2.4 导航显示模式设置

(1)按 □ 键,选择进入功能设定窗口;

(2)按 △ ▽ 键,移动反白光标至图形处;

(3)按 输入 键,确认选择进入图形设定,如图 9-8 所示;

(4)按 △ ▽ 键,移动反白光标至正上方;

(5)按 ◁ ▷ 键,选择导航正上方航迹,一般可选朝北、目标方向、航迹方向等;

(6)按 输入 键,确认设置;

(7)按 △ ▽ 键,移动反白光标至环形图;

(8)按 ◁ ▷ 键,选择导航以接收机为中心的同心圆表现航迹,一般可选是、否;

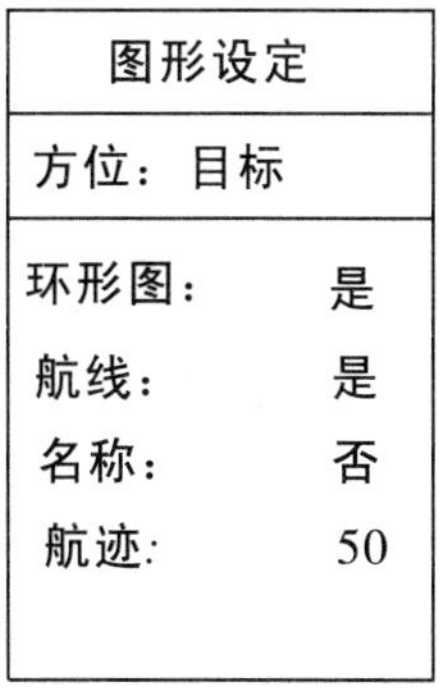

图 9-8 图形设定窗口

(9)按 输入 键,确认设置。

1.2.5 导航航迹记录设置

(1)按 □ 键,选择进入功能设定窗口;

(2)按 △ ▽ 键,移动反白光标至航迹处;

(3)按 输入 键,确认选择进入航迹记录设置;

(4)按 △ ▽ 键,移动反白光标至记录航迹;

(5)按 ◁ ▷ 键,选择是否记录导航航迹;

(6)按 输入 键,确认设置;

(7)按 ◁ ▽ 键,移动反白光标至记录方式;

(8)按 ◁ ▷ 键,选择记录方式,一般可选自动记录和时间间隔可调两种等;

(9)按 输入 键,确认设置。

1.2.6 导航警告设置

(1)按 □ 键,选择进入功能设定窗口;

(2)按 △ ▽ 键,移动反白光标至警告处;

(3)按 输入 键,确认选择进入警告设定,如图 9-9 所示;

(4)按 △ ▽ 键,移动反白光标至到达报警;

(5)按 ◁ ▷ 键,选择开关、输入到达目标点报警的允许偏离值(m);

(6)按 输入 键,确认设置;

(7)按 ◁ ▽ 键,移动反白光标至航线偏差警告;

(8)按 △ ▷ 键,选择开关、输入航线偏差报警的允许偏离值(m);

(9)按 输入 键,确认设置。

1.3 GPS 导航航路信息数据的设置

航路点指导航所需的设计航线上的已知位置点,建立航路点步骤如下。

1.3.1 直接输入经纬度

(1)按 □ 键,选择进入功能设定窗口;

(2)按 △ ▽ 键,移动反白光标至航点处;

(3)按 输入 键,确认选择进入航点设置,如图 9-10 所示;

(4)按 △ ▽ 键,移动反白光标至名称;

(5)按 ◁ ▷ 和 △ ▽ 键,输入航路点名称(编号)

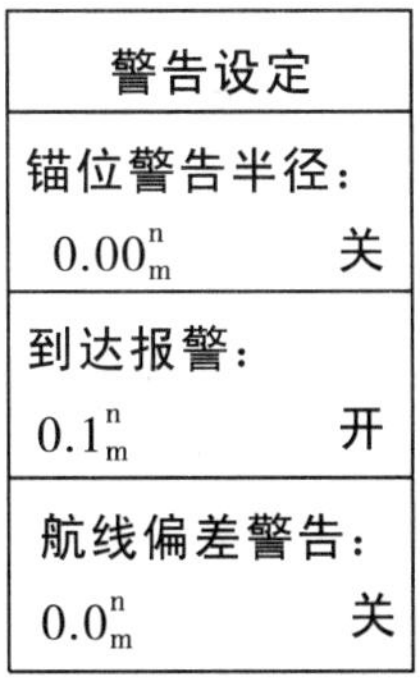

图 9-9　警告设定窗口

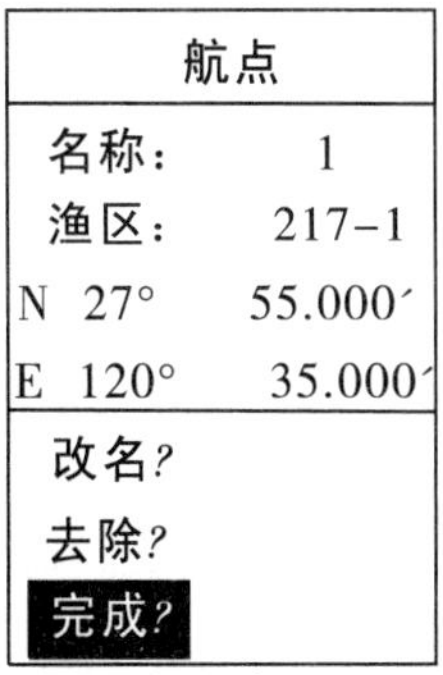

图 9-10　航点经纬度设置窗口

(6)按 输入 键,确认设置;

(7)按 △ ▽ 键,移动反白光标至经纬度处;

(8)按 ◁ ▷ 键, 输入航路点经纬度值;

(9)按 输入 键,确认设置;

(10)按 △ ▽ 键,移动反白光标至完成处;

(11)按 输入 键,确认航路点经纬度输入设置,返回导航定位窗口。

1.3.2　实测建立航路点

(1)按 △ ▽ 键,选择进入导航定位窗口,如图 9-11 所示;

(2)按 标记 键,记录当前位置;

(3)按 △ ▽ 键,移动反白光标至“航点编号”处;

(4)按 ◁ ▷ 键,输入当前记录航路点编号;

(5)按 输入 键,确认设置;

(6)按 △ ▽ 键,移动反白光标至“加入航线”处;

(7)按 ◁ ▷ 键,输入当前记录航路点需加入的航线编号;

(8)按 △ ▽ 键,移动反白光标至完成处;

(9)按 输入 键,确认实测航路点输入设置, 返回导航定位窗口。

1.4　GPS 导航

1.4.1　导航定位窗口导航

(1)按 导航 键,选择进入导航点输入窗口,如图 9-12 所示;

(2)按 △ ▽ 键,移动反白光标至“往航点”处;

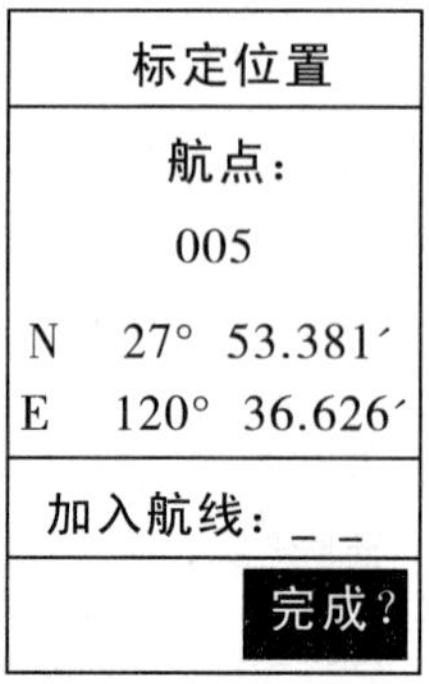

图 9-11　导航定位窗口

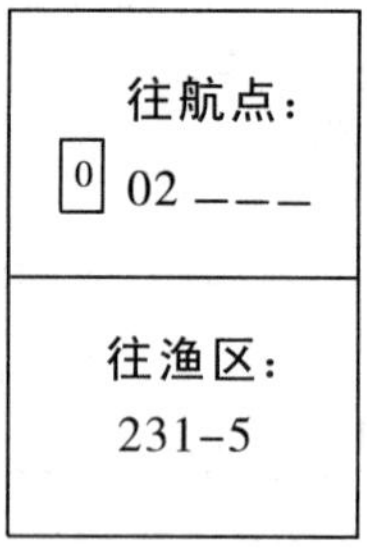

图 9-12　导航点输入窗口

(3)按 ◁ ▷ 键,选择输入当前导航所需航路点名称(编号);

(4)按 输入 键,确认设置,返回导航定位窗口。

获取导航信息如方位、距离、航速等,如图 9-13 所示。

依据航迹方向观测偏航,箭头偏右时应向右修正航向;箭头偏左时应向左修正航向,如图 9-14 所示。

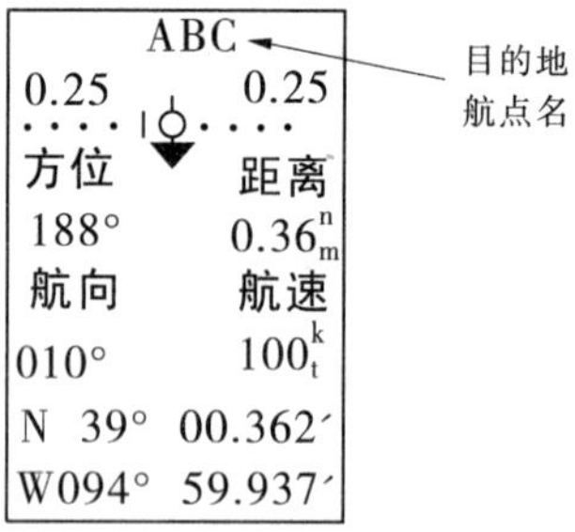

图 9-13　获取导航信息窗口

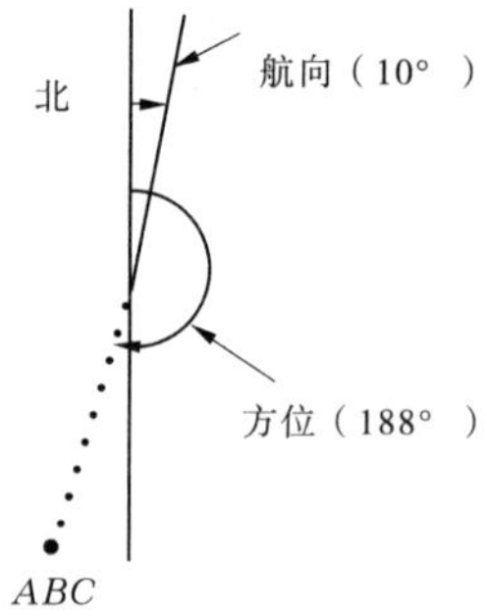

图 9-14　观测偏航

1.4.2　航迹窗口导航

(1)按 □ 键,选择进入航迹窗口,如图 9-15 所示;

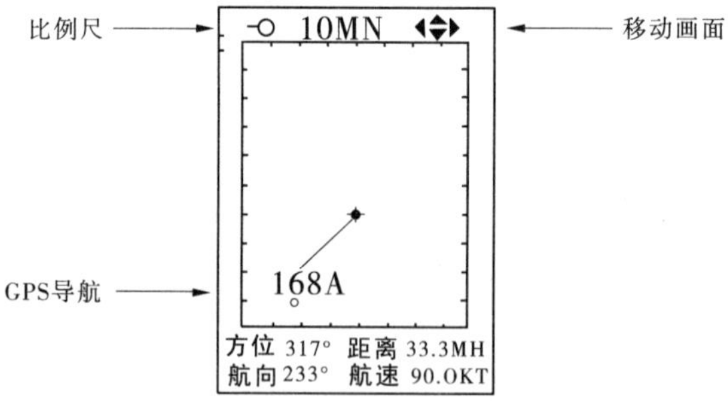

图 9-15　航迹窗口

(2)按 ◁ ▷ 键,选择调整画面比例尺;

(3)按 △ ▽ 键,调整画面比例尺;

(4)按 ◁ ▷ 键,选择进入移动画面;

(5)按 ◁ △ 和 △ ▽ 键,移动画面。

1.4.3 航线导航

航迹需经过多个航路点,如图 9-16 所示。

1.4.3.1 编制航线

(1)建立航路点——方法同上;

(2)按 □ 键,选择进入功能设定窗口;

(3)按 △ ▽ 键,移动反白光标至功能设定窗口航线处;

(4)按 输入 键,确认选择进入航线设置,如图 9-17 所示;

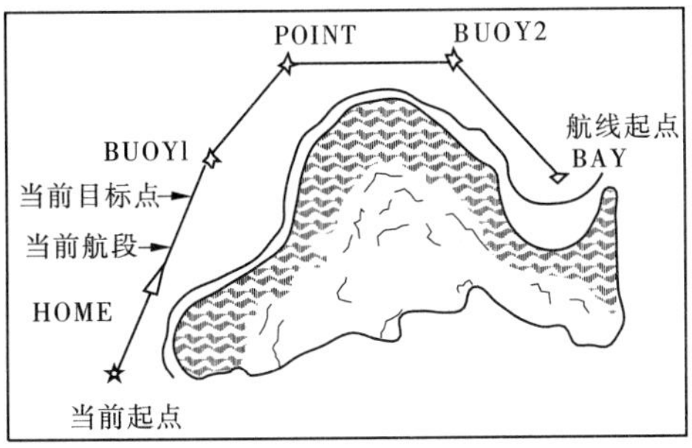

图 9-16 航线导航

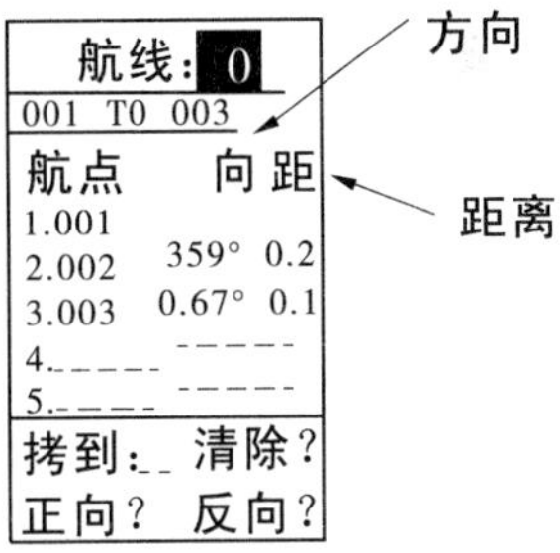

图 9-17 航线设置窗口

(5)按 △ ▽ 键,移动反白光标至航线窗口航线处;

(6)按 ◁ ▷ 键,选择输入航线编号;

(7)按 输入 键,选择输入航线名称;

(8)按 ◁ ▷ 键,选择输入航路点名称(编号);

(9)按 输入 键,确认设置,返回功能设定窗口。

1.4.3.2 航线导航

(1)按 △ ▽ 键,移动反白光标至航线处;

(2)按 输入 键,确认选择进入航线窗口;

(3)按 △ ▽ 和 ◁ ▷ 键,选择输入航线编号;

(4)按 △ ▽ 键,移动反白光标至正向处;

(5)按 输入 键,进入航线导航窗口,如图 9-18 所示,(到达:估计到达航点的时间,

路程:估计该航线的航行时间);

(6)按 □ 键,交互进入导航定位窗口和航线导航窗口。

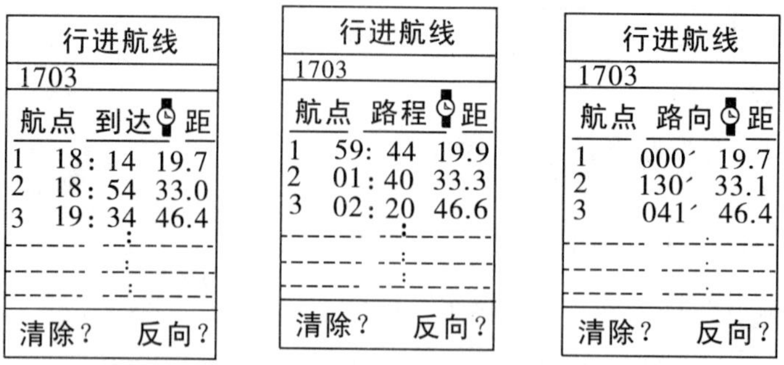

图 9-18　航线导航窗口

2　差分 GPS 导航

由于使用 C/A 码的民用用户的定位精度低,因而就提出了如何提高民用定位精度的问题。差分 GPS 就是适应这一要求而产生的,其原理如图 9-19 所示。在地面已知位置设置一个地面站,地面站由一个 GPS 差分接收机和一个差分发射机组成。差分接收机接收卫星信号,监测 GPS 差分系统的误差,并按规定的时间间隔把修正信息发送给用户,用户用修正信息校正自己的测量或位置解。差分 GPS 导航有两种工作方式。

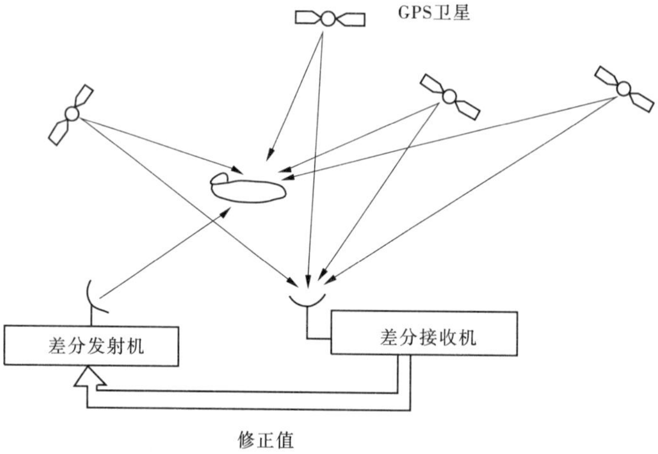

图 9-19　差分 GPS 原理图

(1)位置差分法。差分接收机和用户接收机一样,通过伪距测量确定自己的位置。把测量确定的位置数据和已知位置数据比较,即得位置校正量 $\Delta X, \Delta Y, \Delta Z$。通过发射机把这些位置修正信息发送给用户接收机,用户接收机用以校正自己的输出坐标。

(2)伪距差分法。地面接收机对所有可见卫星测量伪距,并根据星历数据和已知位置计算用户到卫星的距离,两者相减得到伪距误差。把伪距误差作为修正信息发送给用户接收机,用户接收机用来修正自己测量的伪距,然后进行定位计算。这种方法不要求用户接收机和地面接收机使用相同的星座,使用方便,但对地面接收机要求的通道数多。

上述两种校正方法都是以用户接收机和地面接收机具有相同的误差为前提。实际上,两台接收机所处的位置不同,接收机本身也不一样,因此误差不可能相同。随着两台接收机间距离的增大,修正效果变差。

3 提高 GPS 水准精度的措施

从理论研究和实践经验可知,提高 GPS 水准精度应注意以下几个方面。

3.1 提高大地高(差)测定的精度

大地高(差)测定的精度是影响 GPS 水准精度的主要因素之一,因此要提高 GPS 水准的精度,必须有效地提高大地高(差)测定的精度,其措施主要有:

(1)提高局部 GPS 网基线解算的起算点坐标的精度。尽量采用国家 A、B 级 GPS 网点为局部 GPS 网的起算点。研究表明,当起算点坐标有 10 m 误差时,对其他 GPS 点的高程会产生 10 mm 的误差。

(2)尽量采用精密星历。采用精密星历比用广播星历可提高精度 34%。

(3)选用双频 GPS 接收机。

(4)观测时应选择最佳的卫星分布。

(5)减弱多路径误差和对流层延迟误差。

(6)大于 10 km 的 GPS 网点应实测气象参数。

实践表明,当边长大于 10 km 时,两端点气压差为 7 mbar,气温差为 2 ℃,相对湿度差为 4%,此时用实测气象参数与取平均气象参数对基线处理的边长仅产生 1 mm 误差,对大地高差产生 0.1 m 误差。

3.2 提高联测几何水准的精度

尽量采用三等几何水准来联测 GPS 点。对有特殊应用的 GPS 网,用二等精密水准来联测,以利于有效地提高 GPS 水准的精度。

3.3 提高转换参数的精度

利用我国已有的 VLBI 和 SLR 站的地心坐标转换参数,或利用国家 A、B 级 GPS 网点来推算转换参数。

3.4 提高拟合计算的精度

提高拟合计算精度的办法有:

(1)根据测区似大地水准面变化情况,选定足够的已知点,并合理地布设已知点。

(2)根据不同测区,选用合适的拟合模型。对高差大于 100 m 的测区,一般要加地形改正。

(3)对地形复杂的大测区,可采取分区计算的办法。

(4)计算时,坐标取到米或 10 m,但高程异常时应取到毫米。计算结果应由计算机绘出测区高程异常等值线图,以便分析测区高程异常变化情况,提高拟合计算精度。

从以上分析和国内外 GPS 水准实践情况看,在局部 GPS 网中,采用拟合法进行计算,GPS 水准高程的内符合精度一般可达 2 ppm 左右。对于测区面积不大的平坦地区,特别是测区内高程异常的变化有规律的地区,在公共点分布均匀的情况下,多项式曲面拟合法能够达到比较理想的精度。只要用三等几何水准联测已知点，点位分布合理，点数足够，GPS 水准可代替四等几何水准。在山区，只要施加地形改正，也可达到四等几何水准的精度。

4 似大地水准面精化

似大地水准面是指从地面点沿正常重力线量取正常高所得端点构成的封闭曲面。似大地水准面严格说不是水准面，但接近于水准面，只是用于计算的辅助面。它与大地水准面不完全吻合，差值为正常高与正高之差。但在海洋面上时，似大地水准面与大地水准面重合。

建立一个高精度、三维、动态、多功能的国家空间坐标基准框架、国家高程基准框架、国家重力基准框架，以及由 GPS、水准、重力等综合技术精化的高精度、高分辨率似大地水准面。该框架工程的建成，将为基础测绘、数字中国地理空间基础框架、区域沉降监测、环境预报与防灾减灾、国防建设、海洋科学、气象预报、地学研究、交通、水利、电力等多学科研究与应用提供必要的测绘服务，具有重大的科学意义。

精化似大地水准面对于测绘工作有重要意义：首先，大地水准面或似大地水准面是获取地理空间信息的高程基准面。其次，GPS（全球定位系统）技术结合高精度高分辨率大地水准面模型，可以取代传统的水准测量方法测定正高或正常高，真正实现 GPS 技术对几何和物理意义上的三维定位功能。再次，在现今 GPS 定位时代，精化区域性大地水准面和建立新一代传统的国家或区域性高程控制网同等重要，也是一个国家或地区建立现代高程基准的主要任务，以此满足国家经济建设和测绘科学技术的发展以及相关地学研究的需要。

学习指南

本章主要讲述 GPS 导航的基本原理和导航实施方法。进行 GPS 导航时，应了解 GPS 导航的基本原理，理解导航的目的和任务。熟悉 GPS 导航的发展现状和趋势，能灵活地利用 GPS 导航技术服务解决工作和生活中的各种问题。

重点掌握 GPS 导航最常用的单点定位模式。熟悉 GPS 导航仪的基本操作及 GPS 导航功能选择方法。同时学习 GPS 导航航路规划设计、参数设置和模式选择。掌握 GPS 兴趣点的采集。

进行差分 GPS 导航学习要与差分定位原理结合，掌握位置差分法和伪距差分法相对作业模式。它是 GPS 导航发展方向，以指导性实例具体学习。在学习本章内容时，要结合一定实际，掌握 GPS 导航数据的基本概念和各种数据内容特征。本章的难点是差分 GPS 导航模式问题。

随着 GPS 接收机的不断改进，GPS 测量的自动化程度越来越高，有的已趋于“傻瓜化”。在观测中测量员只需安置仪器，连接电缆线，量取天线高，监视仪器的工作状态，而其他观测工作，如卫星的捕获、跟踪观测和记录等均由仪器自动完成。结束测量时，仅需关闭电源，收好接收机，便完成了野外数据采集任务。

卫星导航技术的发展趋势主要表现在三个方面:一是卫星导航的多系统并存,使系统可用性得以提高,应用领域将更广阔;二是多元组合导航技术正在得到推广应用,主要有GPS与移动通信基站定位、陀螺、航位推算技术等的组合应用;三是卫星导航与无线通信等其他高技术相结合,如GPS接收机嵌入到智能手机,便携式PC、PDA、手表,智能穿戴设备等通信、安全和消费类电子产品中,从根本上促进了IT技术的整体发展。

习题9

9-1 试述GPS导航的目的和作用。

9-2 试述GPS导航技术特点包括哪些?

9-3 试述GPS导航作业程序,并详细说明各项作业内容与基本方法。

9-4 为什么要对GPS导航航路规划设计? 并说明其作用。

9-5 试述单点导航与差分GPS导航的优缺点。

9-6 智能手机导航有哪些功能?

9-7 目前主要的智能穿戴设备包括哪几种?

参 考 文 献

[1] 陈俊勇. 卫星多普勒定位[M]. 北京:测绘出版社,1983.

[2] 胡明城,鲁福. 现代大地测量学(上、下册)[M]. 北京:测绘出版社,1993.

[3] 金国雄,刘大杰,等. GPS 卫星定位的应用与数据处理[M]. 上海:同济大学出版社,1994 .

[4] 李德仁. GPS 用于摄影测量与遥感[M]. 北京:测绘出版社,1996 .

[5] 李庆海,崔春芳. 卫星大地测量原理[M]. 北京:测绘出版社,1989.

[6] 陈俊勇. 地面参照系的现代定向理论和地球自转运动[M]. 北京:测绘出版社,1991 .

[7] 李洪涛,等. GPS 应用程序设计[M]. 北京:科学出版社,1999.

[8] 李天文. GPS 原理及应用[M]. 北京:科学出版社,2003.

[9] 李征航,徐德宝,等. 空间大地测量理论基础[M]. 武汉:武汉测绘科技大学出版社,1998.

[10] 刘大杰,施一民,过静君. 全球定位系统(GPS)的原理与数据处理[M]. 上海:同济大学出版社,1996.

[11] 刘基余,李征航,等. 全球定位系统原理及其应用[M]. 北京:测绘出版社,1993.

[12] 刘基余. GPS 卫星导航定位原理与方法[M]. 北京:科学出版社,2003.

[13] 刘经南,陈俊勇,等. 广域差分 GPS 原理和方法[M]. 北京:测绘出版社,1999.

[14] 刘林. 人造地球卫星轨道力学[M]. 北京:高等教育出版社,1992.

[15] 陆仲连,吴晓平. 人造地球卫星与地球重力场[M]. 北京:测绘出版社,1994.

[16] 王广运,陈增强,等. GPS 精密测地系统原理[M]. 北京:测绘出版社,1988.

[17] 杜道生,陈军,李征航. RS、GIS、GPS 的集成与应用[M]. 北京:测绘出版社,1995.

[18] 王广运,郭秉义,李洪涛. 差分 GPS 定位技术与应用[M]. 北京:电子工业出版社,1996.

[19] 王惠南. GPS 导航原理与应用[M]. 北京:科学出版社,2003 .

[20] 王解先. GPS 精密定轨定位[M]. 上海:同济大学出版社,1997.

[21] 王昆杰,王跃虎,李征航. 卫星大地测量学[M]. 北京:测绘出版社,1990.

[22] 魏子卿,葛茂荣. GPS 相对定位的数学模型[M]. 北京:测绘出版社,1998.

[23] 徐绍栓,张华海,等. GPS 测量原理及应用[M]. 武汉:武汉测绘科技大学出版社,2001.

[24] 许其凤. GPS 卫星导航与精密定位[M]. 北京:解放军出版社,1989.

[25] 张勤,李家权. 全球定位系统(GPS)测量原理及其数据处理基础[M]. 西安:西安地图出版社,2000.

[26] 周忠漠. 地面网与卫星网之间转换的数学模型[M]. 北京:测绘出版社,1984.

[27] 周忠漠,易杰军,周琪. GPS 卫星测量原理与应用[M]. 北京:测绘出版社,1992(第 1 版),1997(第 2 版).

[28] 朱华统. 常用大地坐标系及其变换[M]. 北京:解放军出版社,1990.

[29] 国家测绘局. 全球定位系统(GPS)测量规范(CH2001—92)[S]. 北京:测绘出版社,1992.

[30] 国家测绘局. 全球定位系统(GPS)测量型接收机检定规程(CH8016—1995)[S]. 北京:测绘出版社,1995.

[31] 国家质量技术监督局. 全球定位系统(CPS)测量规范(GB/T18314—2001)[S]. 北京:中国标准出版社,2001.

[32] 中华人民共和国建设部. 全球定位系统城市测量技术规程(CH73—97)[S]. 北京:中国建设工业出版社,1997.

[33] 陈俊勇. 世界大地坐标系统 1984 的最新精化[J]. 测绘通报,2003(2):1-3.

[34] 陈永奇. GPS 相对定位中系统误差的影响[J]. 武汉测绘科技大学学报,1990(2).
[35] 陈永奇. 一种检验 GPS 整周模糊度有效性的方法[J]. 武汉测绘科技大学学报,1997(4).
[36] 过静君,葛茂荣. GPS 动态定位原理及其数据处理[M]. 北京测绘,1991(1).
[37] 兰虎彪,王昆杰. GPS 网正常高求解方法的研究[J]. 武汉测绘科技大学学报,1992(3):18-26.
[38] 李征航,叶乐安. 沧州市 GPS 城市控制网的建立[J]. 测绘通报,1991(4):14-19.
[39] 李征航. GPS 相对定位中气象误差的影响[J]. 测绘通报,1993(2):3-9.
[40] 李征航. GPS 测高精度的研究[J]. 武汉测绘科技大学学报,1993,18(3):67-73.
[41] 李征航,刘志赵,王泽民. 利用 GPS 定位技术进行大坝变形观测的研究[J]. 武汉水利电力大学学报,1996(6).
[42] 李征航,张小红,徐晓华. 隔河岩大坝变形 GPS 自动监测系统的精度评定[J]. 哈尔滨工程高等专科学校学报,2000,11(3):1-6.
[43] 李征航. GPS 定位技术在变形监测中的应用[J]. 全球定位系统,2001(2):18-25.
[44] 李征航,张小红,朱智勤. 利用 GPS 进行高精度变形监测的新模型[J]. 测绘学报,2002(3):206-210.
[45] 刘大杰,刘经南. GPS 地面测量的三维联合平差[J]. 测绘学报,1994(1).
[46] 刘经南,刘晖. 连续运行卫星定位服务系统——城市空间数据的基础设施[J]. 武汉大学学报:信息科学版,2003(3):259-264.
[47] 宁津生,罗志才,等. 深圳市 1 km 高分辨率厘米级高精度大地水准面的确定[J]. 测绘学报,2003(2):102-107.
[48] 施闯,刘经南,姚宜斌. 高精度 GPS 网数据处理中的系统误差分折[J]. 武汉大学学报:信息科学版,2002(2):148-152.
[49] 陶本藻. GPS 水准似大地水准面拟合和正常高估算[J]. 测绘通报,1992(4).
[50] 周忠漠,晁定波. 论卫星网与地面网在高斯平面坐标系统中的联合平差问题[J]. 武汉测绘科技大学学报,1991(4).
[51] 周立. 数字城市空间管治动态信息采集研究[M]. 北京:中国大地出版社,2002.
[52] 周立. GPS 网约束平差基准可用性指标研究[M]. 测绘通报,1997(8).
[53] 周立. GPS - RTK 数据链误差特性研究[M]. 全球定位系统,2005,30(3).
[54] 周立. GPS 广播星历误差诊断与预测模型研究[M]. 测绘科学,2005(4).
[55] 周立. 城市 RTK 集成定位模式研究[M]. 测绘通报,2003(9).
[56] 谢世杰,奚有根. RTK 特点与误差分析[J]. 测绘工程,2002,11(2):34-38.
[57] Kleusberg A, Langley R B. The Limitation of GPS[J]. GPS World, 1990(2):50-52.
[58] Leick. A. GPS Satellite Sarveying. John Wiley and Sons,1990.
[59] Ahmed EI - Rabbany. Introduction to GPS : The Global Positioning System, Artech House, 2002.
[60] Alfred Kleusberg, Peter J G. Teunissen. GPS for Geodesy, Springer - Verlag Telos, 1996.
[61] Decker B L. World Gendetic System 1984. Proceedings of the 4th International Geodetics Symposium on Satellite Position. Texas . April 28-May 2 , 1986:69-92.
[62] Hofmann - Wellenhof B, Lichtenegger H, Collins J. Global Positioning System Theory and Practice. Springer Wien New York[J]. Fourth revised edition, 1997.
[63] Benjamin W. Remondi. The NGS GPS Orbital Formats, http ,//www. ngs. noaa. gov/GPS/Utilities/format. txt, 1994.
[64] Bradford W. Parkinson, et al. Global Positioning System: Theory and Applications, American Institute of Aeronautics and Astronautics , Inc , 1996.